普通高等院校规划教材

环境测试实用技术

主　编　程爱华
副主编　汪晓芹　刘永娟

中国矿业大学出版社

内 容 简 介

本书是环境科学与工程专业的专业基础课,主要选择在环境工程中使用范围广、使用频率高的测试技术作为教材内容,全书共分 6 篇 23 章,内容主要包括绪论、原子发射光谱、原子吸收光谱、原子荧光光谱法、X 射线荧光光谱法、有机元素分析仪、紫外-可见吸收光谱法、红外光谱法、核磁共振波谱法、质谱分析法、色谱法导论、气相色谱法、高效液相色谱法、扫描电子显微镜法、原子力显微镜法、X 射线衍射法、电位分析法、电导分析法、库仑分析法、电解分析法、差热分析法、差示扫描量热法、热重法等。

本书可作为高等院校环境工程和环境科学专业的本科教材,也可作为高职高专相关专业的教材,还可作为环境监测技术人员的参考用书。

图书在版编目(C I P)数据

环境测试实用技术/程爱华主编. —徐州:中国
矿业大学出版社,2017.11
 ISBN 978 - 7 - 5646 - 3670 - 8

Ⅰ. ①环… Ⅱ. ①程… Ⅲ. ①环境测量—教材 Ⅳ.
①X839.1

中国版本图书馆 CIP 数据核字(2017)第 203593 号

书　　　名	环境测试实用技术	
主　　编	程爱华	
责任编辑	黄本斌	
出版发行	中国矿业大学出版社有限责任公司	
	(江苏省徐州市解放南路　邮编 221008)	
营销热线	(0516)83885307　83884995	
出版服务	(0516)83885767　83884920	
网　　址	http://www.cumtp.com　E-mail:cumtpvip@cumtp.com	
印　　刷	徐州中矿大印发科技有限公司	
开　　本	787×1092　1/16　印张 16.75　字数 418 千字	
版次印次	2017 年 11 月第 1 版　2017 年 11 月第 1 次印刷	
定　　价	28.00 元	

(图书出现印装质量问题,本社负责调换)

前　言

　　随着经济社会的发展,越来越多的污染物进入环境,而人们对环境质量的要求也越来越高,污染物出现含量小、危害大的特征,如何准确地测定环境污染物的种类及含量是环境评价及环境污染控制的基础。环境测试技术的重要性越来越被专业人士认可,成为环境工程和环境科学专业本科生、研究生的主要专业课。

　　目前,常使用的教材为《仪器分析》、《环境仪器分析》、《现代环境测试技术》,这些教材课时较多、内容较深、覆盖面较大,而实际应用能力方面内容较少,学生在学习时感到很吃力。根据教学大纲,《环境测试技术》仅有 32 个学时,如何在课时少的情况下让学生掌握更多仪器的使用,是亟待解决的问题。为此,作者本着精简理论、突出实践、强调应用的原则,适应社会需求,在总结多年教学和科研经验的基础上组织编写本书。

　　《环境测试实用技术》的主要的特色是:首先,从应用出发,将测试技术分为元素分析技术、有机物的结构鉴定、分离分析技术、表面分析技术、电化学分析技术、热分析技术等,涉及21 种仪器分析方法。其次,环境工程专业人员使用测试仪器主要是进行合适的前处理并进行实验数据的分析,因此本教材增加样品预处理方法和实验数据处理章节。第三,简要介绍仪器的结构和原理,重点学习测定条件的选择及干扰消除。通过实例,使学生明确该方法在环境测试中的应用。最终使环境专业学生熟悉各方法的特点、应用范围及局限性,能根据实际问题,选择合适的测试方法。通过本教材的学习,能使学生掌握各种环境测试仪器分析方法的基本原理、特点、适用范围和使用方法,具有应用环境测试仪器进行分析操作的基本技能。对培养学生分析、解决问题能力和创新精神、掌握现代的环境测试仪器手段和方法起着重要作用。

　　本书由西安科技大学程爱华副教授、汪晓芹副教授和刘永娟工程师合作编写。全书共分为 23 章。程爱华副教授编写绪论第一、三节以及第 1、3、4、5、8、9、10、11、12、20、21 章。汪晓芹副教授编写第 7、13、14、15、16、17、18、19、22 章。刘永娟工程师编写绪论第二节及第2、6 章。全书由程爱华副教授组织和最后统稿。

　　在本书编写过程中参考了大量同行专家学者的相关文献,同时也参考和引用了大量的网络资料及图片,在此对他们付出的辛勤劳动表示衷心感谢。西安科技大学教务处和研究生院在本书的立项、编写和出版过程中给予帮助,在此也一并表示感谢。

　　编者在编写过程中力求准确无误,但由于水平有限,加之时间仓促,不妥和错误之处在所难免,敬请读者批评指正。

作　者

2016 年 11 月

目　录

第1篇　元素分析技术

第 6 篇　热分析技术

0 绪 论

0.1 概 述

随着对环境问题认识的深入、对环境质量要求的提高以及对污染物的环境行为、生态毒性和控制过程等环境课题的研究不断深入,环境测试的任务越来越重,污染物的定性定量分析技术要求也越来越高。在实际测试工作中,环境测试与分析不再仅限于天平、烧杯、滴定、比色等传统的器具和技术。在各级环境监测部门及相关企业,大型仪器分析技术已逐渐成为环境污染物监测的核心技术。随着国内外相应标准及统一监测方法的建立与完善,以及环境保护对分析技术要求的提高,仪器分析技术开发及应用的需求将快速增长,测试技术与仪器分析的水平将直接影响环境管理工作与国际接轨的步伐。而既掌握环境领域相关知识又具备仪器分析技能的人才能更快适应环境保护对测试技术发展的要求。

仪器分析应用了现代分析化学的各项新理论、新方法、新技术,把光谱学、量子学、傅里叶变换、微积分、模糊数学、生物学、电子学、电化学、激光、计算机及软件成功地运用到现代分析的仪器上,研发了原子光谱(原子吸收光谱、原子发射光谱、原子荧光光谱)、分子光谱(紫外可见光谱、红外光谱、核磁共振)、色谱(气相色谱、液相色谱)、质谱、电化学分析、电子显微镜、热分析等现代分析仪器,具体见表 0-1。

表 0-1   常用仪器分析法

仪器分析 (按方法原理分类)	光学分析法	光谱法	原子光谱法	原子发射光谱法 AES	
				原子吸收 光谱法 AAS	火焰原子吸收法 FAAS
					石墨炉原子吸收法 GFAAS
					石英炉原子化法
				原子荧光光谱法 AFS	
				X 射线荧光光谱法	
			分子光谱分析法	紫外可见-分光光度法 UV-Vis	
				红外吸收光谱法 IR	
				分子荧光光谱法	
				分子磷光光谱法	
				光声光谱法	
				Raman(拉曼)光谱法	
				化学发光法	

续表 0-1

仪器分析（按方法原理分类）	光学分析法	光谱法	分子光谱分析法	核磁共振波谱法 NMR
				电子顺磁共振波谱法
		非光谱法	折射法
			干涉法
			散射浊度法
			旋光法
			X 射线衍射法 XRD
			电子衍射法
	电化学分析法		电导分析法
			电位分析法
			电解分析法
			库仑分析法
			伏安分析法
			极谱分析法
	色谱分析法		气相色谱法 GC
			高效液相色谱法 HPLC
			超临界流体色谱
			薄层色谱分析法
			纸色谱法
			毛细管电泳法
	其他分析方法		质谱法 MS
			流动注射分析法
		热分析法	热重分析法
			差热分析法
			差示扫描量热分析法
		核分析方法	放射化学分析法
			同位素稀释法
		电子显微镜分析法	透射电子显微镜分析法
			扫描电子显微镜分析法
			电子探针显微分析法
		光电子能谱分析法	紫外光电子能谱法 VPS
			X 射线光电子能谱法 XPS
			俄歇电子能谱法

环境测试技术动用了分析化学的几乎所有的测试技术和手段，环境分析学已由元素和组分的定性定量分析，发展到对复杂样品的组成进行价态、状态和结构分析、系统分析，微区和薄层分析。仪器分析可以用少得多的时间，提供又多又好的分析数据，并减少了人为因

素,选择性好,检出限低、速度快,适应环境分析对象的含量低的要求,如环境分析中有害化合物的含量一般都在 ppm(10^{-6})到 ppb(10^{-9})级,甚至 ppt(10^{-12})级水平上,进行痕量和超痕量的分析研究,现代仪器分析已渗透环境科学的各个领域。

本书将从元素分析技术、化合物的结构鉴定、分离分析技术、表面分析技术、电化学分析技术和热分析技术等方面重点介绍环境测试常用的现代仪器分析技术。

0.2　样品预处理

在环境保护样品测试中,样品性质非常复杂,分析对象不仅包括液、气、固相中的所有物质,而且这些物质往往以多相形式存在,测定时还会相互干扰,稳定性随时空变化很大,因而给分析测定带来了一系列困难。分析样品的复杂性要求样品在分析测试前必须进行预处理。预处理方法合适与否,不但关系处理成本、处理环境和处理的烦琐程度,也关系样品预处理的速度和质量,从而决定了分析测试的速度和准确度。环境样品的分析通常包括试样采集、试样制备、试样分解、分析方法的选择、干扰物质的分离、分析测试以及结果计算等环节。

本章将着重介绍采样基本方法以及主要的预处理技术与方法。

0.2.1　样品的采集

试样的采集和制备是指从大量物料中抽取一定数量,并将有代表性的一部分样品作为检验样品,也叫原始试样,然后再制备成供分析用的最终样品,也叫分析试样。分析的首项工作就是采集试样,也叫取样。

0.2.1.1　采样的原则

为使分析结果准确可靠,样品采集必须遵循以下三个基本原则:

(1) 样品必须具有代表性;

(2) 根据样品的性质和测定要求确定采样数量;

(3) 样品储存、运输方式合理,避免被测组分存在形式或含量发生变化。

0.2.1.2　采样的步骤及要求

采样一般可分为三步:收集原始试样、将所收集的原始试样混合或粉碎、缩分至适合分析所需的数量。为了保证取样有足够的代表性和准确性,又不致花费过多的人力和物力,试样采集应符合以下几个要求:

(1) 大批试样中所有组成部分都有同等的被采集的概率;

(2) 根据准确度要求,采取随机采样法,但最好有一定次序使费用尽可能低;

(3) 将多个取样单元的试样彻底混合后,再分成若干份,作为重复。

0.2.1.3　气体试样的采集

通常选择距离地面 0.5～1.8 m 的高度采集大气样品,尽量使大气样品与人畜呼吸的空气相同。再如采集工农业生产的废气,若是常压或负压,即废气气体压力等于或小于大气压,可用气泵等将样品瓶和吸气管道抽成真空,再使其吸入废气试样;若是正压,即废气压力大于大气压,则可用气囊、样品瓶或吸气管道等直接承接试样。一般气体样品体积不少于1 000 mL。样品瓶口封闭严密后,贴好标签,标明试样名称、编号、采样日期、采样人和单位等,将其送往实验室或安全保存,待分析。

0.2.1.4 液体试样的采集

如果是盛装在大容器里的液体物料,则可以在大容器的不同深度、不同部位分别取样后,经均匀混合即可作为分析试样。当采取水管中的水样时,取样前需要将水龙头或阀门打开,先放水 10 min 左右,然后再用干净的瓶子收集水样,收集时最好在水龙头处连接乳胶管,另一端插入瓶底,使水样自下而上充满样品瓶,当样品瓶盛满水溢出一段时间后,取出乳胶管,塞好瓶塞。当采集池、河中的水样时,可将干净的空样品瓶盖上塞子,塞子上拴一根绳,瓶底系一铁砣或石头,沉入所需要的深度,然后拉绳拔开塞子,让水样灌满瓶后拿出水面,立即盖好瓶塞。按不同深度或部位取几份样品混合后,取体积不少于 500 mL 的样品作为分析试样。

0.2.1.5 固体试样的采集

对于种类繁多、颗粒大小不等的非均匀的固体物料来说,选取具有代表性的合理试样是一项复杂而艰难的工作。通常使用的取样方法是,从大批物料中的不同部位和深度,选取多个取样点取样,取出一定数量大小不同的颗粒,作为平均试样。

平均试样的采集量按照物料性质、均匀程度、数量、易破碎程度及分析项目的不同而异。通常按下述经验公式计算:

$$Q \geqslant Kd^a \tag{0-1}$$

式中 Q——平均试样的最低质量,kg;

   d——平均粒径,mm;

   a,K——经验常数,通常由实验求得。

通常,K 值一般在 $0.02\sim1$ 之间;a 值一般为 $1.8\sim2.5$。例如,地质部门将 a 值规定为 2,则式(0-1)为:

$$Q \geqslant Kd^2 \tag{0-2}$$

对于土壤试样的采取,由于土壤的差异很大,采样造成的误差往往要比分析方法带来的误差大得多。因此采集土壤样品时,必须按照一定的采集路线,按多点随机混合的原则进行。比较常用的采样路线有锯齿形、棋盘式、对角线法等。一般是在 $20\sim30$ 个采样点采集小样加以混合。采样时,按照不同的深度,垂直于地面切取土样。采集到的小样,每份大约 $0.5\sim1$ kg,将其全部放在平整的牛皮纸上,除去石块、草根、树皮等杂物,混匀后按四分法缩分到最后质量不少于 1 kg。装入样品袋,贴好标签,送往实验室。

对于农药、化肥、饲料以及精矿等,属于粉状松散的物料,其组成一般比较均匀,所以可以减少取样点。物料一般以堆、袋、包、桶、箱等方式存放,无论采用哪种存放方式,一般使用探针采集样品。将取样钻(探针)插入物料中,旋转数圈,使物料充满探针中间管道后拔出,即得一份小样。将多次取得的小样合并成一个平均样。对同一批号的固体物料,采样点数(S)可按下式计算:

$$S = \sqrt{\frac{N}{2}} \tag{0-3}$$

式中 N——被检物质的数目(件、袋、桶、包、箱等)。

固体试样往往质量大且很不均匀,必须经过多次破碎、过筛、混匀和缩分等过程才能制备成分析试样。不同的试样的采样方法不同,具体如下:

土壤样品:采集深度 $0\sim15$ cm 的表土为试样,按 3 点式(水田出口、入口和中心点)或

5 点式(两条对角线交叉点和对角线的其他 4 个等分点)取样。每点采 1~2 kg,经压碎、风干、粉碎、过筛、缩分等步骤,取粒径小于 0.5 mm 的样品作分析试样。

沉积物:用采泥器从表面往下每隔 1 m 取一个试样,经压碎、风干、粉碎、过筛、缩分,取小于 0.5 mm 的样品作分析试样。

金属试样:经高温熔炼,比较均匀,钢片可任取。对钢锭和铸铁,钻取几个不同点和深度取样,将钻屑置于冲击钵中捣碎混匀作分析试样。

食品试样:根据试样种类、分析项目和采用的分析方法制定试样的处理步骤。处理步骤包括:① 可用"随机取样"和"缩分"。② 预干燥:含水试样干燥至恒重,计算水分。③ 脱脂:对含脂肪高的样品,置于乙醚(100 g 样品需 500 mL 乙醚)中,静置过夜,除去乙醚层,风干研磨成细而均匀的分析试样。

常见的固体样品处理过程如下:

(1)破碎

破碎是通过机械方法进行的,一般可分为粗碎、中碎和细碎三个阶段。

① 粗碎:用颚式破碎机将试样破碎至能够全部通过 10 目的筛孔。

② 中碎:一般用盘式破碎机或对辊式破碎机把粗碎后的试样粉碎至能通过 20 目筛孔。

③ 细碎:用盘式粉碎机或研钵进一步磨碎,直至能通过方法所要求的 100~200 目的筛孔。

(2)过筛

破碎后的样品进行过筛,在破碎和过筛的过程中,每次都应使样品全部通过标准筛筛孔,不可弃去大颗粒样品,否则会削弱分析样品的代表性,影响分析结果的可靠性。另外,粉碎时应避免混入杂质。

过筛所用的标准筛是用细铜合金丝编织成的,筛孔的大小习惯上以标准筛号来表示,标准筛号就是每英寸长度内的筛孔数,例如 100 号标准筛即 1 in(2.54 cm)长度内有 100 个筛孔。标准筛孔的对照表见表 0-2。

表 0-2 标准筛孔对照表

筛号/目	5	10	20	30	40	50	60	80	100	200
筛孔直径/mm	4.00	2.00	0.84	0.59	0.42	0.30	0.25	0.177	0.149	0.074
孔径/in	0.157	0.079	0.033 1	0.023 4	0.016 6	0.011 7	0.009 8	0.007 0	0.005 9	0.002 9

注:1 in=2.54 cm,下同。

(3)缩分

试样每经过一次破碎,都应该充分混匀,用机械或人工的方法留取出一部分有代表性的试样再进行下一次处理,同时弃去另一部分,这样就可以将试样量逐渐缩小,这个过程称为缩分。

缩分的目的是使粉碎试样的量减少,便于分析,同时又不失去其代表性。缩分可用手工或机械(分样器)进行。常用的手工缩分方法为"四分法"。所谓四分法,就是将粉碎混匀的样品堆成圆锥形[图 0-1(a)],再从顶点垂直向下挤压成圆台形[图 0-1(b)],通过中心将其分割成十字形四等份,弃去任一对角的两份[图 0-1(c)],将留下的部分混合均匀,这样样品就完成了第一次缩分。将剩下的样品进行如此重复操作,连续缩分,直到所剩样品稍大于分析测定所需量为止。然后将所留样品进一步粉碎、缩分,最后制备成 $100\sim300$ g 的分析试样待用。

但应注意的是,缩分的次数不是任意的,每次缩分后所需保留的质量应符合采样公式 (0-1)。另外,也可以根据所要求的 K 值和原始样品的质量算出缩分次数。

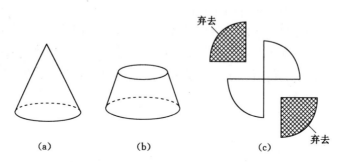

图 0-1 四分法示意图

(a) 堆成圆锥形;(b) 压成圆台并过上圆心;

(c) 分割为十字形四等份弃去相对的两份(图中阴影部分)

（4）干燥

一般固体试样往往含有湿存水。湿存水是指试样表面及孔隙中吸附的空气中的水分,其含量随样品的粉碎程度和放置时间而改变,因而试样各组分的相对含量也随湿存水的多少而变化。在实际工作中,为了比较多数试样中的各组分相对含量,一般是相对于干物质而言的。因此,在进行分析之前,必须将试样在 $100\sim105$ ℃ 的温度下烘干至恒重,以除去湿存水。湿存水的含量可根据烘干前后试样的质量计算。除去湿存水的试样应置于装有干燥剂的干燥器中自然冷却至室温。

0.2.1.6 生物试样的采集

对于植物试样的采集,首先应选定样株。样株的选择与土壤样品的选择相似,必须具有代表性,采集时也是按照一定线路随机多点采集,组成平均样。平均样的数量要根据植物种类、株型、生育期以及分析的准确度来定。但是,如果分析任务具有特定目标时,采样时就需要注意典型性植株,同时必须另选有对照意义的典型植株。对大田或试验区进行整体分析时,采样应注意植株的长势,不要采集那些有机械损伤的、受病虫害的、生长不良或过于旺盛的植株。

例如对植株的养分分析,采样部位应选择植物上最能灵敏地反映养分多少的部位,但是一定要结合相关专业知识,注意植物的种类、发育期等。除此以外,由于植物养分含量每天随时间变化而不同,因而尽可能在相同的时间或具有代表性的时间采集样品。

对于动物或食品试样的采集,例如肌肉、肝、肾、皮肤、血液、蛋奶、尿液、血浆、粪便等,可根据不同的目的和要求来定。有时从不同部位取样,混合后代表该有机体;有时从一个或多个有机体的同一部位取样。

以上简单介绍了试样采集时的一般过程,而一些专业性样品的采集还应根据专业工具书或行业标准来进行。这里还应该指出的是,一切取样工具,如取样器、容器等都应清洁,不能把任何影响分析的物质带入样品中,分析前要保证样品原有的理化特性,不得污染。

生物试样采样后为防止有机体的物质运转或变质，为保证分析结果的可靠性和准确度，必须对生物试样采用相应的方法进行制备或保存。

生物试样的制备首先是根据实际情况进行正确洗涤，否则会引起污染。例如植物组织试样在采集后必须洗涤，否则可能由泥土、肥料、农药等带入污染。洗涤应在植物尚未萎蔫时刷洗，先用自来水刷洗表面杂物，再用蒸馏水冲洗，最后用滤纸吸干。

采集的植株试样如果要进行不同器官的测定分析，则采集样品后，应立即将其剪开，以免物质运转。若剪碎的试样较多时，可在混匀后经四分法缩分至所需要的质量。

鲜样分析的样品，应立即进行处理和分析。如要测定生物试样中的酚、亚硝酸、有机农药、维生素、氨基酸等在生物体内易发生转化、降解或者不稳定的成分，一般应采用新鲜样品进行分析。如需短期保存，必须按要求在低温下冷藏，以抑制其变化。对于不易变化的成分常用干燥试样来测试分析。生物试样的干燥有多种方法，例如新鲜的植物试样要分两步干燥，即先将洗涤干净的样品在 80～90 ℃的干燥箱中保持 1.5～3 h，然后降温至 60～70 ℃，除去水分。对于水样的浓缩，植物、动物血清和其他含有易挥发组分样品的干燥可采用冷冻干燥法：样品放在冷冻干燥室内，抽真空至 1.3～6.5 bar(0.13～0.65 MPa)，水变成冰，2～3 d 后冰全部升华。干燥的试样可用研钵或带有刀片的粉碎机粉碎，并全部过筛。分析试样的细度要根据称取量的大小来定。一般用筛孔直径为 1 mm 的试样筛，若称样量小于 1 g时，就需要使用 0.25 mm 的筛子。样品过筛后要充分混匀，保存好，必要时内外各放一个试样标签。贮存生物材料的容器材料有塑料和玻璃，注意贮存期间的吸附。塑料易吸附脂溶性组分，玻璃易吸附碱性物质。

生物样品的制备除上述洗涤、干燥、粉碎、过筛等一般程序外，有时还有离心、过滤、防腐和抑制降解等。例如血样（血浆、血清、血液）和尿样等要注意防止酸败和细菌污染，一般在4 ℃冷藏并加入氯仿或甲苯防腐。

0.2.2 固体样品预处理

在环境测试中，通常需要先将试样分解，使被测组分定量地进入溶液，然后才能进行分析。因此，试样的分解工作是分析工作的重要步骤之一，直接关系待测物质转变为适合的测定形态，也关系以后的分离和测定。分解处理试样的要求：一是试样分解必须完全，处理后的溶液中不得残留原试样的细屑或粉末；二是试样分解过程中待测组分不应挥发损失；三是不应引入被测组分和干扰物质。常用的分解方法有溶解法、干灰化法和熔融法等。由于试样的性质不同，分解的方法也有所不同。通常将试样分为无机试样和有机试样两大类，对于无机试样的分解常用溶解法、熔融法或烧结法等；而对于有机试样的分解常用湿式消化法或干式灰化法等。在实际分解试样时，有时不同方法联用，才能达到分解试样的目的。

0.2.2.1 无机试样的分解处理

0.2.2.1.1 溶解分解法

采用适当的溶剂将试样溶解制成溶液，这种方法比较简单、快速。常用的溶剂有水、各种酸和碱等。

（1）水溶法。对于可溶性无机盐，如碱金属盐、铵盐、硝酸盐、大多数碱土金属盐、卤化物和硫酸盐等，可以用蒸馏水为溶剂制备试液供分析测定用。

（2）酸溶法。常用的酸溶剂有盐酸、硫酸、硝酸、磷酸、高氯酸、氢氟酸、混合酸（如王水、逆王水等）等。

(3) 碱溶法。常用的碱溶剂有氢氧化钠和氢氧化钾或再加入少量的过氧化钠(Na_2O_2)和过氧化钾(K_2O_2)。常用来溶解两性金属，如铝、锌及其合金，也能溶解它们的氧化物、氢氧化物；对于酸性氧化物 WO_3、MoO_3 的溶解也经常使用碱溶法。

0.2.2.1.2 熔融分解法

熔融分解法是将试样与固体熔剂混合，在高温下加热，利用试样与熔剂发生的复分解反应，使试样的全部组分转化成易溶于水或酸的物质（钠盐、钾盐、氯化物等）。熔融分解法根据所用熔剂的化学性质不同可分为酸性熔融法和碱性熔融法。常用的酸性熔剂有焦硫酸钾（$K_2S_2O_7$）、硫酸氢钾和铵盐混合物等；碱性熔剂有碳酸钠、碳酸钾、氢氧化钠、氢氧化钾、过氧化钠和它们的混合物等，多用于分解酸性试样。

0.2.2.1.3 烧结法

烧结法是指将试样与熔剂混合后加热至熔结状态，经过一定时间使试样分解完全。由于是在尚未熔融的温度下烧结，即半熔物收缩成整块而不是全熔，所以又称为半熔法。与熔融法相比，烧结法温度低于熔点、不全熔、只是半熔收缩结块，不易损坏坩埚，但加热时间较长，通常使用瓷坩埚。

处理无机试样的三种分解方法各有其特点，其中溶解法简便快捷，引入杂质较少；熔融法或烧结法步骤繁多且易引入试样及坩埚杂质。在实际工作中，一般情况下，应先考虑溶解法，尽量不使用熔融法和烧结法。

0.2.2.2 有机试样的分解处理

有机试样指的是有机化合物、动植物组织、食品、饲料以及药物等样品。对于有机试样的分解处理，可采用溶解法和分解法，分解法又包括干式灰化法和湿式消化法。

0.2.2.2.1 溶解法

对于低级醇、多元酸、糖类、氨基酸、有机酸等小分子有机碱金属盐类的有机试样，可采用水溶解法处理试样；对于不溶于水的样品，根据相似相溶的原理，也可以选择合适的有机溶剂处理试样。例如，极性有机化合物易溶于甲醇、乙醇等极性溶剂，非极性有机化合物易溶于苯、氯仿、四氯化碳等非极性溶剂中。也可以根据拉平效应，选择适当的溶剂，例如有机酸和酚类易溶于乙二胺、丁胺等碱性有机溶剂，生物碱等有机碱易溶于甲酸、乙酸等酸性有机溶剂。

0.2.2.2.2 干式灰化法

典型的干式灰化法有定温灰化法和氧瓶燃烧法两种。

定温灰化法通常是将试样置于马弗炉中加热（400～1 200 ℃），以大气中的氧作为氧化剂使之分解，然后加入少量盐酸或硝酸浸取燃烧后的无机残余物，以供分析。主要测定有机试样和生物试样中的无机元素。定温灰化法所用的温度和时间，取决于分析对象和测定项目。一般建议采用的温度在 500 ℃左右，时间为 2～8 h。例如，测定植物中的矿物质元素 Ca、Mg，可采用干式灰化法分解处理试样：称取烘干、磨细的样品，置于坩埚，碳化后放入马弗炉，在 520 ℃下灰化大约 1 h，冷却后，用盐酸溶解残渣得分析试样。应注意的是马弗炉升温不可太快，否则试样可能迅速着火或溅出坩埚，造成试样损失。

氧瓶燃烧法是在充满氧气的密闭瓶内，用电火花引燃有机试样，瓶内可盛适当的能够吸收燃烧产物的吸收剂，然后用适当的方法测定。氧瓶燃烧法常用于有机物中非金属元素的分析，包括卤素、硫、磷以及硼等元素；也可以用于有机试样中部分金属元素的测定，如 Hg、

Zn、Mg、Co、Ni 等的测定。

典型干式灰化法的特点是基本不加入(或少加入)试剂,可避免引入杂质;有机物彻底分解,方法简便;有机物灰分体积很小,可处理较多样品,富集被测组分,降低检测限。但是干式灰化法所需时间长,因高温容易造成少数元素的挥发或器壁上黏附金属会造成一定的损失。

除上述两种干式灰化法外,近年来出现了一种低温灰化技术,该方法是将样品放在低温灰化炉中,先抽空气,再输入氧气,用射频电波产生活性氧游离基,低温(<100 ℃)氧化有机物,从而分解试样。适合于易挥发成分的测定,如 As、Se、Hg 等元素,但仪器价格昂贵。

0.2.2.2.3 湿式消化法

湿式消化法简称消化法,是常用的有机样品分解处理方法。一般过程是向样品中加入强氧化剂,加热消煮,使样品中的有机物完全氧化分解,呈气态逸出,而被测成分转化为无机状态存在于消化液中,供测试用。

湿式消化法常用硝酸、硫酸及其混合物与试样一起置于克氏烧瓶内,在一定温度下进行煮解,其中硝酸能破坏大部分有机物。在煮解的过程中,硝酸逐渐挥发,最后剩余硫酸。继续加热使其产生浓厚的 SO_3 白烟,并在烧瓶内回流,直到溶液变得透明为止。

湿式消化法的特点是有机物分解速度快,所需时间短,一般 0.5~1 h 即可;由于温度较干式灰化法低,可以减少因挥发逸散而损失样品,容器吸留也少。但加入试剂会引入杂质,使测定空白值偏高,再者在消化过程产生大量有害气体,还有在消化初期,易产生泡沫外溢,需操作人员随时调温控制。

湿式消化法主要用于测定有机物或生物样品中的无机元素,主要包括金属离子、硫、卤素等。近年来,湿式消化法也出现了一些新型方法。例如高压密闭罐消化法,即在聚四氟乙烯容器中加入样品和氧化剂,置于密闭罐内在 120~150 ℃的烘箱中加热一段时间后,自然冷却到室温,即可测定。再如微波消化技术,利用盛装在密闭罐中的样品和氧化剂吸收微波能产生的热量加热样品,促使样品迅速溶解,达到分解处理的目的。

0.2.2.2.4 试样分解处理方法的选择

以上介绍的各种分解处理方法各有其特点和缺陷。干式灰化法方法简单,很少或没有加入试剂,但元素的挥发和器皿上的吸留会造成样品损失;湿式消化法具有速度快、温度低的特点,但分解反应所需试剂会带入杂质而引起误差。因此,根据试样和分析的要求选择合适的分解处理方法,也是分析过程中的一个重要环节。

选择分解处理方法时,不仅要根据试样的化学组成、结构及有关性质,而且还应考虑到待测组分的性质和测量目的。在试样分解过程中常引入某些阴离子或金属离子,应考虑这些离子对后续分析的影响。能用简单的方法就不用复杂的方法。例如,分析生物试样中的无机元素,尽量选择湿法处理。在湿法中选择溶剂的原则:能溶于水先用水溶解,不溶于水的酸性物质用碱性溶剂,碱性物质用酸性溶剂,还原性物质用氧化性溶剂,氧化性物质用还原性溶剂。

总之,分解试样时要根据试样的性质、分解项目的要求和以上原则,选择一种合适的分解方法。

0.2.2.2.5 干扰组分的处理

在实际分析过程中,常会遇到含有多种组分的复杂试样,当这些共存组分对测定彼此干扰,而且不能简单地通过选择适当的测定方法或加入适当的掩蔽剂消除干扰时,就必须在测定前先将干扰物分离除去再进行被测组分的测定。常用的分离方法有沉淀分离法、萃取分离法、离子交换分离法和色谱分离法等。此外,随着计算机技术和化学计量学的发展,很多干扰问题可在仪器测试中或通过计算机处理来解决,也可以通过计算分析将干扰组分同时测定来达到消除干扰的目的。

0.2.3 液体样品预处理

在实际分析工作中,经常会遇到液体中待测组分受共存的其他组分干扰而影响测定结果的情况,所以从分析技术的角度看,分离、纯化的目的在于提高分析测定的选择性和灵敏度,尤其在利用掩蔽等方法仍不能消除干扰时,对组分进行分离就成为非常重要的一个技术环节。同时,分离还是从大量样品或者大体积溶液中浓缩或富集痕量组分的重要手段。

本节将介绍常用的分离、纯化方法,比如挥发分离法、沉淀分离法、液-液萃取分离法、离子交换分离法、固相萃取和固相微萃取法。物质性质的差异是具体选择分离、提纯方法的主要依据。

0.2.3.1 挥发分离法

物质从液态或固态转变为气态的过程称为挥发。利用物质的挥发性而将该物质与非挥发性物质分离的方法,称为挥发法。挥发可以有汽化、蒸馏、升华、蒸发等多种形式,其中汽化和蒸馏应用较广。汽化是把欲分离的元素变成气体从溶液中释放出来,而蒸馏是将被分离的组分从液体或溶液中挥发出来,而后冷凝为液体,或者将挥发的气体吸收。

挥发分离法是经典的化学分离法,尤其是在有机分析中,是一种重要的分离方法,分离效率较高、操作简便、迅速。例如,有机化合物中 C,H,O,N,S 等元素的分析就常采用该分离方法。在无机分析中,该分离方法虽然应用不多,但由于只有少数金属可以生成挥发性物质,故具有较高的选择性,如在分离碘、溴、砷、锆、锡、锑和砹等元素时,此法具有它的优越性。

0.2.3.2 沉淀分离法

沉淀分离法是指在试液中加入沉淀剂使与被分离物形成沉淀而从试液中分离出来的方法。该化合物能否从溶液中析出,取决于它的溶解度或溶度积。根据难溶化合物溶度积的不同,控制沉淀条件,如改变沉淀剂浓度或种类,有可能进行多种离子的分离。沉淀物如果溶度积很小,将能获得较高的回收率。溶度积有助于判断估计分离能否进行,也可以推知沉淀进行的所需条件。由于沉淀过程受许多因素影响,如沉淀反应速率、形成胶体、其他离子的干扰、共沉淀等,有时不能完全从理论上准确预期,而不得不依赖实验。

根据沉淀剂的不同,沉淀分离法可分为无机沉淀剂分离法、有机沉淀剂分离法和共沉淀分离法。前两种方法适用于常量组分的沉淀分离,第三种方法适用于微量组分的沉淀分离。

0.2.3.3 液-液萃取法

液-液萃取法又称溶剂萃取法,简称萃取法。它是指在被分离物质的水溶液中,加入萃取剂与被萃取物作用而使其转化为适宜形式,再加入与水不混溶的有机溶剂,经振荡混合,待分层后,被分离的萃取物便进入有机相,而另一些组分仍留在水相中,从而达到分离的目的。如果有机溶剂的体积小于原溶液,则被萃取物在分离的同时,也得到了富集。如果被萃取物是有色的,则有机相可用来进行光度分析,称萃取-光度法。

0.2.3.4　离子交换分离法

离子交换分离法(ion exchange)是利用不溶的固体离子交换剂(固相)与溶液(液相)之间所发生的固相-液相间带相同电荷离子的交换进行分离的方法。这种分离方法不仅可用于带相反电荷离子的分离,还可用于带相同电荷或性质相近的无机离子(如稀土元素)的分离。在痕量分析中,离子交换法广泛地用于痕量组分的富集。在有机分析中,离子交换法可用于有机物的分离,甚至对于结构复杂、性质相似的有机化合物(如各种氨基酸),也能分离得很好。所以,离子交换法是应用广泛的重要分离方法之一。本法的缺点是操作麻烦、费时。

0.2.3.5　固相萃取和固相微萃取

0.2.3.5.1　固相萃取

固相萃取(SPE)是一种样品分离和富集技术,是由液-固萃取和柱液相色谱相结合发展而来的。

SPE 是一个柱色谱分离过程,它的分离机理、固定相、溶剂选择与高效液相色谱有许多相似之处。固相萃取采用高效、高选择性的固定相,与高效液相色谱不同的是它用的是短的柱床和大的填料粒径($>40\ \mu m$),当样品通过 SPE 柱时,一般被测组分及类似的其他组分被保留在柱上,不需要的组分用溶剂洗出,然后用适当的溶剂洗脱被测组分。有时候,也可以使分析组分通过固定相而不被保留,干扰组分被保留在固定相上而实现分离。与液-液萃取相比,固相萃取有如下优点:① 不需要使用大量有机溶剂,减少对环境的污染;② 有效地将分析物与干扰组分分离,减小测定时的杂质干扰;③ 能处理小体积试样;④ 回收率高,重现性好;⑤ 操作简单、省时、省力、易于自动化。

SPE 用于样品的净化和浓缩,能满足气相色谱、高效液相色谱、质谱、核磁共振、分光光度及原子吸收等多种仪器分析方法样品制备的需要。

(1) 固相萃取的装置及固定相

市场上可以买到 SPE 装置,有柱形、针头形和膜盘,其示意图见图 0-2。

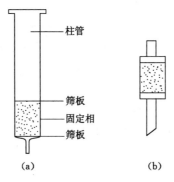

图 0-2　固相萃取装置示意图

(a) 固相萃取小柱;(b) 针头形小柱

固相萃取柱管由医用级聚丙烯制成,也可以是聚乙烯、聚四氟乙烯等塑料或玻璃制成。烧结垫材料可由聚乙烯、聚四氟乙烯或不锈钢制成。自制小柱可用玻璃棉代替筛板。出售的 SPE 小柱商品有多种规格,吸附剂量 50 mg～10 g,柱体积 1～60 mL,保留样品的负载量为 2.5～500 mg，最小洗提体积为 12.5 μL～24 mL。

样品通过固定相的方法有三种：抽真空、加压(用注射器或氮气)及将萃取小柱放入离心管中离心。也有可以同时处理多个试样的萃取装置。

(2) 固相萃取的方法

SPE 操作包括四个步骤，即柱预处理、加样、洗去干扰物和回收分析物。在加样和洗去干扰物步骤中，部分分析物有可能穿透 SPE 柱造成损失，在回收分析物步骤中，分析物可能不被完全洗脱，仍有部分残留在柱上。因此，除了掌握基本操作外，还应通过加标回收试验测定回收率。下面以反相 C_{18} SPE 柱为例说明。

① 柱预处理。柱预处理有两个目的：一是除去填料中可能存在的杂质；二是用溶剂润湿吸附剂，使分析物有适当的保留值。预处理的方法是用几倍柱床体积的甲醇通过萃取柱，再用水或缓冲液冲洗萃取柱，除去多余的甲醇。

② 加样。将样品溶于适当溶剂，加入到固相萃取柱中，并使其通过萃取柱。通常流速为 2～4 mL/min。

③ 淋洗。除去干扰杂质，用淋洗溶剂淋洗萃取柱，洗去干扰组分。

④ 分析物的洗脱和收集。将分析物从固定相上洗脱，洗脱溶剂用量一般是每 100 mg 固定相 0.5～0.8 mL。选择适宜强度的洗脱溶剂，溶剂太强，一些更强保留的杂质被洗脱出来，溶剂太弱，洗脱液的体积较大。洗脱液可直接进样或做进一步处理。

(3) 固相萃取的应用

固相萃取主要用于复杂样品中微量或痕量组分的分离和富集。在处理环境和生物样品时最能体现其特点。例如地表水中分析物的浓度很低，传统的方法是液-液萃取，若采用 SPE 处理试样，操作步骤简单，且节省溶剂。美国环境保护局(USEPA)建立的一些水样的分析方法中，允许使用 SPE 代替液-液萃取来净化和富集分析物，如饮用水中的邻苯二甲酸酯、多种农药、多环芳烃、有机化合物、废水中的多种杀虫剂、空气中的苯并[α]芘等。

0.2.3.5.2　固相微萃取

固相微萃取(SPME)是在固相萃取基础上结合顶空分析建立起来的一种新的萃取分离技术，自 1990 年提出以来，发展非常迅速，它与液-液萃取和固相萃取相比，具有操作时间短，样品量小，无需萃取溶剂，适于分析挥发性与非挥发性物质，重现性好等优点。在短短几年，广泛应用于各个领域。

固相微萃取装置外形如一支微量注射器，由手柄和萃取头组成，萃取头是一根 1 cm 长涂有不同色谱固定相或吸附剂的熔融石英纤维接在不锈钢丝上，外套细不锈钢管(保护石英纤维不被折断)，纤维头在钢管内可伸缩，细不锈钢管可穿透橡胶或塑料垫片取样或进样。使用方法如下所述。

(1) 样品萃取

将 SPME 针管刺透样品瓶隔垫，插入样品瓶中，推出萃取头，将萃取头浸入样品(浸入方式)或置于样品上部空间(顶空方式)，进行萃取。萃取时间大约 2～30 min，使分析物达到吸附平衡，缩回萃取头，拔出针管。

(2) 进样

用于气相色谱时，将 SPME 针管插入气相色谱仪的进样器，推手柄杆，伸出纤维头，热脱附样品进入色谱柱。用于液相色谱时，将 SPME 针管插入 SPME/HPLC 接口流动相通过解吸池洗脱分析物,将分析物带入色谱柱。

固相微萃取集浓缩进样于一体,装置体积小,携带方便,操作简单,通常可测定 ng/kg 级的浓度。

0.3 实验数据误差分析和数据处理

0.3.1 实验数据的误差分析

由于实验方法和实验设备的不完善、周围环境的影响,以及人的观察力、测量程序等限制,实验观测值和真值之间,总是存在一定的差异。人们常用绝对误差、相对误差或有效数字来说明一个近似值的准确程度。为了评定实验数据的精确性或误差,认清误差的来源及其影响,需要对实验的误差进行分析和讨论,由此可以判定哪些因素是影响实验精确度的主要方面,从而在以后实验中,进一步改进实验方案,缩小实验观测值和真值之间的差值,提高实验的精确性。

0.3.1.1 误差的基本概念

测量是人类认识事物本质所不可缺少的手段。通过测量和实验能使人们对事物获得定量的概念和发现事物的规律性。科学上很多新的发现和突破都是以实验测量为基础的。测量就是用实验的方法,将被测物理量与所选用作为标准的同类量进行比较,从而确定它的大小。

真值是待测物理量客观存在的确定值,也称理论值或定义值。通常真值是无法测得的。若在实验中,测量的次数无限多时,根据误差的分布定律,正负误差的出现概率相等。再经过细致地消除系统误差,将测量值加以平均,可以获得非常接近于真值的数值。但是实际上实验测量的次数总是有限的。用有限测量值求得的平均值只能是近似真值,常用的平均值有下列几种:

(1) 算术平均值

算术平均值是最常见的一种平均值。设 $x_1, x_2, \cdots, x_n$ 为各次测量值,n 代表测量次数,则算术平均值为

$$\bar{x} = \frac{x_1 + x_2 + \cdots + x_n}{n} = \frac{\sum\limits_{i=1}^{n} x_i}{n} \tag{0-4}$$

(2) 几何平均值

几何平均值是将一组 n 个测量值连乘并开 n 次方求得的平均值,即

$$\bar{x}_{几} = \sqrt[n]{x_1 \cdot x_2 \cdot \cdots \cdot x_n} \tag{0-5}$$

(3) 均方根平均值

$$\bar{x}_{均} = \sqrt{\frac{x_1^2 + x_2^2 + \cdots + x_n^2}{n}} = \sqrt{\frac{\sum\limits_{i=1}^{n} x_i^2}{n}} \tag{0-6}$$

(4) 对数平均值

在化学反应、热量和质量传递中,其分布曲线多具有对数的特性,在这种情况下表征平均值常用对数平均值。设两个量 x_1, x_2,其对数平均值为

$$\overline{x}_{对} = \frac{x_1 - x_2}{\ln x_1 - \ln x_2} = \frac{x_1 - x_2}{\ln \dfrac{x_1}{x_2}} \tag{0-7}$$

应指出,变量的对数平均值总小于算术平均值。当 $x_1/x_2 \leqslant 2$ 时,可以用算术平均值代替对数平均值。

当 $x_1/x_2 = 2$,$\overline{x}_{对} = 1.443$,$\overline{x} = 1.50$,$(\overline{x}_{对} - \overline{x})/\overline{x}_{对} = 4.2\%$,即 $x_1/x_2 \leqslant 2$,引起的误差不超过 4.2%。

以上介绍各平均值的目的是要从一组测定值中找出最接近真值的那个值。在实验和科学研究中,数据的分布较多属于正态分布,所以通常采用算术平均值。

0.3.1.2 误差的分类

根据误差的性质和产生的原因,一般分为三类:

（1）系统误差

系统误差是指在测量和实验中未发觉或未确认的因素所引起的误差,而这些因素影响结果永远朝一个方向偏移,其大小及符号在同一组实验测定中完全相同,当实验条件一经确定,系统误差就获得一个客观上的恒定值。当改变实验条件时,就能发现系统误差的变化规律。

系统误差产生的原因:测量仪器不良,如刻度不准,仪表零点未校正或标准表本身存在偏差等;周围环境的改变,如温度、压力、湿度等偏离校准值;实验人员的习惯和偏向,如读数偏高或偏低等引起的误差。针对仪器的缺点、外界条件变化影响的大小、个人的偏向,待分别加以校正后,系统误差是可以清除的。

（2）偶然误差

在已消除系统误差的一切量值的观测中,所测数据仍在末一位或末两位数字上有差别,而且它们的绝对值和符号的变化,时大时小,时正时负,没有确定的规律,这类误差称为偶然误差或随机误差。偶然误差产生的原因不明,因而无法控制和补偿。但是,倘若对某一量值做足够多次的等精度测量后,就会发现偶然误差完全服从统计规律,误差的大小或正负的出现完全由概率决定。因此,随着测量次数的增加,随机误差的算术平均值趋近于零,所以多次测量结果的算数平均值将更接近于真值。

（3）过失误差

过失误差是一种显然与事实不符的误差,它往往是由于实验人员粗心大意、过度疲劳和操作不正确等原因引起的。此类误差无规则可寻,只要加强责任感、多方警惕、细心操作,过失误差是可以避免的。

0.3.1.3 误差的表示方法

利用任何量具或仪器进行测量时,总存在误差,测量结果总不可能准确地等于被测量的真值,而只是它的近似值。测量的质量高低以测量精确度作指标,根据测量误差的大小来估计测量的精确度。测量结果的误差愈小,则认为测量就愈精确。

（1）绝对误差

测量值 X 和真值 A_0 之差为绝对误差,通常称为误差,记为:

$$D = X - A_0 \tag{0-8}$$

由于真值 A_0 一般无法求得,因而上式只有理论意义。常用高一级标准仪器的示值作为

实际值 A 以代替真值 A_0。由于高一级标准仪器存在较小的误差,因而 A 不等于 A_0,但总比 X 更接近于 A_0。X 与 A 之差称为仪器的示值绝对误差,记为

$$d = X - A \qquad (0\text{-}9)$$

与 d 相反的数称为修正值,记为

$$C = -d = A - X \qquad (0\text{-}10)$$

通过检定,可以由高一级标准仪器给出被检仪器的修正值 C。利用修正值便可以求出该仪器的实际值 A,即

$$A = X + C \qquad (0\text{-}11)$$

(2)相对误差

衡量某一测量值的准确程度,一般用相对误差来表示。示值绝对误差 d 与被测量的实际值 A 的百分比值称为实际相对误差,记为

$$\delta_A = \frac{d}{A} \times 100\% \qquad (0\text{-}12)$$

以仪器的示值 X 代替实际值 A 的相对误差称为示值相对误差,记为

$$\delta_X = \frac{d}{X} \times 100\% \qquad (0\text{-}13)$$

一般来说,除了某些理论分析外,用示值相对误差较为适宜。

(3)引用误差

为了计算和划分仪表精确度等级,提出引用误差概念。其定义为仪表示值的绝对误差与量程范围之比,即

$$\delta_A = \frac{示值绝对误差}{量程范围} \times 100\% = \frac{d}{X_n} \times 100\% \qquad (0\text{-}14)$$

式中　d——示值绝对误差;

　　　　X_n——标尺上限值—标尺下限值。

(4)算术平均误差

算术平均误差是各个测量点的误差的平均值,即

$$\delta_平 = \frac{\sum |d_i|}{n} \quad (i = 1, 2, \cdots, n) \qquad (0\text{-}15)$$

式中　n——测量次数;

　　　　d_i——第 i 次测量的误差。

(5)标准误差

标准误差亦称为均方根误差,其定义为

$$\sigma = \sqrt{\frac{\sum d_i^2}{n}} \qquad (0\text{-}16)$$

上式适用于无限测量的场合。实际测量工作中,测量次数是有限的,则改用下式

$$\sigma = \sqrt{\frac{\sum d_i^2}{n-1}} \qquad (0\text{-}17)$$

标准误差不是一个具体的误差,σ 的大小只说明在一定条件下等精度测量集合所属的每一个观测值对其算术平均值的分散程度,如果 σ 的值愈小,则说明每一次测量值对其算术

平均值分散度就小,测量的精度就高,反之精度就低。

0.3.2 有效数字及其运算规则

实验中从测量仪表上所读数值的位数是有限的,其准确度取决于测量仪表的精度,其最后一位数字往往是仪表精度所决定的估计数字。即一般应读到测量仪表最小刻度的十分之一位。数值准确度大小由有效数字位数决定。

0.3.2.1 有效数字

一个数据,其中除了起定位作用的"0"外,其他数都是有效数字。如 0.003 7 只有两位有效数字,而 370.0 则有四位有效数字。一般要求测试数据有效数字为 4 位。要注意有效数字不一定都是可靠数字。如测流体阻力所用的 U 形管压差计,最小刻度是 1 mm,但我们可以读到 0.1 mm,如 342.4 mmHg。又如二等标准温度计最小刻度为 0.1 ℃,我们可以读到 0.01 ℃,如 15.16 ℃。此时有效数字为 4 位,而可靠数字只有三位,最后一位是不可靠的,称为可疑数字。记录测量数值时只保留一位可疑数字。

为了清楚地表示数值的精度,明确读出有效数字位数,常用指数的形式表示,即写成一个小数与相应 10 的整数幂的乘积。这种以 10 的整数幂来记数的方法称为科学记数法。

如 75 200   有效数字为 4 位时,记为 7.520×10^4

                有效数字为 3 位时,记为 7.52×10^4

                有效数字为 2 位时,记为 7.5×10^4

   0.004 78   有效数字为 4 位时,记为 4.780×10^{-3}

                有效数字为 3 位时,记为 4.78×10^{-3}

                有效数字为 2 位时,记为 4.8×10^{-3}

0.3.2.2 有效数字运算规则

(1) 记录测量数值时,只保留一位可疑数字。

(2) 当有效数字位数确定后,其余数字一律舍弃。舍弃办法是四舍六入,即末位有效数字后边第一位小于 5,则舍弃不计;大于 5 则在前一位数上增 1;等于 5 时,前一位为奇数,则进 1 为偶数,前一位为偶数,则舍弃不计。这种舍入原则可简述为:"小则舍,大则入,正好等于奇变偶"。例如保留 4 位有效数字:3.717 29→3.717,5.142 85→5.143,7.623 56→7.624,9.376 56→9.376。

(3) 在加减计算中,各数所保留的位数,应与各数中小数点后位数最少的相同。例如将 24.65、0.008 2、1.632 三个数字相加时,应写为 24.65+0.01+1.63=26.29。

(4) 在乘除运算中,各数所保留的位数,以各数中有效数字位数最少的那个数为准;其结果的有效数字位数亦应与原来各数中有效数字最少的那个数相同。

(5) 在对数计算中,所取对数位数应与真数有效数字位数相同。

0.3.3 分析方法的建立

建立分析方法必须进行方法学的考查,包括方法的精密度、准确度、检测限、定量限、线性与定量范围等。

(1) 精密度(precision)

精密度是指在规定的测试条件下,同一个均匀样品,经多次进样测定所得结果之间的接近程度,反映了正常测定条件下分析方法的再现程度。含量测定和杂质定量测定应考虑方法的精密度。常用相对标准偏差来表示。

精密度分为方法精密度和仪器精密度。

重复性:在相同的条件下,由一个分析人员测定所得结果的精密度。

中间精密度:在同一个实验室,不同时间由不同分析人员用不同设备测定结果的精密度。

重现性:在不同实验室由不同分析人员测定结果的精密度。

(2) 准确度(accuracy)

准确度是指用该方法测定的结果与真实值或参考值接近的程度,是测量的系统误差和随机误差的综合,反映了方法所得结果对真值的接近程度。

回收率试验:在实际工作中经常用回收率试验来评价准确度,对已知标准品加入量的样品用待评定方法测定其含量作为回收量,计算回收量和加入量的百分数作为方法的回收率。测定回收率的常用方法包括模拟样品法和标准加入法两种。

为了说明精密度与准确度的区别,可用下述打靶子的例子来说明,如图 0-3 所示。图0-3(a)表示精密度和准确度都很好,则精确度高;图 0-3(b)表示精密度很好,但准确度却不高;图 0-3(c)表示精密度与准确度都不好。在实际测量中没有像靶心那样明确的真值,而是设法去测定这个未知的真值。

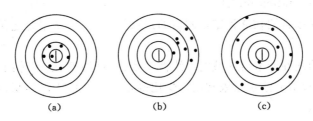

图 0-3　精密度和准确度的关系

在实验过程中,技术人员往往满足于实验数据的重现性,而忽略了数据测量值的准确程度。绝对真值是不可知的,人们只能订出一些国际标准作为测量仪表准确性的参考标准。随着人类认识运动的推移和发展,可以逐步逼近绝对真值。

(3) 灵敏度(sensitivity)

灵敏度又称响应值或应答值,一定浓度或一定量的样品进入测试仪器(主要是检测器)后,进样量 ΔQ 与信号强度改变 ΔR 之比,称为仪器的灵敏度(S),即

$$S = \Delta Q/\Delta R \tag{0-18}$$

由于灵敏度只反映仪器对样品的敏感程度,而未考虑仪器的噪声对检测的影响,因此通常都用检测限来衡量。

(4) 检测限(detection limit)

检测限是指试样中被测物质能被检测出的最低量,表示为能产生确证在样品中存在的被测组分信号所需要的该分析物的最低浓度或最小量。一般表示为分析物质的浓度。

检测限是指在适当的置信概率被检出的组分最低浓度或最小量。检测限的定义式:

$$D=N/S \tag{0-19}$$

式中　N——仪器的噪声;

　　　S——仪器的灵敏度。

美国国家标准局将检测下限分为三类：

① 仪器检测限：相对于背景仪器检测的最小的可靠信号，通常用信噪比（S/N）表示，当 $S/N \geqslant 3$（或 2）定义为仪器检测下限。

② 方法检测限：即某方法可检测的最小浓度。通常用外推法可求得方法的检测下限。其方法是在低浓度范围下测试 3 个浓度，每个浓度水平均分别测试多次计算其标准偏差，以标准偏差—浓度用线性回归法计算或绘制回归线，然后把回归线延长外推和纵坐标的交点的标准偏差即为方法的检测限，故这里是把浓度为零时的标准偏差定义为方法检测限。

③ 样品检测限：即相对于空白可检测的最小样本含量。定义样本检测限为 3 倍空白标准偏差。检测限表示为样品信号为空白样品值加上 3 倍空白样品信号标准差对应的样品浓度，其数学表达式为：

$$D = \frac{c \times 3\sigma}{A} \tag{0-20}$$

式中　σ——空白溶液 10 次以上测定的标准差；

c——浓度接近检出限的样品液的实际浓度；

A——测得的样品液的信号值。

（5）定量限（quantitation limit）

定量限是指样品中被测物能被定量测定的最低量，其测定结果是定量分析应达到的准确度和精密度。

由于受到校正曲线在低浓度区域的非线性关系、试剂纯度、沾污等因素的影响，定量限一般都高于检测限，仪器方法定量限常用信噪比确定，以 10 倍于仪器噪声标准差时实际测得的浓度或质量表示。

（6）定量范围（range）

即一个定量分析方法的适用范围，指分析物浓度的上、下限范围。在该定量范围内，应用本法能达到方法本身的精密度、准确度及线性等。

（7）线性（linearity）

线性是指在规定的范围内，实验结果和分析浓度成正比的能力。在线性范围内可以直接应用分析方法建立的工作曲线或回归方程计算样品的浓度。

第1篇　元素分析技术

　　环境测试中,最重要的一项就是对物质组成元素进行分析,本篇主要介绍无机元素分析技术(原子发射光谱法、原子吸收光谱法、原子荧光光谱法、X 射线荧光光谱法)及有机元素分析技术。

第1章　原子发射光谱法

原子发射光谱法(AES),是依据各种元素的原子或离子在热激发或电激发下,发射特征的电磁辐射,而进行元素的定性与定量分析的方法,是光谱学各个分支中最为古老的一种。原子发射光谱法在发现新元素和推动原子结构理论的建立方面作出过重要贡献,在各种无机材料的定性、半定量及定量分析方面发挥过重要作用。

1.1　概　　述

1.1.1　光学分析法简介

光学分析法是一类重要的仪器分析法。它主要根据物质发射、吸收电磁辐射以及物质与电磁辐射的相互作用来进行分析。电磁辐射(电磁波)按其波长可分为不同区域:

γ 射线 $5\sim140$ pm

X 线 $10^{-3}\sim10$ nm

光学区 $10\sim1\,000\,\mu m$

其中:远紫外区$10\sim200$ nm

近紫外区$200\sim380$ nm

可见区　$380\sim780$ nm

近红外区$0.78\sim2.5\,\mu m$

红外区　$2.5\sim50\,\mu m$

远红外区$50\sim1\,000\,\mu m$

微波　　0.1 nm~1 m

无线电波>1 m

所有这些波长区域,在光学分析中都可涉及,因而光学分析的方法是很多的,但通常可分为两大类。

(1) 光谱方法

基于测量辐射的波长及强度。在这类方法中通常需要测定试样的光谱,而这些光谱是由于物质的原子或分子的特定能级的跃迁所产生的。

因此根据其特征光谱的波长可进行定性分析;而光谱的强度与物质的含量有关,可进行定量分析。熟知的比色分析就是在可见光区测定物质对光的吸收强度来进行定量分析的方法。

根据电磁辐射的本质,光谱方法可分为分子光谱及原子光谱。

根据辐射能量传递的方式,光谱方法又可分为发射光谱、吸收光谱、荧光光谱、拉曼光谱等。

（2）非光谱方法

另外一些光学分析法并不涉及光谱的测定，亦即不涉及能级的跃迁，而主要是利用电磁辐射与物质的相互作用，这个相互作用引起电磁辐射在方向上的改变或物理性质的变化，而利用这些改变可以进行分析。其中主要可以利用的是折射、反射、色散、散射、干涉、衍射及偏振等。例如比浊法、X 射线衍射等。

1.1.2　原子发射光谱法

1.1.2.1　发展史

一般认为原子发射光谱是 1860 年德国学者基尔霍夫（G. R. Kirchhoff）和本生（R. W. Bunsen）首先发现的，他们利用分光镜研究盐和盐溶液在火焰中加热时所产生的特征光辐射，从而发现了 Rb 和 Cs 两元素。其实在更早时候，1826 年泰尔博（Talbot）就说明某些波长的光线是表征某些元素的特征。

在发现原子发射光谱以后的许多年中，其发展很缓慢，主要是因为当时对有关物质痕量分析技术的要求并不迫切。到了 20 世纪 30 年代，人们已经注意到了某些浓度很低的物质，对改变金属、半导体的性质，对生物生理作用，对诸如催化剂及其毒化剂的作用是极为显著的，而且地质、矿产业的发展，对痕量分析有了迫切的需求，促使 AES 迅速的发展，成为仪器分析中一种很重要的、应用很广的方法。而到了 20 世纪 50 年代末、60 年代初，由于原子吸收分析法（AAS）的崛起，AES 中的一些缺点，使它显得比 AAS 有所逊色，出现一种 AAS 欲取代 AES 的趋势。但是到了 20 世纪 70 年代以后，由于新的激发光源如 ICP、激光等的应用，及新的进样方式的出现，先进的电子技术的应用，使古老的 AES 分析技术得到复苏，注入新的活力，使它仍然是仪器分析中的重要分析方法之一。

1.1.2.2　发射光谱分析的过程

（1）试样蒸发、激发产生辐射

首先将试样引入激发光源（excitation light source）中，给以足够的能量，使试样中待测成分蒸发、离解成气态原子，再激发气态原子使之产生特征辐射。蒸发和激发过程是在激发光源中完成的，所需的能量由光源发生器供给。

（2）色散分光形成光谱

从光源发出的光包含各种波长的复合光，还需要进行分光才能获得便于观察和测量的光谱。这个过程是通过分光系统完成的，分光系统的主要部件是光栅（或棱镜），其作用就是分光。

（3）检测记录光谱

检测光谱的方法有目视法、照相法和光电法。目前常用的照相法是将光谱记录在感光板上，经过显影定影后得到光谱谱片。拍摄光谱是在摄谱仪上完成的，感光板的处理是在暗室里进行的。

（4）根据光谱进行定性或定量分析

辨认光谱中一些元素特征谱线的存在是进行光谱定性分析的依据。测量特征谱线的强度可确定物质的含量。在摄谱法中，辨认特征谱线的工作在映谱仪上进行，而谱线的强度是通过测量谱片上谱线的黑度求得的，测量谱线黑度需要测微光度计。

1.1.2.3　发射光谱分析的特点

发射光谱分析是一种重要的成分分析方法。原子发射光谱法具有以下优点：

（1）多元素同时检出能力强。可同时检测一个样品中的多种元素。一个样品一经激发，样品中各元素都各自发射出其特征谱线，可进行分别检测而同时测定多种元素。

（2）分析速度快。试样多数不需经过化学处理就可分析，且固体、液体试样均可直接分析，同时还可多元素同时测定，若用光电直读光谱仪，则可在几分钟内同时做几十个元素的定量测定。

（3）选择性好。由于光谱的特征性强，所以对于一些化学性质极相似的元素的分析具有特别重要的意义。如铌和钽、锆和铪，十几种稀土元素的分析用其他方法都很困难，而对 AES 来说则是毫无困难之举。

（4）检出限低。用电感耦合等离子体（ICP）光源，检出限可低至 ng/mL 数量级。

（5）用 ICP 光源时，准确度高，标准曲线的线性范围宽，可达 4～6 个数量级。可同时测定高、中、低含量的不同元素。因此 ICP-AES 已广泛应用于各个领域之中。

（6）样品消耗少。适于整批样品的多组分测定，尤其是定性分析更显示出独特的优势。

原子发射光谱法也存在一些不足：

（1）在经典分析中，影响谱线强度的因素较多，尤其是试样组分的影响较为显著，所以对标准参比的组分要求较高。

（2）含量（浓度）较大时，准确度较差。

（3）只能用于元素分析，不能进行结构、形态的测定。

（4）大多数非金属元素难以得到灵敏的光谱线。

1.2 原子发射光谱法的基本原理

1.2.1 原子发射光谱的产生

处于气相状态下的原子经过激发可以产生特征的线状光谱。因此，产生原子发射光谱的条件：

（1）原子处于气态（首要条件）

常温常压下，大部分物质处于分子状态，多数呈固态或液态，有的即使处于气态，也因温度不高，或运动速度不高不会被激发。要能被激发，最根本的就是要使组成物质的分子离解为原子。因为只有在气态时，原子之间的相互作用才可忽略，受激原子才可能发射出特征的原子线状光谱。

（2）必须使原子被激发

下面介绍几个基本概念：

基态：原子处于稳定的、能量最低的状态。

激发态：当原子受到外界能量（如热能、电能等）的作用时，原子由于与高速运动的气态粒子和电子相互碰撞而获得了能量，使原子中外层电子从基态跃迁到更高的能级上，处在这种状态的原子称为激发态。

激发电位（E_i）：将原子中的一个外层电子从基态激发至激发态所需要的能量。通常以电子伏特（eV）为单位表示。

电离：当外加能量足够大时，可以把原子中的外层电子激发至无穷远处，即脱离原子核的束缚而逸出，成为带正电荷的离子，这一过程称为电离。失去一个电子称为"一次电离"；

再失去一个电子称为"二次电离"……

电离电位(U)：使原子电离所需的最小能量。也用 eV 为单位。这些离子中的外层电子也能被激发，其所需要的能量即为相应离子的激发电位。

离子谱线：电离原子受激时给出的谱线。产生离子谱线所需的能量等于电离电位加激发电位。

处于激发态原子是十分不稳定的，大约经过 $10^{-8} \sim 10^{-9}$ s，便跃迁回到基态或其他较低的能级。在这个过程中将以辐射的形式释放出多余的能量而产生发射光谱。谱线的频率（或波长）与两能级差的关系服从普朗克公式

$$\Delta E = E_2 - E_1 = h\nu = hc'/\lambda = hc'\sigma \tag{1-1}$$

或

$$\nu = \frac{E_2 - E_1}{h} \tag{1-2}$$

式中　E_2, E_1——高能级和低能级的能量；

ν, λ, σ——所发射电磁波的频率、波长和波数；

h——普朗克常数，取值为 $6.625\,6 \times 10^{-37}$ J·s；

c'——光在真空中的速度，取值为 2.997×10^{10} cm/s。

从式(1-1)可以看出：

① 每一条所发射的谱线都是原子在不同能级间跃迁的结果，都可以用两个能级之差来表示。

a. 不同元素的原子，由于结构不同，发射谱线的波长也不相同，故谱线波长是定性分析的基础；

b. 物质含量愈多，原子数愈多，则谱线强度愈强，故谱线强度是定量分析的基础。

② 由于原子的能级很多，原子在被激发后，其外层电子可有不同的跃迁，因此，特定的原子可产生一系列不同波长的特征光谱或谱线组。这些谱线按一定的顺序排列，并保持一定的强度比例。

③ 原子的各个能级是不连续的（量子化的），电子的跃迁也是不连续的，这就是原子光谱是线状光谱的根本原因。

1.2.2　谱线强度

谱线强度是单位时间内从光源辐射出某波长光能的多少，也即某波长的光辐射功率的大小。如果以照相谱片而言，谱线强度指在单位时间内，在相应的位置上感光乳剂共吸收了多少某波长的光能。

根据热力学观点以及玻兹曼公式可知，原子的谱线强度公式为：

$$I_{ji} = A_{ji}h\nu_{ji}N_0 \frac{P_j}{P_0} e^{-E_j/kT} \tag{1-3}$$

式中　I_{ji}——在单位时间内由 j 能级向 i 能级跃迁时发射的谱线强度；

A_{ji}——自发发射系数，表示单位时间内产生自发发射跃迁的原子数 dN_{ji}/dt 与处于能级 j 的原子数 N_j 之比，故又称为自发发射跃迁概率；

ν_{ji}——j 能级和 i 能级之间跃迁时所发射电磁波的频率；

N_0——单位体积内基态原子数目；

P_j, P_0——激发态和基态能级的统计权重，它表示能级的简并度（相同能级的数目），

即表示在外磁场作用下每一能级可能分裂出的不同状态数目;

E_j——激发电位;

k——玻尔兹曼常数;

T——弧焰的热力学温度,K。

如果是离子线,则其谱线强度公式为:

$$I_{ji}' = B_0 \frac{N_0}{N_e} (kT)^{5/2} e^{-(U+E_j)/kT} \tag{1-4}$$

式中　B_0——电离常数;

N_e——单位体积内离子数目;

U——电离电位。

由式(1-3)和式(1-4)可见,谱线的强度与下列因素有关:

(1)激发电位与电离电位。它们是负指数的关系,激发电位和电离电位愈高,谱线强度愈小。实验证明,绝大多数激发电位和电离电位较低的谱线都是比较强的,共振线激发电位最低,所以其强度往往最大。

(2)跃迁概率。跃迁概率可通过实验数据计算得到,一般 A_{ji} 的数值为 $10^6 \sim 10^9 \ \mathrm{s}^{-1}$。自发发射跃迁概率与激发态原子平均寿命成反比,与谱线强度成正比。

(3)统计权重。谱线强度与统计权重成正比。

(4)激发温度。温度升高,谱线强度增大。但温度升高,体系中被电离的原子数数目也增多,而中性原子数则相应减少,致使原子线强度减弱。所以温度不仅影响原子的激发过程,还影响原子的电离过程。在较低温度时,随着温度的升高,谱线强度增加。但超过某一温度后,随着电离的增加,原子线的强度逐渐降低,离子线的强度不继续增强。温度再升高,一级离子线的强度也下降。

1.2.3　谱线的自吸与自蚀

在发射光谱中,谱线的辐射可以想象它是从弧焰中心轴辐射出来的,它将穿过整个弧层,然后向四周空间发射。弧焰具有一定的厚度,其中心处 A 的温度最高,边缘 B 处的温度较低(图 1-1)。边缘部分的蒸气原子,一般比中心原子处于较低的能级,因而当辐射通过这段路程时,将为其自身的原子所吸收,而使谱线中心减弱,这种现象称为自吸收。

自吸现象可用朗伯-比耳定律表示:

$$I = I_0 e^{-ad} \tag{1-5}$$

式中　I——射出弧层后的谱线强度;

I_0——弧焰中心发射的谱线强度;

a——吸收系数,其值随各元素而变化,即使同一元素的不同谱线也有所不同,a 值同谱线的固有强度成正比;

d——弧层厚度。

从式(1-5)可见,谱线的固有强度越大,自吸系数越大,自吸现象越严重。由此可知:

① 共振线是原子由激发态跃迁至基态产生的,强度较大,最易被吸收;

② 弧层越厚,弧层中被测元素浓度愈大,自吸也愈严重。直流电弧弧层较厚,自吸现象最严重。

自吸现象对谱线形状的影响较大(图 1-2)。当原子浓度低时,谱线不呈现自吸现象;当原子浓度增大时,谱线产生自吸现象,使谱线强度减弱;严重的自吸会使谱线从中央一分为二,称为谱线的自蚀。产生自蚀的原因是由于发射谱线的宽度比吸收线的宽度大,谱线中心的吸收程度比边缘部分大。在谱线表上,一般用 r 表示自吸谱线,用 R 表示自蚀谱线。

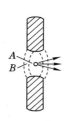

图 1-1　弧焰示意图

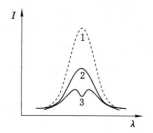

图 1-2　谱线的自吸与自蚀

1——无自吸;2——自吸;3——自蚀

在定量分析中,自吸现象的出现,将严重影响谱线的强度,限制可分析的含量范围。

1.3　原子发射光谱仪器

光谱分析的仪器一般由激发光源、分光系统和检测器三部分组成。

1.3.1　激发光源

激发光源的主要作用是提供使试样中被测元素蒸发解离、原子化和激发所需的能量。对激发光源的要求是:

① 必须具有足够的蒸发、原子化和激发能力;

② 灵敏度高、稳定性好、光谱背景小;

③ 结构简单、操作方便、使用安全。

常用的激发光源有电弧光源、电火花光源和电感耦合高频等离子体光源(ICP)等。

1.3.1.1　直流电弧

(1) 直流电弧发生器工作原理

一对电极在外加电压下,电极间依靠气态带电粒子(电子或离子)维持导电,产生弧光放电称为电弧。由直流电源维持电弧的放电称为直流电弧。其基本电路如图 1-3 所示。

利用这种光源激发时,分析间隙一般以两个碳电极作为阴、阳两极。试样装在下电极的凹孔内。由于直流电不能击穿两电极,故应先行点弧。目前大多数仪器中,采用高压火花引

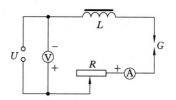

图 1-3　直流电弧发生器

U——电源;Ⓥ——直流电压表;

L——电感;R——镇流电阻;

Ⓐ——直流电流表;G——分析间隙

弧。燃弧产生的热电子在通过分析间隙飞向阳极的过程中被加速,当其撞击在阳极上,形成炽热的阳极板,温度一般可达 4 000～7 000 K,使蒸气中气体分子和原子电离,产生的正离子撞击阴极,使阴极不断发射电子。这个过程反复进行,从而维持电弧不灭。原子与电弧中其他粒子碰撞受到激发而发射光谱。

（2）直流电弧的分析性能

优点：直流电弧放电时，电极温度极高，有利于难挥发元素的蒸发，分析的绝对灵敏度高；除用石墨或碳电极产生氰带光谱外，通常背景比较浅。

缺点：直流电弧放电不稳定，弧柱在电极表面反复无常地游动，导致取样与弧焰内组成随时间而变化，测定结果重现性较差。

（3）应用

常用于定性分析以及矿石、矿物等难熔物质中痕量组分的定量分析。

1.3.1.2 低压交流电弧

交流电弧有高压交流电弧和低压交流电弧两类。前者工作电压达 2 000～7 000 V，可以利用高电压把弧隙击穿而燃烧，但由于装置复杂，操作危险，因此实际上已很少用。低压交流电弧工作电压一般为 110～220 V，设备简单，操作也安全。

（1）低压交流电弧发生器的工作原理

由交流电源维持电弧放电的光源称交流电弧光源。将普通 220 V 交流电直接联结在两电极间是不可能形成电弧的，这是由于电极间没有导电的电子和离子的缘故。同时，由于交流电随时间以正弦波形式发生周期性变化，每半周经过一次零点，因此低压交流电弧必须采用高频引燃装置，不断地"击穿"电极间的气体，造成电离维持导电。对频率为 50 Hz 的交流电，每秒钟必须"点火"100 次，才能维持电弧不灭。

低压交流电弧发生器的电路由两部分组成，（Ⅰ）是高频引燃电路，（Ⅱ）是低压电弧线路，见图 1-4。

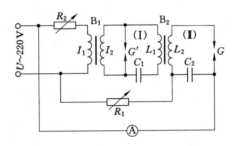

图 1-4 低压交流电弧发生器

U——交流电源；I_1，I_2，L_1，L_2——电感；Ⓐ——交流电流表；R_1，R_2——可变电阻；

B_1，B_2——变压器；C_1——振荡电容；C_2——旁路电容；G——分析间隙；G'——放电盘

① 接通交流电源（220 V 或 110 V），电流经可变电阻器 R_2 适当降压后，由变压器 B_1 升压至 2.5～3.0 kV，并向电容器 C_1 充电（充电电路为 I_2—L_1—C_1，G' 断路），充电速度由 R_2 调节。

② 当 C_1 所充的能量达到放电盘 G' 的击穿电压时，放电盘放电产生高频振荡（振荡电路为 C_1—L_1—G'，I_2 不起作用），振荡的速度可由放电盘 G' 的间距及充电速度来控制，使每交流半周振荡一次。

③ 高频振荡电流经 L_1 和 L_2 耦合到电弧回路，经变压器 B_2，进一步升压达 10 kV，通过电容器 C_2 把分析间隙 G 的空气绝缘击穿，产生高频振荡放电（高频电路为 L_2—G—C_2）。

④ 当分析间隙 G 被击穿时，电源的低压部分便沿着已经造成的游离气体通道，通过分析间隙 G 进行弧光放电（低压放电电路为 R_1—L_2—G，C_2 不作用）。

⑤ 当电压降至低于维持电弧放电所需的数值时,电弧将熄灭,但此时第二个交流半周又开始,分析间隙 G 又被高频放电击穿,随之进行电弧放电,如此反复进行,保证了低压燃弧线路不致熄灭。

（2）交流电弧的分析性能

① 交流电弧放电时,电极温度较低,这是由于交流电弧放电的间隙性所致。

② 交流电弧的弧温较高（6 000～8 000 K）,这是由于交流电弧的电流具有脉冲性,电流密度较直流电弧大,因此激发能力较强。

③ 交流电弧的稳定性好（因其放电具有明显的周期性）,试样蒸发均匀,重现性好。

④ 交流电弧的分析灵敏度接近于直流电弧。

（3）应用

常用于金属、合金中低含量元素的定量分析。

1.3.1.3　高压电容火花

（1）高压电容火花发生器的工作原理

高压电容火花发生器的基本线路如图 1-5 所示。

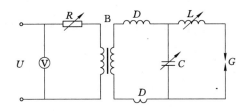

图 1-5　高压电容火花发生器

电源电压 U 由调节电阻 R 适当降压后,经变压器 B,产生 10～25 kV 的高压,通过扼流线圈 D 向电容器 C 充电。当电容器 C 两极间的电压升高到分析间隙 G 的击穿电压时,储存在电容器中的电能立即向分析间隙放电,产生电火花。放电完以后,又重新充电、放电,反复进行以维持火花放电不灭。

（2）高压电容火花的分析性能

优点:高压电容火花放电的激发温度很高,弧焰的瞬间温度可达 1×10^{7} K 以上,能激发电位很高的原子线和更多的离子线;电极温度低,这是因为每个火花作用于电极上的面积小,时间短,每次放电之后火花随即熄灭,因此电极头灼热不显著;高压火花放电的稳定性好,这是因为火花放电的各项参数都可精密地加以控制。

缺点:灵敏度较差,需要较长的预热和曝光时间,背景大,不宜做痕量组分分析。

（3）应用

主要用于难激发的元素或易熔金属、合金试样的分析以及高含量元素的定量分析。

1.3.1.4　电感耦合等离子体焰炬

电感耦合等离子体焰炬（inductively coupled plasma torch,简称 ICP 或 ICPT）:指高频电能通过电感（感应线圈）耦合到等离子体所得到的外观上类似火焰的高频放电光源。

等离子体:一般是指电离度大于 0.1%,其正负电荷相等的电离气体。因为,当电离度为 0.1% 时,其导电能力即达到最大导电能力的二分之一;而电离度达 1% 时,其导电能力已接近充分电离的气体。电弧放电、火花放电,甚至火焰,广义上亦属于等离子体。但在光谱分析中,所谓等离子体,习惯上仅指外观上类似火焰的一类放电光源。这类光源除 ICP 外,还有直流等离子体喷焰(DCP)、微波感生等离子体(MIP)等。

(1) ICP 的结构

ICP 装置由高频发生器和感应圈、炬管和供气系统、试样引入系统等三部分组成(图1-6)。

高频发生器的作用:产生高频磁场以供给等离子体能量。

感应圈一般是以圆形或方形铜管绕成的 2~5 匝水冷线圈。

等离子炬管由三层同心石英管组成:

① 外层石英管气流 Ar 气从切线方向引入,并螺旋上升,其作用主要有:

a. 将等离子体吹离外层石英管的内壁,以避免它烧毁石英管;

b. 利用离心作用,在炬管中心产生低气压通道,以利于进样;

c. 参与放电过程。

② 中层石英管呈喇叭形,通入 Ar 气,起到维持等离子体的作用。

③ 内层石英管内径为 1~2 mm,载气带着试样气溶胶由内管注入等离子体内。试样气溶胶由气动雾化器或超声雾化器产生。

用 Ar 气作工作气体的优点:Ar 气为单原子惰性气体,不与试样组分形成难离解的稳定化合物,也不会像分子那样因离解而消耗能量,有良好的激发性能,本身光谱简单。

图 1-6 是 ICP 工作原理示意图。当高频电流通过线圈时,在石英管内产生轴向交变磁场,管外磁场方向为椭圆形。如果此时在石英管内插入一根铜棒,则铜棒内将产生感应电流,可把铜棒加热到很高温度,这就是高频加热的原理。最初,在感应线圈上施加高频电场时,由于气体在常温下不导电,因而没有感应电流产生,也不会出现等离子体。这时若用高频点火装置产生火花,就会产生载流子(电子与离子),产生的载流子在高频交变电磁场的作用下高速运动,碰撞气体原子,使之迅速、大量电离,形成"雪崩"式放电。电离了的气体在垂直于磁场方向的截面上形成闭合环形路径的涡流,在感应线圈内形成相当于变压器的次级线圈并与相当于初级线圈的感应线圈耦合,这股高频感应电流产生的高温又将气体加热、电离,于是几乎立即就导致形成了炽热的等离子体,这时可以看到管内形成一个高温火球,用 Ar 气将其吹出管口,即形成温度高达 1×10^7 K 的环形稳定等离子炬。

由图 1-7 可知,ICP 焰炬由内到外温度逐渐降低。感应线圈将能量耦合给等离子体,并维持等离子炬。当载气带着试样溶胶通入等离子体时,被后者加热至 6 000~7 000 K,并被原子化和激发发射光谱。

从上述可知,ICP 虽然在外观上与火焰类似,但它并非燃烧过程,它是利用高频电磁耦合获得气体放电的一种新型激发光源。

(2) ICP 的分析性能

① ICP 光源激发温度高,有利于难激发元素的激发。

② 样品在中央环形通道受热而原子化,原子化温度高,原子在等离子停留时间长,原子化完全,化学干扰小,基体效应小,稳定性好,谱线强度大。

③ 由于样品在中央通道原子化和激发,外围没有低温吸收层,因此自吸和自蚀效应小。

④ 样品在惰性气氛中激发,光谱背景小。

⑤ ICP 是无极放电,没有电极污染。

(3) 应用

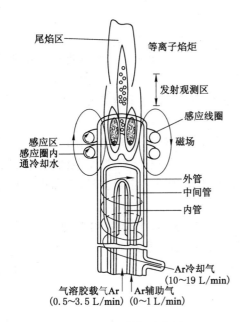

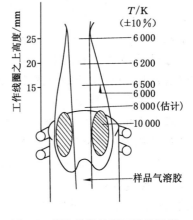

图 1-6　ICP 焰炬示意图　　　　　　图 1-7　ICP 焰炬的剖面图及温度

可测定周期表中绝大多数元素(约 70 多种),检出限可达 $10^{-9} \sim 10^{-11}$ g/L,精密度 1%左右。工作曲线线性范围宽,试样中基体和共存元素的干扰小,甚至可以用同一条工作曲线测定不同样品中的同一元素等。其缺点是成本和运转费用都很高,且不能用于测定卤素等非金属元素。表 1-1 为常用光源性能的比较。

表 1-1　　　　　　　　　　　　　常用光源性能比较

光源	电极温度/K	弧焰温度/K	稳定性	灵敏度	主要用途
火焰	—	2 000～3 000	很好	低	碱金属、碱土金属
直流电弧	3 000～7 000	4 000～7 000	较差	优(绝对)	定性分析;矿石、矿物等难熔中痕量组分定量分析
交流电弧	1 000～2 000	4 000～7 000	较好	好	金属合金中低含量元素的定量分析
高压火花	≪1 000	瞬间可达 10 000	好	中	含量高元素;易挥发,难激发元素
ICP		5 000～8 000	很好	高	溶液;高、低微含量金属;难激发元素

1.3.2　分光系统

分光系统的作用是将激发试样所获得的复合光,分解为按波长顺序排列的单色光。常用的分光元件可分为棱镜和光栅两类。

1.3.3　检测器

在原子发射光谱中,被检测的信号是元素的特征辐射,常用的检测方法有目视法、摄谱法和光电法。

1.3.3.1　目视法

目视法是用眼睛观察试样中元素的特征谱线或谱线组,以及比较谱线强度的大小来确定试样的组成及含量。工作波段仅限于可见光区 400～700 nm 范围。常用的仪器为看谱镜,是一种小型简易的光谱仪,主要用于合金、有色金属合金的定性和半定量分析。

1.3.3.2　摄谱法

摄谱法是将感光板置于分光系统的焦面处,接受被分析试样的光谱的作用而感光(摄谱),再经过显影、定影等操作制得光谱底片,谱片上有许多距离不等、黑度不同的光谱线。然后,在映谱仪上观察谱线的位置及大致强度,进行定性分析及半定量分析;在测微光度计上测量谱线的黑度,进行光谱定量分析。

感光板上谱线的黑度与曝光量有关,曝光量越大,谱线越黑。曝光量用 H 表示,它等于照度 E 与曝光时间 t 的乘积,而照度 E 又与辐射强度 I 成正比,所以

$$H = Et = KIt \tag{1-6}$$

式中　K——比例常数。

谱线变黑的程度称为黑度,其定义是

$$S = \lg \frac{i_0}{i} \tag{1-7}$$

式中　i_0——感光板未曝光部分透过光的强度;

　　　i——谱板曝光变黑部分透过光的强度。

黑度的测量如图 1-8 所示。

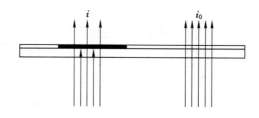

图 1-8　黑度的测量

可见,在光谱分析中的所谓黑度,实际上相当于分光光度法中的吸光度 A。但在测量时,测微光度计所测量的面积远较分光光度法小,一般只有 0.02～0.05 mm^2,故被测量的物体(谱线)需经光学放大;其次,只是测量谱线对白光的吸收,因此不必使用单色光源。

1.3.3.3　光电法

光电法利用光电倍增管(photoelectric multiplier)作光电转换元件,把代表谱线强度的光信号转换成电信号,然后由电表显示出来,或进一步把电信号转换为数字显示出来。

1.3.4　仪器类型

常见的原子发射光谱仪有棱镜摄谱仪、光栅摄谱仪和光电直读光谱仪。

1.3.4.1　棱镜摄谱仪

棱镜摄谱仪是用棱镜作色散元件、用照相的办法记录谱线的光谱仪。其光学系统由照明系统、准光系统、色散系统及投影系统组成,如图 1-9 所示。

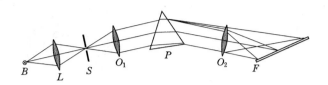

图 1-9 棱镜摄谱仪的光学系统

（1）照明系统。通常由一个或三个透镜组成，其主要作用是为了使被分析物质在电极上被激发而成的光源每一点都均匀而有效地照明入射狭缝 S，使感光板上所摄得的谱线强度上下一致。

（2）准光系统。包括狭缝 S 及准光镜 O_1。狭缝位于准光镜的焦面上，使光线成为平行光束而投射到棱镜 P 上。

（3）色散系统。由一个或多个棱镜组成。其作用是使复合光分解为单色光，将不同波长的光以不同的角度折射出来，色散形成光谱。

（4）投影系统。包括暗箱物镜 O_2 及感光板 F。暗箱物镜使不同波长的光按顺序聚焦在物镜焦面上，而感光板则放在物镜焦面上，这样就可得到一条清晰的谱线像。

棱镜摄谱仪的光学特性，常从色散率、分辨率和集光本领三方面进行考虑。

色散率就是把不同波长的光分散开的能力，通常以线色散率的倒数来表示：$d\lambda/dl$（单位为 nm/mm），即谱片上每一毫米的距离内相应波长数（单位为 nm）。

分辨率是指摄谱仪的光学系统能正确分辨出紧邻两条谱线的能力。一般常用两条可以分辨开的光谱线波长的平均值 λ 与其波长差 $\Delta\lambda$ 的比值来表示，即 $R=\lambda/\Delta\lambda$。对于中型石英摄谱仪，常以能否分开 Fe 310.066 nm，Fe 310.0307 nm，Fe 309.9971 nm 三条谱线来判断分辨率的好坏：$R=\lambda/\Delta\lambda=310.0$ nm/0.037 nm≈9 000。即当仪器的分辨率大于 9 000 时，才能清楚地分开 Fe 310.0 nm 附近的三条谱线。

集光本领是指摄谱仪的光学系统传递辐射的能力。

1.3.4.2 光栅摄谱仪

光栅摄谱仪是用光栅作色散元件，利用光的衍射现象进行分光。其光学系统也由照明系统、准光系统、色散系统及投影系统组成。图 1-10 是 WSP-1 型平面光栅摄谱仪的光路示意图。

1.3.4.3 光电直读光谱仪

光电直读光谱仪是利用光电测量方法直接测定光谱线强度的光谱仪。由于 ICP 光谱的广泛使用，光电直读光谱仪被大规模地应用。光电直读光谱仪有两种基本类型，一种是多道固定狭缝式，另一种是单道扫描式。下面主要讨论多道固定狭缝式，它又称为光量计。

在摄谱仪中色散系统只有入射狭缝而无出射狭缝。在光电光谱仪中，一个出射狭缝和一个光电倍增管构成一个通道（光的通道），可接受一条谱线。多道仪器是安装多个（可达70 个）固定的出射狭缝和光电倍增管，可接受多种元素的谱线。单道扫描式只有一个通道，这个通道可以移动，相当于出射狭缝在光谱仪的焦面上扫描移动（多由转动光栅或其他装置来实现），在不同的时间检测不同波长的谱线。目前常用的是多道固定狭缝式。

图 1-11 为一多道光谱仪（ICP 光量计）的示意图。光电直读光谱仪主要由三部分构成：光源、色散系统和检测系统。从光源发出的光经透镜聚焦后，在入射狭缝上成像并进入狭

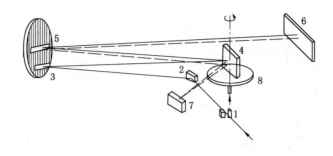

图 1-10　WSP-1 型平面光栅摄谱仪光路示意图

1——狭缝;2——平面反射镜;3——准直镜;4——光栅;5——成像物镜;

6——感光板;7——二次衍射反射镜;8——光栅转台

缝。进入狭缝的光投射到凹面光栅上,凹面光栅将光色散、聚焦在焦面上,在焦面上安装了许多出射狭缝,每一狭缝可使一条固定波长的光通过,然后投影到狭缝后的光电倍增管上进行检测,最后经过计算机处理后打印出数据与电视屏幕显示。全部过程除进样外都是微型计算机程序控制,自动进行。

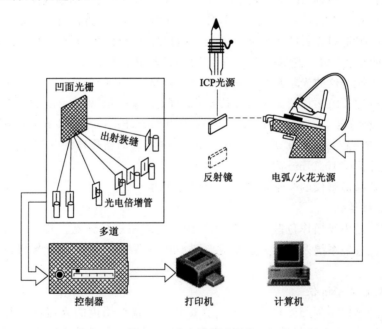

图 1-11　光电直读光谱仪

光电直读光谱仪的优点:分析速度快;准确度高,相对误差约为 1‰;适用于较宽的波长范围;光电倍增管对信号放大能力强,对强弱不同谱线可用不同的放大倍率,相差可达10 000倍,因此它可用同一分析条件对样品中多种含量范围差别很大的元素同时进行分析;线性范围宽,可做高含量分析。缺点:出射狭缝固定,能分析的元素也固定,也不能利用不同波长的谱线进行分析;受环境影响较大,如温度变化时谱线易漂移,现多采用实验室恒温或仪器的光学系统局部恒温及其他措施;价格昂贵。

1.4　原子发射光谱法的应用

1.4.1　光谱定性分析

1.4.1.1　光谱定性分析的原理

由于各种元素原子结构的不同，在光源的激发作用下，可以产生一系列特征的光谱线，其波长 λ 是由产生跃迁的两能级差决定的。

$$\Delta E = h\nu = h\frac{c'}{\lambda} \tag{1-8}$$

因此，根据原子光谱中元素特征谱线就可以确定试样中是否存在被检元素。只要试样光谱中检出了某元素的 2～3 条灵敏线，就可以确证试样中存在该元素。

灵敏线：是指一些激发电位低，跃迁概率大的谱线。一般说来，灵敏线多是一些共振线。由激发态直接跃迁至基态时所辐射的谱线称为共振线。当由最低能级的激发态（第一激发态）直接跃迁至基态时所辐射的谱线称为第一共振线，一般也是元素的最灵敏线。

各元素灵敏线的波长，可由光谱波长表中查到。在波长表中常用 Ⅰ 表示原子线，Ⅱ 表示一次电离离子发射的谱线，Ⅲ 表示二次电离离子发射的谱线。例如，Li Ⅰ 6 707.85 Å 表示该线是锂的原子线；Mg Ⅱ 2 802.70 Å 表示镁的一次电离离子线。

1.4.1.2　定性分析的方法

（1）标准试样光谱比较法

如果只检查少数几种指定元素，同时这几种元素的纯物质又比较容易得到时，可用样品和几种元素的标准品同时进样，对比谱图进行定性。

（2）元素光谱图比较法

对测定复杂组分以及进行光谱定性全分析时，上述简单方法已不适用。此时，可用"元素光谱图"比较法。"元素光谱图"是在一张放大 20 倍以后的不同波段的铁光谱图上（因为铁的光谱谱线较多，在我们常用的铁光谱的 210.0～660.0 nm 波长范围内，大约有 7 600 条谱线，其中每条谱线的波长，都已做了精确的测定，载于谱线表内），将各元素的灵敏线按波长位置标插在铁光谱图的相应位置上而制成（图 1-12）。

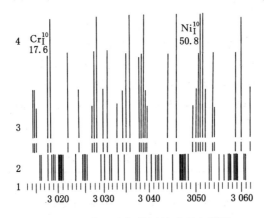

图 1-12　某一波长范围的元素光谱图

1——标尺；2——铁光谱；3——元素灵敏线；4——元素符号

元素符号底下的数字表示该元素谱线的具体波长；右下角标的罗马数字Ⅰ、Ⅱ或Ⅲ等，分别表示该谱线为原子线、一级离子线或二级离子线等；右上角标有不同数字，表示谱线强度的级别。一般谱线强度分为 10 级，级数越高，谱线越强。

（3）光谱定性分析工作条件的选择

① 光谱仪。一般选用中型摄谱仪，因其色散率较为适中，可将欲测元素一次摄谱，便于检出。若试样属多谱线、光谱复杂、谱线干扰严重，如稀土元素等，可采用大型摄谱仪。

② 激发光源。常用直流电弧作激发光源。因其电极头温度高，有利于试样蒸发，绝对灵敏度高。

③ 电流控制。为了使易挥发和难挥发的元素都能很好地被检出，一般先使用较小的电流（5～6 A），然后用较大的电流（6～20 A），直至试样蒸发完毕。试样挥发完后，电弧发出噪声，并呈现紫色。

④ 狭缝。为了减少谱线的重叠干扰和提高分辨率，摄谱时狭缝应小一些，以 5～7 μm 为宜。

⑤ 运用哈特曼光栏。光谱定性分析时，要求谱片上的铁谱线和试样谱线两者的相对位置要特别准确。哈特曼光栏是由金属制成的多孔板，置于狭缝前导槽内。对其以不同高度截取，使摄得的光谱落在感光板的不同位置上，这样便于相互比较，定性查找。

此外，为了检查碳电极的纯度以及加工过程有无沾污等，一般还应摄取空碳棒的光谱。摄谱时选用灵敏度高的Ⅱ型感光板。

1.4.2 光谱半定量分析

光谱半定量分析的依据：谱线的强度和谱线的出现情况与元素含量密切相关。常用的半定量方法是谱线黑度比较法和谱线呈现法等。

1.4.2.1 谱线黑度比较法

将试样与已知不同含量的标准样品在相同的实验条件下，在同一块感光板上并列摄谱，然后在映谱仪上用目视法直接比较被测试样与标准样品光谱中分析线的黑度，若黑度相等，则表明被测样品中欲测元素的含量近似等于该标准样品中欲测元素的含量。

此法简便易行，其准确度取决于被测样品与标准样品基体组成的相似程度以及标准样品中欲测元素含量间隔的大小。

1.4.2.2 谱线呈现法

当样品中某元素的浓度逐渐增加时，该元素的谱线强度增加，而且谱线数目亦增多，灵敏线、次灵敏线、弱线依次出现。于是可预先配制一系列浓度不同的标准样品，在一定条件下摄谱，然后根据不同浓度下所出现的分析元素的谱线及强度情况绘制成一张谱线出现与含量的关系表（即谱线呈现表），以后就根据某一谱线是否出现来估计试样中该元素的大致含量。表 1-2 为铅的谱线呈现表。

表 1-2   **铅的谱线呈现表**

Pb/%	谱线及其特征
0.001	283.31 nm 清晰可见；261.72 nm 和 280.20 nm 谱线很弱
0.003	283.31 nm 和 261.72 nm 谱线增强；280.20 nm 谱线清晰
0.01	上述各线增强；266.32 nm 和 287.33 nm 谱线不太明显

Pb/%	谱线及其特征
0.03	266.32 nm 和 287.33 nm 谱线逐渐增强至清晰
0.1	上述各线均增强，不出现新谱线
0.3	显出 239.38 nm 淡灰色宽线；在谱线背景上 257.73 nm 不太清晰
1	上述各线增强；270.2 nm、277.7 nm 和 277.6 nm 出现；271.2 nm 模糊可见

该法简便快速，但分析结果粗略，其准确度受试样组成及分析条件的影响较大。

1.4.3　光谱定量分析

1.4.3.1　光谱定量分析的基本关系式

进行光谱定量分析时，是根据被测试样光谱中欲测元素的谱线强度来确定元素的浓度。元素的谱线强度 I 与该元素在试样中浓度 c 的关系为

$$I = ac^b \tag{1-9}$$

$$\lg I = b\lg c + \lg a \tag{1-10}$$

式中，常数 a 是与试样的蒸发、激发过程和试样组成等因素有关的一个常数；常数 b 称为自吸系数，当谱线强度不大、没有自吸时，$b=1$；反之，有自吸时，$b<1$，而且自吸越大，b 值越小。所以，只有在严格控制实验条件一定的情况下，在一定的待测元素含量的范围内，a 和 b 才是常数，$\lg I$ 与 $\lg c$ 之间才具有线性关系。而这种条件通常是很难控制的，所以一般采用盖拉赫（Gelach）的"内标法"。

1.4.3.2　内标法光谱定量分析的原理

（1）内标法原理

在待测元素的光谱中选一条谱线作为分析线（或称杂质线），另在基体元素（或定量加入的其他元素）的光谱中选一条谱线作为内标线（或称比较线），这两条谱线组成分析线对。分析线与内标线的绝对强度的比值称为相对强度（R）。内标法就是根据分析线对的相对强度与被分析元素含量的关系来进行定量分析。这样可使谱线相对强度由于实验条件波动而引起的变化得以抵消，这是内标法的优点。

设待测元素和内标元素含量分别为 c 和 c_0，分析线和内标线强度分别为 I 和 I_0，b 和 b_0 分别为分析线和内标线的自吸收系数，根据式（1-9）对分析线和内标线分别有

$$I = a_1 c^b \tag{1-11}$$

$$I_0 = a_0 c_0^{b_0} \tag{1-12}$$

则其相对强度 R 为

$$R = \frac{I}{I_0} = \frac{a_1 c^b}{a_0 c_0^{b_0}} = ac^b \tag{1-13}$$

式中 $a = a_1/a_0 c_0^{b_0}$，在内标元素含量 c_0 和实验条件一定时，a 为定值，对式（1-13）取对数可得

$$\lg R = \lg \frac{I}{I_0} = \lg a + b\lg c \tag{1-14}$$

此式即内标法定量分析的基本关系式。

（2）内标元素与内标线的选择原则

① 内标元素含量必须固定。内标元素在试样和标样中的含量必须相同。内标化合物

中不得含有被测元素。

② 内标元素和分析元素要有尽可能类似的蒸发特性。这样相对强度受电极温度变化的影响很小。

③ 用原子线组成分析线对时,要求两线的激发电位相近;若选用离子线组成分析线对,则不仅要求两线的激发电位相近,还要求电离电位也相近。这样的分析线对称为均称线对。

④ 所选线对的强度不应相差过大。

⑤ 若用照相法测量谱线强度,要求组成分析线对的两条谱线的波长尽可能靠近。

⑥ 分析线与内标线没有自吸或自吸很小,且不受其他谱线的干扰。

1.4.3.3 摄谱法光谱定量分析

用摄谱法进行光谱定量分析时,最后测得的是谱线的黑度而不是强度。故此时应考虑谱线黑度与被测元素含量的关系。

谱线的黑度 S 与照射在感光板上的曝光量 H 有关。它们的关系是很复杂的,不能用一个单一的数学式表达,常常只能用图解的方法来表示,这种图解曲线称为乳剂特性曲线。通常以黑度值 S 为纵坐标,曝光量的对数 $\lg H$ 为横坐标作图(图 1-13)。起始部分为曝光不足部分,它的斜率是逐渐增大的;末端部分为曝光过度部分,它的斜率则逐渐减小;正中部分为曝光正常部分,这一部分的斜率是恒定的,光谱定量分析一般就在这部分内工作。黑度与曝光量的对数之间可以用简单数学式表达。令此直线段的斜率为 γ,则

$$\gamma = \tan \alpha \tag{1-15}$$

γ 称为感光板的反衬度,它是感光板的重要特性之一。

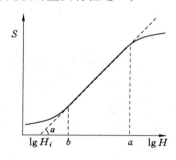

图 1-13 乳剂特性曲线

对于正常曝光部分(亦即光谱分析常用的部分),S 与 $\lg H$ 之间的关系最简单,可用下述直线方程式表示:

$$S = \tan \alpha(\lg H - \lg H_i) = \gamma(\lg H - \lg H_i) \tag{1-16}$$

对一定的乳剂,$\gamma\lg H_i$ 为一定值并以 i 表示,则

$$S = \gamma\lg H - i \tag{1-17}$$

曝光量等于照度 E 乘以曝光时间 t,而 $E \propto I$,故

$$S = \gamma\lg It - i \tag{1-18}$$

在光谱定量分析中,感兴趣的是分析线对的相对强度的测量。设 S_1、S_2 分别为分析线及内标线的黑度,则

$$S_1 = \gamma_1\lg I_1 t_1 - i_1 \tag{1-19}$$

$$S_2 = \gamma_2\lg I_2 t_2 - i_2 \tag{1-20}$$

因为在同一感光板上,曝光时间相等,即 $t_1 = t_2$;当分析线对的波长、强度、宽度相近,且其黑度值均落在乳剂特性曲线的直线部分时,$\gamma_1 = \gamma_2 = \gamma$,$i_1 = i_2 = i$,则分析线对的黑度差 ΔS 为:

$$\Delta S = S_1 - S_2 = \gamma \lg \frac{I_1}{I_2} = \gamma \lg R \tag{1-21}$$

将式(1-14)代入上式:

$$\Delta S = \gamma \lg \frac{I_1}{I_2} = \gamma \lg a + \gamma b \lg c \tag{1-22}$$

式(1-22)即为用内标法进行定量分析的基本关系式。由此式可知,在一定条件下分析线对的黑度差与试样中该组分的含量 c 的对数呈线性关系。

1.4.4　光谱定量分析工作条件的选择

(1) 光谱仪。一般多用中型光谱仪,但对谱线复杂的元素(如稀土元素等),则需选用色散率大的大型光谱仪。

(2) 光源。可根据被测元素的含量、元素的特性及分析要求等来选择合适的光源。

(3) 狭缝。在定量分析中,为了减小由乳剂不均匀所引入的误差,宜使用较宽的狭缝,一般可达 20 μm 左右。

(4) 内标元素和内标线。金属光谱分析中,一般选基体元素作内标元素。在矿石分析中,由于组分变化很大,同时基体元素的蒸发行为与待测元素也多不相同,所以一般不用基体元素作内标,而是加入定量的其他元素。

(5) 光谱缓冲剂。为了抵偿试样组成变化对谱线强度的影响,常于粉末试样和参比样品中加进经过选择的一种或多种辅助物质,这种物质称为光谱缓冲剂。它应具有能增进有规律的挥发,稳定燃烧以及稳定电弧温度等作用。常用的缓冲剂有:

① 碱金属盐类(用作易挥发元素的缓冲剂);

② 碱土金属盐类(用作中等挥发元素的缓冲剂)。

炭粉也是缓冲剂的常见组分之一,它起着稀释试样,减小试样与标样在组成及性质上的差别等作用。

1.4.5　IPC-AES 电感耦合等离子体原子发射光谱的应用

1.4.5.1　样品前处理

(1) 无论是固态、气态还是液态样品,均转化为相应的溶液进行分析,一般用酸溶解法处理样品,常用硝酸或盐酸,有个别试样需要碱溶法。

(2) 尽量不引入盐类或其他成盐试剂,含盐量高会造成进样雾化器堵塞及物化斜率的改变,引入较大误差。

(3) 处理后样品溶液的酸度尽量和标准溶液的酸度一致,且处理后试液中酸的浓度应在 5%~10%。

(4) 配制标准溶液和绘制校准曲线。配制待测物质的标准溶液时,使用高纯度的样品溶液,采用逐级稀释的方法,根据仪器的最佳工作条件,在各元素选定的波长处,测定标准样品中各待测元素的谱线强度,绘制校准曲线。

1.4.5.2　仪器工作条件的选择

(1) 雾化器的选择

当分析试样中的盐分较大,对于同轴玻璃雾化器来说,由于玻璃管头易被高盐分堵塞而难以进样,甚至损坏雾化器,因此可采用铂网雾化器,它是由双层铂网构成,当高盐分通过时,能分散开进样,不影响提取率。

（2）灵敏线的选择

由于 ICP 光源激发能量很高,有大量发射谱线。事实上,几乎每种元素的分析线均受到不同程度的干扰,必须仔细选择分析线。一方面要保证所选的分析线具有足够高的灵敏度,另一方面要尽量避免其他谱线直接或部分重叠干扰。作待测元素选定波长下的轮廓谱图,选择干扰最小灵敏度高的分析线作为工作曲线。

优先选用元素的离子谱线,它不仅发射强度较大,而且其最佳观测高度受分析条件变化影响较小。可以直接查询仪器光谱库,参考有关文献,结合所分析样品中各元素含量及其对待测元素测定干扰情况的实验结果,综合考虑选择干扰少、背景低、信噪比高的谱线作为待测元素的分析谱线。也可以在分析之前,将待测元素每条谱线作为分析波长进行实验,通过对比每条谱线的信号响应值、峰形及稳定性、共存元素干扰等方面,选取最佳分析波长,然后再进行试验。当待测样品中所含的元素较多时,元素的分析线之间会存在相互干扰的状况,为消除干扰元素对测定元素的影响,可采用标准加入法对待测元素进行测定。

（3）氩气流量的选择

① 雾化气流量的增加会使分析元素信号响应值降低,从而导致灵敏度下降,这样不利于低浓度元素的分析测定。因此,在确保雾化系统稳定工作的条件下,低的中心气流量有利于增强谱线发射强度。

② 辅助气流量增加,可以使进入等离子体的分析元素量增加,从而导致响应值增强,但是过大的辅助气流量,也会将样品稀释,不利于分析测定,可根据试验调试设定辅助气流量。

③ 载气流量是影响吸收信号强度的重要因素之一,随着载气流量增加,样品的提升量增加,因而会使信号强度增加。但是,增加载气流量的同时,样品在等离子体中的停留时间缩短,稀释因子加大。通常,厂商推荐的仪器的缺省条件就能满足一般的分析实验。

1.4.5.3 注意事项

（1）样品溶液、标准溶液、空白溶液的酸浓度应保持一致,以消除酸效应的影响。样品的介质首选硝酸,其次是盐酸,浓度在 2% 左右即可。

（2）确认氩气储量和压力,氩气储量大于 2 瓶,确认光室驱气达 1 h 以上,使仪器稳定正常,防止波长漂移,还要保证氩气的纯度在 99% 以上。

（3）注意经常清洗雾化器、炬管,可用 $(1+1)HNO_3$ 或 $(1+1)HCl$ 浸泡 24 h,清洗干净,放干,待用。测定低含量的样品一般用高谱线,高含量的样品用低谱线。如测含量太低的元素,可浓缩后测定。样品中含有大量可溶盐或酸度过高时,会对测定产生干扰,消除此类干扰的最简便方法是将样品稀释。

第 2 章　原子吸收光谱法

原子吸收光谱法(atomic absorption spectrophotometry,AAS)是定量分析痕量和超痕量金属元素的最普及、有效的手段。本章主要讲述原子吸收光谱法的基本原理、基本仪器以及光谱定性、半定量及定量分析的方法和应用。

2.1　概　　述

原子吸收光谱法是一种利用被测元素的基态原子对特征辐射线的吸收程度进行定量分析的方法。

2.1.1　原子吸收光谱法的发展史

原子吸收光谱分析,又称原子吸收分光光度分析,简称原子吸收法。早在 18 世纪初,人们就开始对原子吸收光谱——太阳连续光谱中的谱线进行了观察和研究。但是,原子吸收光谱法作为一种分析方法是从 1955 年才开始的。这一年,澳大利亚物理学家瓦尔西(A. Walsh)发表了著名论文"原子吸收光谱在化学分析中的应用",奠定了原子吸收光谱分析法的理论基础。从时间上看,原子吸收光谱法在分析化学上的应用,比原子发射光谱法晚了约 80 年,但由于原子吸收光谱法的优点,使它一出现即引起重视,并在 20 世纪 60 年代得到迅速发展。

与其他仪器分析法相同,原子吸收分光光度法要通过原子吸收分光光度计实现。原子吸收分光光度计也称原子吸收光谱仪,是 20 世纪 50 年代中期出现并逐渐发展起来的一种新型分析仪器,是集光学、机械学、电子学和计算机为一体的高科技产品。在 20 世纪 50 年代末到 60 年代初出现了商品化的原子吸收光谱仪。自 60 年代后期开始"间接"原子吸收光谱法的开发,使得原子吸收法不仅可以测定金属元素,还可测一些非金属元素(如卤素、硫、磷)和一些有机化合物(如维生素 B12、葡萄糖、核糖核酸酶等),进一步拓宽了原子吸收法的应用领域,已成为分析化学领域中极其重要的一种分析方法,其发展和普及速度之快,是其他仪器分析法所无法比拟的。它与等离子体发射光谱法(简称 ICP-AES)并驾齐驱,成为原子光谱研究和物质成分分析的重要常规分析方法之一,尤其是在测定试样中金属元素时,原子吸收光谱法往往是首选的定量分析方法,广泛应用于冶金地质、石油化工、环境保护、生物医学、农业和食品等行业。

2.1.2　原子吸收光谱分析的过程

原子吸收光谱法的一般过程是:利用高温将试样中被测元素从化合态的分子解离成基态原子,形成原子蒸气;当光源发射出的特征辐射线经过原子蒸气时,将被选择性地吸收;在一定条件下,特征辐射线被吸收的程度与基态原子的数目成正比关系;然后通过分光系统分光,并将该辐射线送至检测器进行测量,这样即可测出试样中被测元素的含量。

原子吸收光谱法和紫外吸收光谱法都是由物质对光的吸收而建立起来的光谱分析法，属于吸收光谱法。不同之处是吸光物质的状态不同，在原子吸收光谱分析中，吸光物质是基态原子蒸气，而紫外-可见分光光度分析中的吸光物质是溶液中的分子或离子。原子吸收光谱是线状光谱，而紫外-可见光谱是带状光谱。由于吸收机理的不同使两种方法在仪器各部件的连接顺序、具体部件及分析方法都有所不同。

2.1.3 原子吸收光谱分析的特点

原子吸收光谱法是一种重要的成分分析方法，具有以下优点：

（1）检出限低，灵敏度高

常规分析中，火焰原子吸收法的检出限可达 10^{-9} g，石墨炉原子吸收法可达 $10^{-10} \sim 10^{-14}$ g，是痕量分析常用的一种分析手段。

（2）抗干扰能力强，选择性好

在原子发射光谱分析（AES）中，试样元素发射的光谱线不仅有待测元素产生的，还有其他共存元素产生的，加之激发源的激发能量较大、温度较高（与原子吸收光谱分析的光源比较），并且激发一般是在大气中进行的，因而得到的谱线多而宽，容易产生光谱干扰。而在原子吸收光谱分析（AAS）中，最常用的空心阴极灯光源，其阴极由待测元素的金属或合金做成，且在低电流和低气压下被激发，是基于待测元素对其特征光谱的吸收，因而产生的谱线少而窄、光谱干扰小。

此外，由于原子化温度下（一般小于 3 000 K）达到热平衡状态时，激发态原子数目很少超过总原子数的 1%，基态原子数目则占总原子数的 99% 以上。因而试样基体、共存元素以及原子化温度等因素对原子吸收光谱分析的影响也比较小，大多数情况下共存元素对被测定元素不产生干扰，有的干扰可以通过加入掩蔽剂或改变原子化条件加以消除。

（3）精密度和准确度高

由于原子吸收程度受外界因素的影响相对较小，因此一般具有较高的精密度和准确度。火焰原子吸收法测定中等和高含量元素的相对标准偏差可小于 1%，其测量精度已接近于经典化学方法。石墨炉原子吸收法的测量精度一般约为 3%～5%。

（4）测定元素多，分析速度快

元素周期表中能够用 AAS 测定的元素达 70 多种。AAS 不仅可以测定金属元素，也可以间接测定非金属元素和有机化合物，如图 2-1 所示。并且由于原子吸收光谱法干扰小，并且干扰容易克服，因此在复杂样品分析中，有可能制备一份溶液（采用无火焰原子吸收光谱法，试液用量仅需 5～10 mL），不经化学分离即能测定多种元素。测定步骤比较简单，有条件实现全自动化操作。

原子吸收法也存在一些不足：

（1）目前大多数仪器都不能同时进行多元素的测定，因为每测定一个元素都需要与之对应的一个空心阴极灯（也称元素灯），分析一个元素需要更换一个光源，不能同时进行多元素分析。

（2）标准曲线线性范围窄，一般不超过两个数量级，从而导致个别元素的灵敏度较低，对于复杂样品要经过烦琐的样品处理以消除干扰。

（3）由于原子化温度比较低，对于一些易形成稳定化合物的元素，如 W、Nb、Ta、Zr、Hf、稀土等以及非金属元素，原子化效率低，检出能力差，受化学干扰较严重，所以结果不能

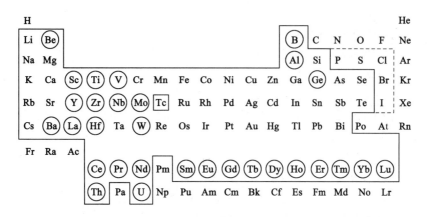

图 2-1　原子吸收法可测定的元素

注：实线框表示可直接测定元素；圆圈内的元素需要高温火焰原子化；虚线内为间接测定的元素

令人满意；非火焰的石墨炉原子化器虽然原子化效率高、检测限低，但是重现性和准确度较差。

（4）对操作人员的基础理论和操作技术要求较高。

新型多通道原子吸收光谱法虽然在一定程度上解决了一些问题，但价格比较昂贵。另外，对多数非金属元素还不能直接测定。

2.2　原子吸收光谱法的基本原理

2.2.1　原子吸收光谱的产生

通常，原子处于基态，当通过基态原子的某辐射线所具有的能量恰好符合该原子从基态跃迁到激发态所需的能量时，该基态原子就会从入射辐射中吸收能量、产生原子吸收光谱。当原子的外层电子从基态跃迁到能量最低的第一电子激发态时，要吸收一定频率的光，这时产生的吸收谱线，称为第一共振吸收线（或主共振吸收线）。原子的能级是量子化的，所以原子对不同频率辐射的吸收也是有选择的。这种选择性吸收的定量关系服从下式：

$$\Delta E = h\nu = h\frac{c'}{\lambda} \tag{2-1}$$

原子由基态跃迁到第一电子激发态所需能量最低，跃迁最容易（此时产生的吸收线称为主共振吸收线或第一共振吸收线），因此大多数元素主共振线就是该元素的灵敏线，也是原子吸收光谱法中最主要的分析线。

2.2.2　基态原子与待测元素含量的关系

在原子吸收光谱中，一般是将试样在 2 000～3 000 K 的温度下进行原子化，其中大多数化合物被蒸发、解离，使元素转变为原子状态，包括激发态原子和基态原子。根据热力学原理，在温度 T 一定，并达到热平衡时，激发态原子数 N_j 与基态原子数 N_0 的比值服从玻尔兹曼分布规律：

$$\frac{N_j}{N_0} = \frac{g_j}{g_0}\mathrm{e}^{-\Delta E/kT} \tag{2-2}$$

式中　　N_j——激发态原子数；

　　　　N_0——基态原子数；

　　　　g_j , g_0——激发态和基态的统计权重；

　　　　k——波耳兹曼常数，1.38×10^{-23} J/K；

　　　　T——温度，K。

在原子光谱中，由元素谱线的波长即可知道相应的 g_j / g_0 和 ΔE，可以计算出一定温度下的 N_j / N_0 比值。

由式(2-2)可以看出，对同种元素，温度越高，N_j / N_0 值越大；温度一定时，电子跃迁的能级差越小的元素，形成的激发态原子就越多，N_j / N_0 值就越大。AAS 通常的温度在 2 000～3 500 K 之间，待测元素的灵敏线大多分布在 200～500 nm 范围内。N_j / N_0 值一般在 10^{-3} 以下，即激发态原子数不足 0.1%，因此可以把基态原子数 N_0 看作是吸收光辐射的原子总数。如果待测元素的原子化效率保持不变，则在一定浓度范围内基态原子数 N_0 与试样中待测元素的浓度 c 呈线性关系，即

$$N_0 = K' c \tag{2-3}$$

由此可以看出，激发态原子数受温度的影响大，而基态原子数受温度影响小，所以 AAS 法的准确度优于 AES 法，基态原子数远大于激发态原子数，因此 AAS 法的灵敏度高于 AES 法。

2.2.3　原子吸收谱线的轮廓与变宽

原子吸收线并非一条严格意义上的几何线，它是具有一定宽度和轮廓(形状)，占据一定频率范围的光谱线。由于其宽度很窄，一般难以看清其形状，习惯上称之为谱线。表示 AAS 线轮廓的特征量是吸收线的特征频率 ν_0(波长 λ_0)和宽度，特征频率 ν_0(波长 λ_0)是指极大吸收系数 K_0 所对应的频率(波长)。吸收线的宽度是指极大吸收系数一半 $K_0 / 2$ 处吸收线轮廓间的频率(波长)差，又称为半宽度，常以 $\Delta\nu (\Delta\lambda)$ 表示。图 2-2 为吸收系数 K_ν 随频率 ν 的变化情况，即 AAS 线的轮廓。

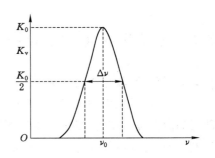

图 2-2　原子吸收线的轮廓

AAS 线的宽度受多种因素影响，其中主要有自然宽度、热变宽和压力变宽。

2.2.3.1　自然宽度

根据量子力学的计算，谱线具有一定的自然宽度，它是由原子发生能级间跃迁时在激发态停留的时间(又称激发态原子的寿命)决定的。原子在激发态停留的时间越短，谱线的自然宽度就越大。不同的原子谱线具有不同的自然宽度。一般而言，谱线的自然宽度较小，约为 10^{-5} nm 数量级。

2.2.3.2　热变宽

热变宽又称为多普勒变宽 $\Delta\nu_D$，是由原子的热运动所引起的。当原子向着检测器热运动时，检测器测得的将是原子电磁辐射的原有频率与热运动引起的频率变化值的总和。相反，当原子背离检测器运动时，测得的将是两者之间的差值，因此检测器接收到的吸收光的频率略有不同，产生谱线变宽。正如日常生活中，当一列火车鸣叫着迎面而来时，人们听到

的声音是尖锐的,频率较高;而当列车背离而去时,人们听到的声音是低沉的,频率较低。这种现象称为多普勒效应。热变宽一般可达到 $10^{-3} \sim 10^{-2}$ nm 数量级,是谱线变宽主要原因之一。

2.2.3.3　压力变宽(碰撞变宽)

压力变宽是由原子与其他粒子(分子、离子或原子)碰撞所引起的。其中,由同种原子碰撞产生的变宽称为共振变宽;由不同粒子碰撞引起的变宽称为洛伦兹变宽。单位时间内碰撞次数的增加加速了原子核外电子发生跃迁,致使原子平均寿命缩短,谱线变宽加剧。压力变宽主要与粒子之间的压力、粒子的质量大小和碰撞的有效面积有关。

2.2.3.4　自吸效应

如果光源内发射线的前方存在着同种元素的基态原子,发射线将会被它们吸收,使得发射线减弱,谱线变宽。这种影响称为自吸效应。自吸现象会导致原子吸收测定的灵敏度下降。

2.2.3.5　场致变宽

强电场或强磁场也会引起谱线变宽。由外电场或由电粒子形成的电场引起的变宽称为斯塔克变宽;由外磁场引起的变宽称为塞曼变宽。两者统称为场致变宽。通常,在没有强的外电场或磁场存在时,场致变宽可忽略不计。

在所有影响原子谱线变宽的因素中,自然宽度是原子的固有性质引起的,目前还难以用人为的方法消除其影响。与其他因素相比较,这种变宽的影响相对来说也很小,在原子吸收分析中可以忽略。影响原子吸收谱线变宽的主要原因是热变宽和自吸变宽。通过控制光源空心阴极灯的工作电流可以减少热变宽和自吸变宽的影响。

2.2.4　原子吸收光谱测量

2.2.4.1　积分吸收

在原子吸收光谱法中,若以连续光源(氘灯或钨灯)来进行吸收测量将非常困难。原子吸收谱线具有一定的宽度,但是仅有 10^{-3} nm 的数量级,假若用一般方法(如分子吸收的方法)得到入射光源,无论如何都不能看作相对于原子吸收轮廓是单色的,在这种条件下,吸收定律就不能适用了。因此就需要寻求一种新的理论和新的技术来解决原子吸收的测量问题。

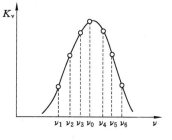

图 2-3　积分吸收曲线

在吸收轮廓的频率范围内,吸收系数 K_ν 对于频率的积分,如图 2-3 所示,称为积分吸收系数,简称积分吸收。它表示吸收的全部能量。从理论上可以得出,积分吸收与原子蒸气中吸收辐射的基态原子数成正比。经严格的数学推导,可表达为

$$A = \int K_\nu \mathrm{d}\nu = \frac{\pi e^2}{mc}N_0 f = kN_0 \tag{2-4}$$

式中　e——电子电荷;

　　　m——电子的质量;

　　　c'——光速;

　　　N_0——单位体积内基态原子数;

f——振子强度,表示能被入射辐射激发的每个原子的平均电子数,正比于原子对特定波长辐射的吸收概率。

在一定条件下 $\dfrac{\pi e^2}{mc}f$,对一定元素可视为一个定值,用 k 表示。

上式表明,积分吸收与单位体积原子蒸气中基态原子数呈简单的线性关系。这是原子吸收分析方法的一个重要理论依据。若能测定积分吸收,则可以求出被测物质的浓度。但是,在实际工作中,要测量出半宽度仅为 10^{-3} nm 数量级的原子吸收线的积分吸收,需要分辨率高达 50 万的色散仪器,目前的制造技术是难以实现的。

1955 年,瓦尔西(A. Walsh)提出了以锐线光源作为激发光源,用测量峰值吸收系数代替积分值的方法,使这一难题得到解决。

2.2.4.2 峰值吸收

吸收线轮廓中心波长处的吸收系数 K_0,称为峰值吸收系数,简称为峰值吸收。1955 年瓦尔西提出,在温度不太高的稳定火焰条件下,峰值吸收 K_0 与火焰中被测元素的原子浓度 N_0 成正比。在通常原子吸收的测量条件下,原子吸收线的轮廓主要取决于热变宽(即多普勒变宽)$\Delta\upsilon_D$,这时吸收系数 K_v 可表示为

$$K_v = K_0 \exp\left\{-\left[\frac{2(\nu-\nu_0)\sqrt{\ln 2}}{\Delta\upsilon_D}\right]\right\} \tag{2-5}$$

对式(2-5)中频率 ν 积分后得:

$$\int_0^\infty K_v \mathrm{d}\nu = \frac{1}{2}\sqrt{\frac{\pi}{\ln 2}} K_0 \Delta\upsilon_D \tag{2-6}$$

将式(2-6)代入积分吸收式(2-4),整理后得

$$K_0 = \frac{2}{\Delta\upsilon_D}\sqrt{\frac{\ln 2}{\pi}} \cdot \frac{\pi e^2}{mc} N_0 f \tag{2-7}$$

由此可以看出,峰值吸收系数 K_0 与原子浓度成正比,只要能测出 K_0 就可以得到 N_0,所以可以用峰值吸收测量法替代积分吸收测量法进行定量分析。这也是瓦尔西研究工作的精髓所在。

2.2.4.3 实际测量

在吸光分析法中,测量吸收强度的物理量是吸光度或透射率。一强度为 I_0 的某一波长的辐射通过均匀的原子蒸气时,若原子蒸气层的厚度为 l,则根据吸收定律,其透射光的强度 I 为 $I = I_0\exp(-K_0 l)$。若在峰值吸收处的透射光强度为 I_{v0},及峰值吸收处的吸光度为 A_{v0}(也称为峰值吸光度),则

$$I_{v0} = I_0\exp(-K_0 l) \tag{2-8}$$

$$A_{v0} = \lg\frac{I_0}{I_{v0}} = \lg[\exp(K_0 l)] = 0.434 K_0 l \tag{2-9}$$

将式(2-7)代入上式,得

$$A_{v0} = 0.434\frac{2}{\Delta\upsilon_D}\sqrt{\frac{\ln 2}{\pi}} \cdot \frac{\pi e^2}{mc} \cdot N_0 fl \tag{2-10}$$

在原子吸收测量条件下,如前所述,原子蒸气中基态原子的浓度 N_0 基本上等于蒸气中原子的总浓度 N,而且在实验条件一定时,被测元素的浓度 c 与原子化器的原子蒸气中原子总浓度保持一定的比例关系,即 $N = \alpha c$,式中 α 为比例常数,所以

$$A_{v0} = 0.434 \frac{2}{\Delta v_D} \sqrt{\frac{\ln 2}{\pi}} \cdot \frac{\pi e^2}{mc} fl\alpha c \tag{2-11}$$

但实验条件一定时,各有关参数均为常数,所以峰值吸光度 A_{v0} 为

$$A_{v0} = Kc \tag{2-12}$$

式中,K 为常数。A_{v0} 简化为 A,即 $A=Kc$,该式为原子吸收测量的基本关系式。

由此可以看出,原子吸收光谱法必须采用峰值吸光度的测量才能实现其定量分析。瓦尔西提出用锐线光源来测量峰值吸光度。所谓锐线光源是指能发射出半宽度很窄的辐射线的光源。如图 2-4 所示。

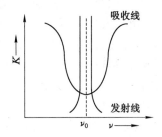

图 2-4　峰值吸收测量

2.3　原子吸收光谱仪器

原子吸收光谱仪(又称原子吸收分光光度计),是进行原子吸收光谱分析的仪器。它由光源、原子化系统、分光系统和检测系统 4 个主要部分组成,如图 2-5 所示。

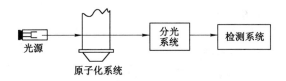

图 2-5　原子吸收分光光度计基本结构

2.3.1　光源

光源的作用是发射被测元素的特征共振线。对光源的基本要求:发射的共振线的半宽度要明显小于吸收线的半宽度,以保证峰值吸收;发射的共振线要有足够的强度;背景小,背景辐射的强度要低于特征共振线强度的 1‰;稳定性好,30 min 内漂移不超过 1‰;噪声小于 0.1 dB;使用寿命要长于 5 A·h。空心阴极灯是能满足上述各项要求的理想的锐线光源,因此得到了广泛的应用。

空心阴极灯的结构如图 2-6 所示。它有一个用被测元素材料制成的空心圆桶形的阴极和一个钨棒制成的阳极。阳极和阴极封闭在带有光学窗口的硬质玻璃管内。管内充有压强为 $2\sim10$ mmHg(1 mmHg=133.322 Pa,下同)的惰性气体氖或氩,惰性气体的作用是载带电流,使阴极产生溅射,并激发原子发射特征锐线光谱。云母屏蔽片的作用是使放电限制在阴极腔内,同时将阴极定位。

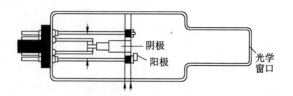

图 2-6　空心阴极灯的结构示意图

空心阴极灯的工作原理是一种特殊形式的低压辉光放电,放电集中在阴极空腔内。当两极之间施加 $300\sim500$ V 电压时,便产生辉光放电。在电场作用下,电子快速飞向阳极,在途中与载气原子碰撞,使之电离并放出二次电子;同时使得电子与正离子数目增加,维持放电。正离子从电场中获得动能而大大加速,进而猛烈地撞击阴极表面。当正离子的动能足以克服金属阴极表面的晶格能时,就可以将金属原子从晶格中溅射出来。溅射出来的金属原子与阴极表面受热蒸发出来的金属原子一起进入空腔内,与各种电子、原子、离子发生碰撞而受到激发,发射出该金属的特征共振线。

空心阴极灯的发射光谱主要是阴极元素的光谱,用不同的元素作阴极,就可以制成相应元素的空心阴极灯。空心阴极灯常采用脉冲供电方式,以改善放电特性,同时使得有用的原子吸收信号与原子化池的直流发射信号区分开来。

2.3.2　原子化系统

原子化过程是原子吸收光谱法分析过程中最关键的一步,原子化效率决定着分析的灵敏度。原子化系统的主要作用是提供能量,使待测元素由化合物状态转变为基态的原子蒸气,同时使入射光束在原子化系统中被基态原子吸收。原子化系统有两种类型:火焰原子化系统和非火焰原子化系统。火焰原子化法中常用的是预混合型火焰原子化器,非火焰原子化法中常用的是管式石墨炉原子化器。

2.3.2.1　预混合型火焰原子化器

预混合型火焰原子化器是先用雾化器将液体试样雾化,细小的雾滴在雾化室中与气体(燃气或助燃气)均匀混合,除去较大的雾滴后,再进入燃烧器的火焰中,火焰的高温使得试液产生原子蒸气。因此,雾化器、混合室和燃烧器就组成了预混合型火焰原子化器,如图2-7所示。

(1)雾化器。又称为喷雾器,是预混合型火焰原子化器的关键部件。其作用是将试液雾化,使之形成直径为微米级的气溶胶。

雾化器的性能对原子吸收光谱法分析的精密度和灵敏度都有显著的影响:雾粒越细、越多,雾化效率越高,在火焰中生成的基态自由原子越多,测定灵敏度越高。目前普遍采用的是气动同轴型雾化器,雾化率可达10%左右。图2-8为雾化器的示意图。根据伯努利原理,在毛细管外壁与喷嘴口构成的环形间隙中,由于高压助燃气(空气、氧气等)以高速通过,造成负压区,将试液从毛细管吸入,并被高速流分散成细小雾滴,喷出的雾滴猛烈地冲击在撞击球上,进一步破碎成直径约 10 nm 的气溶胶。对雾化器的要求是雾化效率高,喷雾稳定,雾粒细小而均匀。

(2)混合室。又称雾化室,其作用是使燃气、助燃气以及气溶胶在混合室中充分混合均匀,以减少它们进入火焰时对火焰的扰动;并利用扰流器进一步细化雾滴,让较大的气溶胶

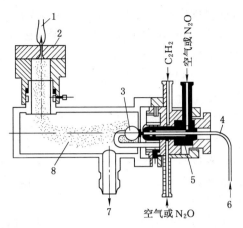

图 2-7　预混合型火焰原子化器

1——火焰；2——喷头灯；3——撞击球；4——毛细管；
5——雾化器；6——试液；7——废液；8——预混合室

在室内凝聚为大的液滴，并从泄液管中排走，使得进入火焰的气溶胶更为均匀。

（3）燃烧器。又称燃烧头，可燃气体、助燃气体及雾状试样溶液的混合物由此喷出，燃烧形成火焰。燃烧器的作用是支持火焰并通过火焰的作用使试样原子化。被雾化的试液进入燃烧器后，在火焰中经过蒸发、干燥、熔化、离解、激发等过程，将被测元素原子化，与此同时，还产生离子、分子和激发态原子等。燃烧器的缝口一般都为长缝式。最常用的燃烧器是单缝燃烧器，如图 2-9 所示。此外，还有三缝燃烧器及多孔燃烧器。通常，燃烧器应满足原子化程度高、火焰稳定、吸收光程长、噪声小、记忆效应小等要求。

图 2-8　雾化器　　　　　　　　　　　　　　图 2-9　单缝燃烧器

　　为适应不同组成的火焰，一般仪器均配有两种缝形规格的单缝燃烧器，一种是 100 mm×0.5 mm 的，适用于乙炔-空气火焰；另一种是 50 mm×0.4 mm 的，适用于乙炔-氧化亚氮火焰。乙炔-空气火焰的燃烧速度较缓，火焰稳定，重现性好，噪声低，最高温度可达 2 500 K，能直接测定 35 种以上元素；其缺点是对易于形成难解离氧化物的元素测定灵敏度偏低，不宜使用，而且在短波范围内对紫外线吸收较强，易使信噪比变低。乙炔-氧化亚氮火焰的优点是温度高，是目前唯一获得广泛应用的高温化学火焰，其温度可达 3 000 K，能用于乙炔-空气火焰不能分析的难解离元素（如 Al、B、Be、Ti、V、W、Si 等）的测定，直接分析的元素可达 70 多种；其缺点是价格贵，使用不当容易发生爆炸，因此，必须严格遵守有关操作规程，使用专门的燃烧器。

2.3.2.2　电热高温石墨管式原子化器

　　火焰原子化的主要缺点是原子化效率低，由于试样被气体极大地稀释，所以灵敏度也较低。采用非火焰原子化系统的目的主要是为了提高原子化效率。在多种非火焰原子化装置中,应用最为广泛的是电热高温石墨管式原子化器(图 2-10),它由加热电源、保护气控制系统和石墨管状炉组成。石墨管通常外径 6 mm,内径 4 mm,长 30 mm,两端与电极(加热电源)相连,本身作为电阻发热体,通电后(10~15 V,400~600 A)温度可以达到 3 000 ℃,能提供原子化所需能量。管的一壁上有 3 个小孔,直径 1~2 mm,试样从中央小孔注入。保护气控制系统是控制保护气体的,仪器启动时,保护气 Ar 气流通,空烧完毕,切断 Ar 气流。外气路中的 Ar 气沿石墨管外壁流动,以保护石墨管不被烧蚀,内气路中 Ar 气从管两端流向管中心,由管中心孔中流出,可以有效地除去在干燥和灰化过程中产生的基体蒸汽,同时保护已原子化的原子不再被氧化。在原子化阶段,停止通气,可以延长原子在吸收区内的平均停留时间,避免稀释原子蒸气。

石墨炉原子化过程分为干燥、灰化、原子化和净化 4 个步骤进行(图 2-11)。

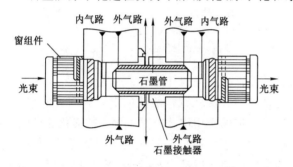

图 2-10 电热高温石墨管式原子化器

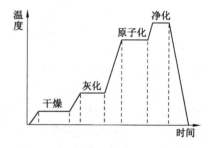

图 2-11 石墨炉升温程序示意图

干燥的目的是在低温下蒸发除去试样的溶剂,温度稍高于溶剂的沸点。灰化的作用是在较高的温度(350~1 200 ℃)下进一步除去有机物或低沸点的无机物,以减少基体组分对被测元素的干扰。然后在原子化温度下,被测化合物离解为气态原子,实现原子化,进行测定。测定完成后将石墨炉加热到更高的温度,进行石墨炉的净化。净化的作用是除去石墨管中残留的分析物,消除由此产生的记忆效应。所谓记忆效应是指上次测定的试样残留物对下次测定所产生的影响。

采用石墨炉作为原子化器,可将火焰原子化器中连续进行的脱溶剂、熔融、蒸发、原子化的过程分开,并根据分析的要求,对这些过程进行有效的控制,这是火焰原子化器难以做到的。

2.3.3 光学系统

原子吸收分光光度计的光学系统可分为光路系统和分光系统两部分。

2.3.3.1 光路系统

光路系统的作用是使光源发出的共振线能够正确地通过原子化区,并投射到单色器上。图 2-12 是双光束型仪器的光路图。双光束仪器是为消除光源波动引起的基线漂移而设计的,其原理是将光源发出的光通过半透反射镜分成两束:一束通过原子化器,称为试样光束;另一束不通过原子化器,称为参比光束。斩光器使两光束交替进入单色器,到达检测系统,在测量系统中得到的是两光束的强度比。

2.3.3.2 分光系统

分光系统(简称单色器)包括入(出)射狭缝和色散元件。它的作用是将空心阴极灯发射

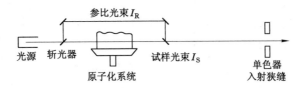

图 2-12　双光束型光学系统示意图

的待测元素的共振线与其他邻近的谱线分开。原子吸收光谱法使用的波长范围一般是紫外-可见光区,常用的色散元件是光栅。

光栅的分光作用是依据光的衍射和干涉现象的原理,当混合光经过光栅后,即可按波长的不同分成具有不同衍射角的依次排列的单色光;出口狭缝越宽,透射光的强度越大,但同时透射光的波长范围也会变宽,容易受到邻近谱线的干扰;而狭缝越窄,越容易避免邻近谱线的干扰,但出射光的强度变小,容易造成测量困难。因此,原子吸收分光光度计必须根据测定的要求,适当选择光栅角度和出射狭缝的宽度。当共振线与干扰谱线间距离较小时,采用较小的狭缝宽度,有助于分开波长相近的干扰谱线。例如,过渡元素、稀土元素的光谱很复杂,应选用较小的狭缝宽度;而碱金属元素、碱土金属元素的光谱很简单、背景干扰小,可选用较大的狭缝宽度。

2.3.4　检测系统

检测系统包括光电倍增管、放大器和读数系统。

2.3.4.1　光电倍增管

光电倍增管具有很高的光电转换效率和较高的光谱灵敏度,因此大多数的原子吸收分光光度计都使用光电倍增管作为检测器。

光电倍增管的基本原理是基于光电效应,把光能转换为电能。其工作原理如图 2-13 所示。光电倍增管是利用二次电子发射放大光电流的一种真空光敏器件,由一个光电发射阴极、一个阳极以及若干级倍增极所组成。

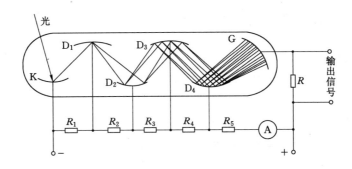

图 2-13　光电倍增管原理示意图

K——光阴极;$D_1 \sim D_4$——倍增极;Ⓐ——电流计;$R_1 \sim R_5$——电阻;G——阳极

当光阴极 K 受到光子撞击时,发出光电子,后者再撞击倍增极 D_1,产生多个次级电子,这些电子再与下一级倍增极 D_2,D_3,D_4……撞击,电子数依次倍增,经过 9～16 级倍增极,放大倍数可达到 10^6,最高可达 10^9。最后测量的阳极电流与入射光强度及光电倍增管的增益成正比。通过测量电流的大小或者电位降的大小来测量入射光的强度。

光电倍增管的重要特性之一,是它的光谱灵敏度,表示对不同波长的光的响应特性和能应用的波长范围,主要取决于光阴极材料。

光电倍增管的其他重要参数有阳极积分灵敏度、量子效率、放大倍数、暗电流、光电特性等。阳极积分灵敏度是指阳极输出电流与投射于光阴极、温度为 2 854 K 的白炽钨丝所发出的复合白光光通量之比,该灵敏度取决于光阴极和工作电压,阴极的老化、疲劳效应都会使灵敏度下降。量子效率是指阴极发出的光电子数与入射在阴极上的光量子数之比。放大倍数是指在一定光波照射下,阳极电流比阴极电流放大的倍数。暗电流是指无光落在阴极上时光电倍增管输出的电流,产生暗电流的原因主要是热发射、场致发射和漏电流。

2.3.4.2 放大器

放大器的作用是将分析信号选择性放大,通常是采用同步检测放大器。放大器可以有效地调节噪声通频带的宽度,便于改善信噪比,并能有效地将分析信号与各种干扰相分离。同时利用这一部分的电路系统将背景吸收信号扣除,消除背景吸收的干扰。

2.3.4.3 读数系统

常用的读数系统有记录仪、示波器和数据台读数系统等。其作用在于将检测器受光照时所产生的光电流以电流形式、电位形式或者经过数据库处理后直接输出数据。

读数系统的响应速度通常以时间常数作为参数,时间常数(即读取两次信号之间的间隔时间,此间隔时间必须足够短以保证测量期间所出现的信号都不至于漏检)要根据测定信号的变化情况来选取。例如,为了适应测定石墨炉法快速变化的信号,读数系统的时间常数应选择较小。

目前,商品仪器的读数系统一般都有数据处理系统,包括校正曲线的计算,吸收信号的显示、记录和分析结果的打印等,尤其是国外进口的仪器,通常采用容量和功能较多的微机进行数据处理,大大方便了操作。

2.4 原子吸收光谱法的应用

2.4.1 样品的前处理

样品一般需要进行适当的前处理,分解其中的有机质等,把待测组分转移到溶液中,再进行测定。

土样可采用氢氟酸溶解法或强酸消化法处理。前者是用 HF-HCl 或 HF-HClO$_4$ 混合酸在聚四氟乙烯容器中处理土样,蒸干后再溶于盐酸,可用于除 Si 外的绝大多数元素分析;后者采用 HNO$_3$-HClO$_4$、HNO$_3$-HCl、HNO$_3$-HClO$_4$-H$_2$SO$_4$ 或 HNO$_3$-HClO$_4$-(NH$_4$)$_2$MoO$_4$ 等混合强酸消化处理土样,这些方法只适用于 Cd、Pd、Ni、Cu、Zn、Se、K、Mn、Co、Fe 等部分元素分析,不适用于土样全成分分析。

动植物样及食品、饲料等样品,可用灰化法或强酸消化法处理。前者是在 450～550 ℃ 的高温下灰化样品,再用 HCl 或 HNO$_3$ 溶解。对于 As、Se、Hg 等易挥发损失的元素不能用此法。后者是用 HNO$_3$-HClO$_4$、HNO$_3$-HClO$_4$-H$_2$SO$_4$ 等消化分解试样,适用于绝大多数元素的分析。

2.4.2　原子吸收光谱法实验技术

2.4.2.1　测定条件的选择

（1）分析线

原子吸收光谱法通常用于低含量的元素分析,因此,一般选择最灵敏的共振吸收线,测定高含量的元素时,为了避免试样溶液过度稀释和减少污染等问题,则选用次灵敏线。例如,测定高浓度的钠,不选用最灵敏的吸收线 Na 589.0 nm,而选用次灵敏吸收线 Na 330.2 nm。选择吸收线时,有时还要考虑试样溶液的组分可能带来的干扰。对于结构简单的元素,可供选择的吸收线少,且灵敏度相差悬殊;对于结构复杂的元素,其吸收线较多,可根据要求灵活选择。

选择最适宜的分析线,一般应视具体情况由实验来决定。其方法是:首先扫描空心阴极灯的发射光谱,了解有几条可供选择的谱线,然后测定适当浓度的标准溶液,观察这些谱线的吸收情况,选用不受干扰而且吸光度适度的谱线为分析线。其中吸光度最大的吸收线是最适宜用于测定微量元素的分析线。

（2）空心阴极灯的工作电流

空心阴极灯一般需要预热 10～30 min 才能达到稳定输出。空心阴极灯的发射特性依赖于灯电流。因此,在原子吸收分析中,为了得到较高的灵敏度和精密度,就要适当选择空心阴极灯的工作电流。

每只阴极灯允许使用的最大工作电流与建议使用的适宜工作电流都标示在灯上,对大多数元素而言,选用的灯电流是其额定电流的 40%～60%。在这样的灯电流下,既能达到高的灵敏度,又能保证测定结果的精密度。

（3）狭缝宽度

狭缝宽度影响光谱通带宽度与检测器接收的能量。通带宽,光强度大,信噪比高,灵敏度较低,标准曲线容易弯曲;通带窄,光强度弱,信噪比低,灵敏度高,标准曲线的线性好。一般的,在光源辐射较弱,或者共振吸收线强度较弱,则应选择宽的狭缝宽度;当火焰的连续背景发射较强,或在吸收线附近有干扰谱线存在时,则应选择较窄的狭缝宽度。合适的狭缝宽度可用实验方法确定:将试样溶液喷入火焰中,调节狭缝宽度,测定不同狭缝宽度的吸光度。当有其他的谱线或非吸收光进入光谱通带内,吸光度将立即减小。不引起吸光度减小的最大狭缝宽度,即为应选取的合适的狭缝宽度。

（4）原子化条件的选择

原子吸收信号大小直接正比于光程中待测元素的原子浓度。因此,原子化条件选择合适与否,对测定的灵敏度和准确度具有关键性的影响。在火焰原子化法中,火焰类型和特性是影响原子化效率的主要因素。对低、中温元素,应使用空气-乙炔火焰;对高温元素,宜采用氧化亚氮-乙炔高温火焰;对分析线位于短波区（200 nm 以下）的元素,应使用空气-氢火焰。对于确定类型的火焰,一般来说,富燃的火焰是有利的;对氧化物不十分稳定的元素如 Cu、Mg、Fe 等,用中性或贫燃火焰就可以了。调节燃气与助燃气的比例就能够获得所需特性的火焰:中性火焰的燃助比约为 1∶4,贫燃性火焰的燃助比小于 1∶6,富燃性火焰的燃助比大于 1∶3。在火焰区内,自由原子的空间分布不均匀,且随火焰条件而改变,因此,应调节燃烧器的高度,以使来自空心阴极灯的光束从自由原子浓度最大的火焰区域通过,以期获得较高的灵敏度。

在石墨炉原子化法中,合理选择干燥、灰化、原子化及净化的温度与时间十分重要。干燥应在稍低于溶剂沸点的温度下进行,以防止试液飞溅。灰化的目的是除去基体和局外组分,在保证被测元素没有损失的前提下尽可能使用较高的灰化温度。原子化温度的选择原则是,选用达到最大吸收信号的最低温度作为原子化温度。原子化时间的选择,应以保证完全原子化为准。原子化阶段停止通保护气,以延长自由原子在石墨炉内的平均停留时间。净化的目的是为了消除溅留物产生的记忆效应,净化温度应高于原子化温度。

(5)进样量

进样量过小,吸收信号弱,不便于测量;进样量过大,在火焰原子化法中,对火焰产生冷却效应,在石墨炉原子化法中,会增加净化的困难。在实际工作中,应测定吸光度随进样量的变化,达到最大吸光度的进样量,即为应选择的进样量。

2.4.2.2 干扰效应及其消除方法

原子吸收光谱分析中,总的来说干扰是比较小的。这是由方法本身的特点所决定的。由于该方法采用了锐线光源,并应用共振吸收线,因此共存元素的相互干扰很小,一般不用经过分离就可以测定,这是原子吸收光谱分析的优势所在。该方法的干扰主要产生于试样转化为基态原子的过程。按干扰的性质和产生原因,大致可以分为4类:物理干扰、化学干扰、电离干扰、光谱干扰和背景干扰。在实验过程中,要尽量消除各种可能产生的干扰效应。

(1)物理干扰

物理干扰是指试样在转移、蒸发和原子化过程中,由于试样任何物理特性(如溶质或溶剂的黏度、表面张力、溶剂的挥发性、密度等)的变化,使雾化效率、待测元素导入火焰的速度、溶质蒸发或溶剂挥发等过程发生变化而引起的原子吸收强度下降的效应。物理干扰是非选择性干扰,对试样各元素的影响基本上是相似的,因此物理干扰也称为基体效应。

一般来说,浓度高的盐类或酸的黏度较大,使得喷雾速率或雾化效率降低,导致火焰中的基态原子数减少,从而引起吸光度降低。对于这种干扰,可用标准加入法来抵消基体的影响。此外,在试液中加入某些有机溶剂,可以改变试液的黏度和表面张力等物理性质,提高喷雾速率和雾化效率以及待测元素在火焰中离解成基态原子的速度,增加基态原子在火焰中停留时间,从而提高分析灵敏度。另一方面,有机溶剂的加入往往会增加火焰的还原性,从而促使难挥发、难熔化合物解离为基态原子。

(2)化学干扰

化学干扰是指试样溶液转化为自由基态原子的过程中,待测元素与其他组分之间的化学作用而引起的干扰效应,主要影响元素化合物离解及其原子化。化学干扰是一种选择性干扰,它不但取决于待测元素与共存元素的性质,而且还与喷雾器、燃烧器、火焰类型、火焰状态等因素密切相关。例如,磷酸根对钙的干扰,硅、钛形成难解离的氧化物,钨、硼、稀土元素等生成难解离的碳化物,从而使有关元素不能有效原子化,都是化学干扰的例子。

消除化学干扰的方法有:化学分离、使用高温火焰、加入释放剂和保护剂、使用基体改进剂等。例如,磷酸根在高温火焰中就不会干扰钙的测定,加入锶、镧或 EDTA 等都可消除磷酸根对测定钙的干扰。在石墨炉原子吸收法中,加入基体改进剂,提高被测物质的稳定性或降低被测元素的原子化温度以消除干扰。例如,汞极易挥发,加入硫化物生成稳定性较高的硫化汞,灰化温度可提高到 300 ℃;测定海水中 Cu、Fe、Mn、As,加入 NH_4NO_3,使 NaCl 转化为 NH_4Cl,在原子化之前低于 500 ℃的灰化阶段除去。

（3）电离干扰

在高温下原子电离,使基态原子的浓度减少,引起原子吸收信号降低,此种干扰称为电离干扰。电离效应随温度升高、电离平衡常数增大而增大,随被测元素浓度增高而减小。电离电位在 6 eV 或 6 eV 以下的元素,都可能在火焰中发生电离,这种现象对于碱金属和碱土金属特别显著。

为了克服电离干扰,一方面可适当控制火焰温度;另一方面可加入一定量的消电离剂,消电离剂是一些具有较低电离电位的元素,如:钠、钾、铯等。这些易电离的元素,在火焰中强烈电离,产生大量的自由电子,从而使被测元素的电离平衡移向基态原子形成的一边,达到抑制和消除电离效应的目的。消电离剂的电离电位较低,消除电离干扰的效果就越明显。

（4）光谱干扰和背景干扰

光谱干扰是指与光谱发射和吸收有关的干扰效应。在原子吸收光谱分析中,光谱干扰主要与原子吸收分析仪器的分辨率和光源有关,有时也受共存元素的影响。光谱干扰包括谱线重叠、光谱通带内存在非吸收线、原子化池内的直流发射、分子吸收、光散射等。当采用锐线光源和交流调制技术时,前 3 种因素一般可以不予考虑,主要考虑分子吸收和光散射的影响,它们是形成光谱背景的主要因素,因此也称为背景干扰。背景干扰的结果使吸收值增高,产生正误差。

分子吸收干扰是指在原子化过程中生成的气体分子、氧化物、氢氧化物及盐类分子等对光吸收而引起的干扰。分子吸收是一种宽带吸收,属选择性干扰,不同的化合物有不同的吸收波长。光散射是指在原子化过程中产生的固体微粒对光产生散射,使被散射的光偏离光路而不为检测器所检测,导致吸光度值偏高。

消除背景吸收,最简单的方法是配制一个组成与试样溶液完全相同,只是不含待测元素的空白溶液,以此溶液调零即可消除背景吸收。近年来许多仪器都带有氘灯自动扣除背景的校正装置,能自动扣除背景,比较方便可靠。因为氘（或氢）灯发射的是连续光谱,而吸收线是锐线,所以基态原子对连续光谱的吸收是很小的（即使是浓溶液,吸收也小于 1%）。而当空心阴极灯发射的共振线通过原子蒸气时,则基态原子和背景对它都产生吸收。用一个旋转的扇形反射镜将两种光交替地通过火焰进入检测器。当共振线通过火焰时,测出的吸光度是基态原子和背景吸收的总吸光度;当氘灯光通过火焰时,测出的吸光度只是背景吸收（基态原子的吸收可忽略不计）,两次测定值之差,即为待测元素的真实吸光度。

2.4.3　定量分析

当接到分析试样时,应根据样品的大概成分和性质以及现有的分析测试条件,确定分析方法。对于试样组成简单的一般元素的测定,可采用标准曲线法;对于试样组成复杂,可能存在基体干扰的元素测定,可采用标准加入法分析。

2.4.3.1　标准曲线法

这是最常用的基本分析方法。配制一组合适的标准样品,在最佳测定条件下,由低浓度到高浓度依次测定它们的吸光度 A,以吸光度 A 对浓度 c 作图。在相同的测定条件下,测定未知样品的吸光度,从 A-c 标准曲线上用内插法求出未知样品中被测元素的浓度。

2.4.3.2　标准加入法

当无法配制组成匹配的标准样品时,则应该选择标准加入法。标准加入法是用于消除基体干扰的测定方法,适用于数目不多的样品的分析。分取几份等量的被测试样,其中一份不加入被测元素，其余各份试样中分别加入不同已知量 c_1，c_2，c_3，$\cdots$，c_n 的被测元素，然后，在标准测定条件下分别测定它们的吸光度 A，绘制吸光度 A 对被测元素 c_i 的曲线。

如果被测试样中不含被测元素，在正确校正背景之后，曲线应通过原点；如果曲线不通过原点，说明含有被测元素，截距所对应的吸光度就是被测元素所引起的效应。外延曲线与横坐标轴相交，交点至原点的距离所对应的浓度 c_x，即为所求的被测元素的含量。使用标准加入法，一定要彻底校正背景。

2.4.4　间接原子吸收分析

间接原子吸收分析，指待测元素本身不能或不容易直接用原子吸收光谱法测定，而利用它与第二种元素（或化合物）发生化学反应，再测定产物或过量的反应物中第二种元素的含量，依据反应方程式即可算出试样中待测元素的含量。大部分非金属元素通常需要采用间接法测定。

例如，试液中的氯与已知过量的 $AgNO_3$ 反应生成 $AgCl$ 沉淀，用原子吸收法测定沉淀上部清液中过量的 Ag，即可间接定量氯。此法曾用于尿、酒中 $5\sim10$ $\mu g/mL$ 氯的测定。利用 $BaCl_2$ 与 SO_4^{2-} 的沉淀反应间接定量 SO_4^{2-}。此法曾用于生物组织和土样中 SO_4^{2-} 的测定。间接法的应用，有效地扩大了原子吸收法的使用范围，同时也是提高某些元素分析灵敏度的途径之一。

第 3 章　原子荧光光谱法

原子荧光光谱法(AFS)是原子光谱法中的一个重要分支。从其发光机理看属于一种原子发射光谱(AES),而基态原子的受激过程又与原子吸收(AAS)相同。因此可以认为 AFS 是 AES 和 AAS 两项技术的综合和发展,它兼具 AES 和 AAS 的优点。原子荧光光谱法是以原子在辐射能激发下发射的荧光强度进行定量分析的发射光谱分析法,但所用仪器与原子吸收光谱法相近。

原子荧光光谱法主要用于金属元素的测定,在环境科学、高纯物质、矿物、水质监控、生物制品和医学分析等方面有广泛的应用。原子荧光方法中,最主要、最有应用价值的是氢化物原子荧光法,它检出限低,仪器便宜,最适宜测定的元素如 As、Pb、Hg、Ca、Se 等,恰恰是环保、临床医药、半导体工业最常测定的元素。因此,原子荧光光谱法是重要的无机痕量分析方法之一。

3.1　概　　述

3.1.1　原子荧光光谱仪的发展历史

1859 年基尔霍夫(Kirchhoof)研究太阳光谱时就开始了原子荧光理论的研究,1902 年伍德(Wood)等首先观测到了钠的原子荧光,到 20 世纪 20 年代,研究原子荧光的人日益增多,发现了许多元素的原子荧光。用锂火焰来激发锂原子的荧光由博格罗(Bogros)作过介绍,1912 年伍德等用汞弧灯辐照汞蒸气观测汞的原子荧光。尼科尔斯(Nichols)和豪斯(Howes)用火焰原子化器测到了钠、锂、锶、钡和钙的微弱原子荧光信号,捷列宁(Terenin)研究了镉、铊、铅、铋、砷的原子荧光。1934 年米切(Mitchll)和泽曼斯基(Zemansky)对早期原子荧光研究进行了概括性总结。1962 年在第 10 次国际光谱学会议上,阿克玛德(Alkemade)介绍了原子荧光量子效率的测量方法,并预言这一方法可能用于元素分析。1964 年威博尼尔明确提出火焰原子荧光光谱法可以作为一种化学分析方法,并且导出了原子荧光的基本方程式,进行了汞、锌和镉的原子荧光分析。

美国佛罗里达州立大学瓦恩弗特内(Winefodner)教授研究组和英国伦敦帝国学院韦斯特(West)教授研究小组致力于原子荧光光谱理论和实验研究,完成了许多重要工作。

20 世纪 70 年代,我国一批专家学者致力于原子荧光的理论和应用研究。西北大学杜文虎、上海冶金研究所、西北有色地质研究院郭小伟等均作出了贡献。尤其郭小伟致力于氢化物发生(HG)与原子荧光(AFS)的联用技术研究,取得了杰出成就,成为我国原子荧光商品仪器的奠基人,为原子荧光光谱法首先在我国的普及和推广打下了基础。

1971 年拉金斯(Larkins)用空心阴极灯作光源、火焰原子化器原子化、滤光片分光、光电倍增管检测,测定了 Au、Bi、Co、Hg、Mg、Ni 等 20 多种元素。

1976 年泰克尼康(Technicon)公司推出了世界上第一台原子荧光光谱仪 AFS-6。该仪器采用空心阴极灯作光源,同时测定 6 个元素,短脉冲供电,计算机作控制和数据处理。由于仪器造价高,灯寿命短,且多数被测元素的灵敏度不如 AAS 和 ICP-AES,该仪器未能成批投产,被称之为短命的 AFS-6。

20 世纪 80 年代初,美国贝尔德(Baird)公司推出了 AFS-2000 型 ICP-AFS 仪器。该仪器采用脉冲空心阴极灯作光源,电感耦合等离子体(ICP)作原子化器,光电倍增管检测,12 道同时测量,计算机控制和数据处理。该产品由于没有突出的特点,多道同时测定的折中条件根本无法满足,性价比差,在激烈的市场竞争中遭到无情的淘汰。20 世纪 90 年代,英国 PSA 公司开始生产 HG-AFS。21 世纪初,加拿大 AURORA 开始生产 HG-AFS。

我国对原子荧光的研究显然比国外晚,但成绩非常突出,已形成完全具有自主产权的原子荧光分析仪器产业。

3.1.2 原子荧光光谱

原子荧光光谱的产生如图 3-1 所示,气态自由原子吸收特征波长的辐射后,原子的外层电子从基态或低能态跃迁到高能态,约经 10^{-8} s,又跃迁至基态或低能态,同时发射出荧光。原子荧光为光致发光和二次发光,激发光源停止时,再发射过程立即停止。若原子荧光的波长与吸收线波长相同,称为共振荧光;若不同,则称为非共振荧光。共振荧光强度大,分析中应用最多。在一定条件下,共振荧光强度与样品中某元素浓度成正比。

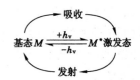

图 3-1 原子荧光产生机理

3.1.3 原子荧光光谱法的特点

3.1.3.1 优点

(1) 有较低的检出限,灵敏度高。特别对 Cd、Zn 等元素有相当低的检出限,Cd 可达 0.001 ng/cm³、Zn 为 0.04 ng/cm³。现已有 20 多种元素低于原子吸收光谱法的检出限。由于原子荧光的辐射强度与激发光源成比例,采用新的高强度光源可进一步降低其检出限。

(2) 干扰较少,谱线比较简单,采用一些装置,可以制成非色散原子荧光分析仪。这种仪器结构简单,价格便宜。

(3) 分析校准曲线线性范围宽,可达 3～5 个数量级。

(4) 由于原子荧光是向空间各个方向发射的,比较容易制作多道仪器,因而能实现多元素同时测定。

3.1.3.2 缺点

存在荧光淬灭效应、散射光干扰等问题。

3.2 原子荧光光谱法的基本原理

3.2.1 原子荧光的类型

当自由原子吸收了特征波长的辐射之后被激发到较高能态,接着又以辐射形式去活化,就可以观察到原子荧光(与激发光相同或不同)。原子荧光可分为三类:共振原子荧光、非共振原子荧光和敏化原子荧光,如图 3-2 所示。

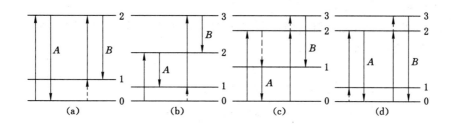

图 3-2　原子荧光的类型

(a) 共振原子荧光；(b) 直跃线荧光；(c) 阶跃线荧光；(d) 反斯托克斯荧光

（1）共振原子荧光

原子吸收辐射受激后再发射相同波长的辐射，产生共振原子荧光。若原子经热激发处于亚稳态，再吸收辐射进一步激发，然后再发射相同波长的共振荧光，此种共振原子荧光称为热助共振原子荧光。如 In 451.13 nm 就是这类荧光的例子。只有当基态是单一态，不存在中间能级，没有其他类型的荧光同时从同一激发态产生，才能产生共振原子荧光。

（2）非共振原子荧光

当激发原子的辐射波长与受激原子发射的荧光波长不相同时，产生非共振原子荧光。荧光波长大于激发波长的荧光称为斯托克斯荧光（stokes）；荧光波长小于激发波长的荧光称为反斯托克斯荧光（anti-stokes）。非共振原子荧光包括直跃线荧光、阶跃线荧光和反斯托克斯荧光。

① 直跃线荧光是激发态原子直接跃迁到高于基态的亚稳态时所发射的荧光，如 Pb 405.78 nm。只有基态是多重态时，才能产生直跃线荧光。

② 阶跃线荧光是激发态原子先以非辐射形式去活化方式回到较低的激发态，再以辐射形式去活化回到基态而发射的荧光；或者是原子受辐射激发到中间能态，再经热激发到高能态，然后通过辐射方式去活化回到低能态而发射的荧光。前一种阶跃线荧光称为正常阶跃线荧光，如 Na 589.6 nm，后一种阶跃线荧光称为热助阶跃线荧光，如 Bi 293.8 nm。

③ 反斯托克斯荧光是发射的荧光波长比激发辐射的波长短。当自由原子跃迁至某一能级，其获得的能量一部分是由光源激发能供给，另一部分是热能供给，然后返回低能级所发射的荧光为反斯托克斯荧光。其荧光能大于激发能，荧光波长小于激发线波长。例如铟吸收热能后处于一个较低的亚稳能级，再吸收 410.13 nm 的光后，发射 410.18 nm 的荧光。

（3）敏化原子荧光

受光激发的原子与另一种原子碰撞时，把激发能传递给另一个原子使其激发，后者再以辐射形式去激发而发射荧光即为敏化荧光。火焰原子化器中观察不到敏化荧光，在非火焰原子化器中才能观察到。

$$A + h\nu_1 \rightarrow A^*$$
$$A^* + B \rightarrow A + B^* + \Delta E$$
$$B^* \rightarrow B + h\nu_2$$

在以上各种类型的原子荧光中，共振荧光强度最大，最为常用。

3.2.2 荧光强度

受光激发的原子,可能发射共振荧光,也可能发射非共振荧光,还可能无辐射跃迁至低能级,所以量子效率一般小于1。

$$I_f = \varphi I_a \tag{3-1}$$

$$I_a = I_0 A(1 - e^{-\varepsilon L N_0}) \tag{3-2}$$

$$I_f = \varphi A I_0 (1 - e^{-\varepsilon L N_0}) \tag{3-3}$$

式中　I_f——荧光强度;

　　　φ——荧光量子效率,表示单位时间内发射荧光光子数与吸收激发光光子数的比值,一般小于1;

　　　I_a——吸收光的强度;

　　　I_0——激发光的强度;

　　　A——荧光照射在检测器上的有效面积;

　　　L——吸收光程长度;

　　　ε——峰值摩尔吸光系数;

　　　N_0——单位体积内的基态原子数。

展开方程,忽略高次时,可得:

$$I_f = \varphi A I_0 \varepsilon L N_0 \tag{3-4}$$

$$I_f = kc \tag{3-5}$$

因此,在一定实验条件下,荧光强度与被测元素的浓度 c 成正比。据此可以进行定量分析。

3.2.3 荧光猝灭

原子荧光发射中,由于部分能量转变成热能或其他形式能量,使荧光强度减少甚至消失,该现象称为荧光猝灭。

$$A^* + B = A + B + \Delta H$$

荧光猝灭会使荧光的量子效率降低,荧光强度减弱。许多元素在烃类火焰(如乙炔焰)中要比用氩稀释的氢-氧火焰中荧光猝灭大得多,因此原子荧光光谱法,尽量不用烃类火焰,而用氩稀释的氢-氧火焰代替。

3.2.4 氢化物发生-原子荧光光谱法的测定原理

氢化物发生-原子荧光光谱法,是利用某些能产生初生态氢的还原剂或化学反应,将样品溶液中的待测组分还原为挥发性共价氢化物,然后借助载气流将其导入原子光谱分析系统进行测量。

3.2.4.1 氢化物发生的优点

(1)分析元素能够与可能引起干扰的样品基体分离,消除了干扰。

(2)与溶液直接喷雾进样相比,氢化物法能将待测元素充分预富集,进样效率接近100%。

(3)连续氢化物发生装置易实现自动化。

(4)不同价态的元素氢化物发生的条件不同,可进行价态分析。

3.2.4.2 氢化物反应种类

(1)金属-酸还原体系(Marsh 反应)

$$Zn+2HCl \longrightarrow ZnCl_2+2H \cdot$$
$$E^{m+}+nH \cdot \longrightarrow EH_n+H_2 \uparrow$$

缺点:能发生氢化物的元素较少;反应速度慢大约需要 10 min;干扰较为严重。

（2）硼氢化钠-酸还原体系

酸化过的样品溶液中的砷、铅、锑、硒等元素与还原剂（一般为硼氢化钾或钠）反应在氢化物发生系统中生成氢化物

$$BH_4^-+3H_2O+HCl=H_3BO_3+Cl^-+8H \cdot$$
$$E^{m+}+nH \cdot \longrightarrow EH_n+H_2 \uparrow$$

式中 E^{m+} 代表待测元素,EH_n 为气态氢化物

该体系克服或大大减少了金属-酸还原体系的缺点,在还原能力、反应速度、自动化操作、抗干扰程度以及适用的元素数目等诸多方面表现出极大的优越性。

（3）碱性体系

在碱性试样底液中引入 $NaBH_4$ 和酸进行氢化反应。在 NaOH 强碱性介质中氢化元素形成可溶性含氧酸盐,可消除铁、铂、铜族元素的化学干扰。

（4）电化学方法

在 5%KOH 碱性介质中,用电解法在铂电极上还原砷和锡,优点是空白低,选择性好。

3.2.4.3　氢化物反应干扰

（1）种类

液相干扰（化学干扰）:氢化反应过程中产生的干扰。

气相干扰（物理干扰）:传输过程中、原子化过程中产生的干扰。

（2）干扰的消除

液相干扰:络合掩蔽、分离（沉淀、萃取）、加入抗干扰元素、改变酸度、改变还原剂的浓度等。

气相干扰:分离、选择最佳原子化环境。

3.3　氢化物发生-原子荧光光谱仪

3.3.1　基本工作原理

氢化物发生-原子荧光光谱仪利用惰性气体作载气,将气态氢化物和过量氢气与载气混合后,导入加热的原子化装置,氢气和氩气在特制火焰装置中燃烧加热,氢化物受热后迅速分解,被测元素离解为基态原子蒸气,其基态原子的量比单纯加热砷、锑、铋、锡、硒、碲、铅、锗等元素生成的基态原子高几个数量级。

3.3.2　一般结构

原子荧光分析仪分非色散型原子荧光分析仪与色散型原子荧光分析仪(图 3-3)。这两类仪器的结构基本相似,差别在于单色器部分。

3.3.2.1　激发光源

可用连续光源或锐线光源。常用的连续光源是氙弧灯,常用的锐线光源是高强度空心阴极灯、无极放电灯、激光等。连续光源稳定,操作简便,寿命长,能用于多元素同时分析,但检出限较差。锐线光源辐射强度高、稳定,可得到更好的检出限。

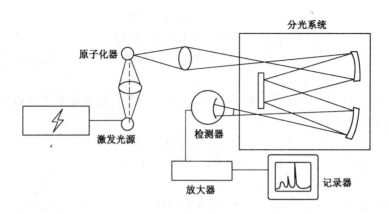

图 3-3　原子荧光分析仪结构图

3.3.2.2　原子化器

氢化物发生-原子荧光光谱仪的原子化器是利用惰性气体作载气,将气态氢化物和过量氢气与载气混合,导入一个电炉丝加热的石英管中,氢化物受热后迅速分解,被测元素离解为基态原子蒸气。

3.3.2.3　光学系统

光学系统的作用是充分利用激发光源的能量和接收有用的荧光信号,减少和除去杂散光。色散系统对分辨能力要求不高,但要求有较大的集光本领,常用的色散元件是光栅。非色散型仪器的滤光器用来分离分析线和邻近谱线,降低背景。非色散型仪器的优点是照明立体角大,光谱通带宽,集光本领大,荧光信号强度大,仪器结构简单,操作方便。缺点是散射光的影响大。

3.3.2.4　检测器

常用的是光电倍增管,在多元素原子荧光分析仪中,也用光导摄像管、析像管作检测器。检测器与激发光束成直角配置,以避免激发光源对检测原子荧光信号的影响。

3.3.2.5　氢化物发生器

(1) 间断法。在玻璃或塑料制发生器中加入分析溶液,通过电磁阀或其他方法控制 $NaBH_4$ 溶液的加入量,并可自动将清洗水喷洒在发生器的内壁进行清洗,载气由支管导入发生器底部,利用载气搅拌溶液以加速氢化反应,然后将生成的氢化物导入原子化器中。测定结束后将废液放出,洗净发生器,加入第二个样品如前述进行测定,由于整个操作是间断进行的,故称为间断法。这种方法的优点是装置简单、灵敏度较高。这种进样方法主要在氢化物发生技术初期使用,现在有些冷原子吸收测汞仪还使用,缺点是液相干扰较严重。

(2) 连续流动法。连续流动法是将样品溶液和 $NaBH_4$ 溶液由蠕动泵以一定速度在聚四氟乙烯的管道中流动并在混合器中混合,然后通过气液分离器将生成的气态氢化物导入原子化器,同时排出废液(图 3-4)。采用这种方法所获得的是连续信号。该方法装置较简单,液相干扰少,易于实现自动化。由于溶液是连续流动进行反应,样品与还原剂之间严格按照一定的比例混合,故对反应酸度要求很高的那些元素也能得到很好的测定精密度和较高的发生效率。连续流动法的缺点是样品及试剂的消耗量较大,清洗时间较长。这种氢化物发生器结构比较复杂,整个发生系统包括两个注射泵,一个多通道阀,一套蠕动泵及气液分离系统,整个氢化物发生系统价格昂贵。

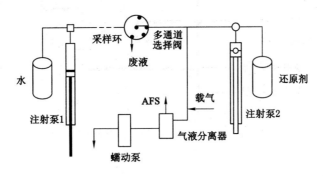

图 3-4　连续流动法

（3）断续流动法。针对连续流动法的不足,在保留其优点的基础上,1992 年断续流动氢化物发生器的概念首先由西北有色地质研究院郭小伟教授提出,它是一种集结了连续流动与流动注射氢化物发生技术各自优点而发展起来的一种新的氢化物发生装置。此后由海光公司将这种氢化物发生器配备在一系列商品化的原子荧光仪器上,从而开创了半自动化及全自动化氢化物发生-原子荧光光谱仪器的新时代。它的结构几乎与连续流动法一样,只是增加了存样环。仪器由微机控制,按下述步骤工作:在第一步时,蠕动泵转动一定的时间,样品被吸入并存贮在存样环中,但未进入混合器中。与此同时,NaBH$_4$ 溶液也被吸入相应的管道中。在第二步骤时泵停止运转以便操作者将吸样管放入载流中。在第三步骤时,泵高速转动,载流迅速将样品进入混合器,使其与 NaBH$_4$ 反应,所生成的氢化物经气液分离后进入原子化器。如图 3-5 所示。

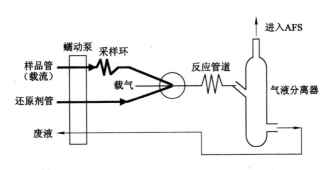

图 3-5　断续流动法

（4）流动注射氢化物技术。流动注射氢化物发生技术是结合了连续流动和断续流动进样的特点,通过程序控制蠕动泵,将还原剂 NaBH$_4$ 溶液和载液 HCl 注入反应器,又在连续流动进样法的基础上增加了存样,样品溶液吸入后储存在取样环中,待清洗完成后再将样品溶液注入反应器发生反应,然后通过载气将生成的氢化物送入石英原子化器进行测定,如图 3-6 所示。

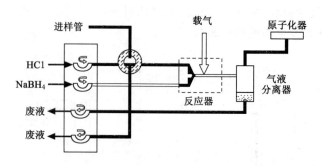

图 3-6　流动注射氢化物发生器装置图

3.4　原子荧光光谱法的应用

自 20 世纪 80 年代以来,经过广大科技工作者的不懈努力,原子荧光分析方法已经成为各个领域不可缺少的检测手段。随着有关原子荧光的国家、行业、部门的检测标准的建立,原子荧光光谱仪的应用范围越来越大。如地质、冶金、化工、生物制品、农业、环境、食品、医药医疗、工业矿山等领域。我国主要使用氢化物发生-原子荧光仪。

3.4.1　操作步骤

Ar 气→电脑→主机→双泵→水封→As 灯/Hg 灯→调光→设置参数→点火→做标准曲线→测样→清洗管路→熄火→关主机→关电脑→关 Ar 气。

3.4.2　参数设定

(1) 原子化器的观察高度

原子化器观察高度是影响检出信号的一个重要参数,从试验中可以看出,降低原子化器观察高度,检出信号有所增强(原子密度大),但背景信号相应增高,提高原子化器观察高度,检出信号逐渐减弱,背景信号也相应减小,当原子化器观察高度为 10 mm 时,检出信号/背景信号相对强度最大,原子化效率最高,样品测定选择 8~10 mm。

(2) 负高压的选择

随着负高压的增大,信号强度增强,但噪声也相应增大,负高压过高过低信号强度值都不稳定。试验表明负高压为 300~350 V 时,检出信号/背景信号相对强度最好。

(3) 空芯阴极灯电流的选择

根据灯电流与检出信号强度的关系,灯电流为通常 60 mA 时,所得的信背比最高,在能满足检测条件的情况下,应尽量采用低电流,同时不要超过最大使用电流,以延长灯的寿命。测汞时,电流选 10~15 mA。

(4) 载气、屏蔽气流速的确定

样品与硼氢化钾反应后生成的气态氢化物是由载气携带至原子化器的,因此载气流速对样品的检出信号具有重要作用。从实测的载气流速与检出信号相对强度的关系中可见,较小的载气流速有利于信号强度的增强,但载气流速过小不利于氢-氩焰的稳定,也难以迅速地将氢化物带入石英炉,过高的载气量会冲稀原子的浓度,当载气流速为 300~400 mL/min 时,检出信号/背景信号相对强度最好,样品测定选择载气流速为 300 mL/min。而屏蔽气的流速对检出信号强度没有显著影响,选择 1 000 mL/min。

（5）硼氢化钾浓度的影响

硼氢化钾/氢氧化钾的浓度为在 2%～0.5%附近时,信号强度基本不变,而硼氢化钾进一步增高将导致检出信号下降,这是由于高浓度硼氢化钾产生大量的氢气稀释了待测元素氢化物。单测汞时,当硼氢化钾/氢氧化钾的浓度为 0.2%～0.5%附近较为适合。

（6）样品溶液的酸度

氢化物发生反应要求有适宜的酸度,盐酸浓度为 2%～5%较为适宜。

3.4.3　注意事项

（1）在开启仪器前,一定要注意先开启载气。

（2）检查原子化器下部去水装置中水封是否合适。可用注射器或滴管添加蒸馏水。

（3）一定注意各泵管无泄露,定期向泵管和压块间滴加硅油。

（4）实验时注意在气液分离器中不要有积液,以防液体进入原子化器。

（5）在测试结束后,一定在空白溶液杯和还原剂容器内加入蒸馏水,运行仪器清洗管路。关闭载气,并打开压块,放松泵管。

（6）从自动进样器上取下样品盘,清洗样品管及样品盘,防止样品盘被腐蚀。

（7）更换元素灯时,一定要在主机电源关闭的情况下,不得带电插拔灯。

（8）当气温低及湿度大时,Hg 灯不易起辉时,可在开机状态下,用绸布反复摩擦灯外壳表面,使其起辉或用随机配备的点火器,对灯的前半部放电,使其起辉。

（9）调节光路时要使灯的光斑照射在原子化器的石英炉芯的中心的正上方;要使灯的光斑与光电倍增管的透镜的中心点在一个水平面上。

（10）氩气:0.2～0.3 mL/min 之间。

（11）关机之前先熄火,换灯之前先熄火,退出程序时先熄火。

第4章 X射线荧光光谱法

X射线荧光光谱法利用原级X射线光子或其他微观粒子激发待测物质中的原子,使之产生荧光(次级X射线)而进行物质成分分析和化学形态研究的方法。在成分分析方面,X射线荧光光谱法是现代常规分析中的一种重要方法。

4.1 概　　述

X射线是一种电磁辐射,其波长介于紫外线和γ射线之间。它的波长没有一个严格的界限,一般来说是指波长为0.001~50 nm的电磁辐射。对分析化学家来说,最感兴趣的波段是0.01~24 nm,0.01 nm左右是超铀元素的K系谱线,24 nm则是最轻元素Li的K系谱线。

4.1.1 发展史

20世纪20年代瑞典的赫维西和格洛克尔曾先后试图应用此法从事定量分析,但由于当时记录和探测仪器水平的限制,无法实现。40年代末,随着核物理探测器的改进,各种计数器相继应用在X射线的探测上,此法的实际应用才成为现实。1948年弗里德曼和伯克斯制成了一台波长色散的X射线荧光分析仪,此法才开始发展起来。此后,随着X射线荧光分析理论和方法的逐渐开拓和完善、仪器的自动化和计算机水平的迅速提高,60年代本法在常规分析上的重要性已充分显示出来。70年代以后,又按激发、色散和探测方法的不同,发展成为X射线光谱法(波长色散)和X射线能谱法(能量色散)两大分支,两者的应用现已遍及各产业和科研部门。

4.1.2 X射线荧光光谱法的特点

(1)与原级X射线发射光谱法相比,不存在连续X射线光谱,以散射线为主构成的本底强度小,谱峰与本底的对比度和分析灵敏度显著提高,操作简便,适合于多种类型的固态和液态物质的测定。

(2)样品在激发过程中不受破坏,强度测量的再现性好,便于进行无损分析,便于实现分析过程的自动化。

(3)与原子发射光谱法相比,除轻元素外,特征(标识)X射线光谱基本上不受化学键的影响,定量分析中的基体吸收和增强效应较易校正或克服,谱线简单,互相干扰比较少,且易校正或排除。样品不必分离,分析方法比较简便。

(4)分析的元素范围广,从^{11}Na到^{92}U均可测定;

(5)分析浓度范围较宽,从常量到微量都可分析。重元素的检测限可高达1 ppm(1 μg/g),轻元素稍差。

4.2　X 射线荧光光谱法的基本原理

当能量高于原子内层电子结合能的高能 X 射线与原子发生碰撞时,驱逐一个内层电子而出现一个空穴,使整个原子体系处于不稳定的激发态,激发态原子寿命约为 $10^{-12} \sim 10^{-14}$ s,然后自发地由能量高的状态跃迁到能量低的状态,这个过程称为弛豫过程。弛豫过程既可以是非辐射跃迁,也可以是辐射跃迁。当较外层的电子跃迁到空穴时,所释放的能量随即在原子内部被吸收而逐出较外层的另一个次级光电子,此称为俄歇效应,亦称次级光电效应或无辐射效应,所逐出的次级光电子称为俄歇电子。它的能量是特定的,与入射辐射的能量无关。当较外层的电子跃入内层空穴所释放的能量不在原子内被吸收,而是以辐射形式放出,便产生 X 射线荧光,其能量等于两能级之间的能量差。因此,X 射线荧光的能量或波长是特征性的,与元素有一一对应的关系。图 4-1 给出了 X 射线荧光和俄歇电子产生过程示意图。

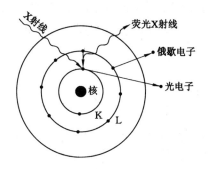

图 4-1　X 射线荧光产生过程示意图

K 层电子被逐出后,其空穴可以被外层中任一电子所填充,从而可产生一系列的谱线,称为 K 系谱线:由 L 层跃迁到 K 层辐射的 X 射线叫 K_α 射线,由 M 层跃迁到 K 层辐射的 X 射线叫 K_β 射线……同样,L 层电子被逐出可以产生 L 系辐射(图 4-2)。

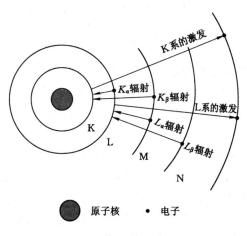

图 4-2　谱线产生过程示意图

如果入射的 X 射线使某元素的 K 层电子激发成光电子后 L 层电子跃迁到 K 层,此时就有能量 ΔE 释放出来,且 $\Delta E = E_K - E_L$,这个能量是以 X 射线形式释放,产生的就是 K_α 射线,同样还可以产生 K_β 射线、L 系射线等。莫斯莱(H. G. Moseley)发现,荧光 X 射线的波长 λ 与元素的原子序数 Z 有关,其数学关系如下:

$$\lambda = K(Z - S)^{-2} \tag{4-1}$$

这就是莫斯莱定律,式中 K 和 S 是常数。

根据量子理论,X 射线可以看成由一种量子或光子组成的粒子流,每个光具有的能量为:

$$E = h\nu = hc'/\lambda \tag{4-2}$$

式中 　E——X 射线光子的能量,keV;

　　　h——普朗克常数;

　　　ν——光波的频率;

　　　c'——光速。

因此,只要测出荧光 X 射线的波长或者能量,就可以知道元素的种类,这就是荧光 X 射线定性分析的基础。此外,荧光 X 射线的强度与相应元素的含量有一定的关系,据此可以进行元素定量分析。

4.3　X 射线荧光光谱仪

用 X 射线照射试样时,试样可以被激发出各种波长的荧光 X 射线,需要把混合的 X 射线按波长(或能量)分开,分别测量不同波长(或能量)的 X 射线的强度,以进行定性和定量分析,为此使用的仪器叫 X 射线荧光光谱仪。由于 X 射线具有一定波长,同时又有一定能量,因此,X 射线荧光光谱仪有两种基本类型:波长色散型和能量色散型。X 射线荧光分析仪主要由激发、色散(波长和能量色散)、探测、记录和测量以及数据处理等部分组成。图4-3 是这两类仪器的原理图。

波长色散型 X 射线荧光光谱仪与能量色散型 X 射线荧光光谱仪有其相似之处,但在色散和探测方法上却完全不同。在激发源和测量装置的要求上,两类仪器也有显著的区别。

X 射线荧光分析仪按其性能和应用范围,可分为实验室用的 X 射线荧光光谱仪和能谱仪、小型便携式 X 射线荧光分析仪及工业上的专用仪器。

4.3.1　波长色散型 X 射线荧光光谱仪

波长色散型 X 射线荧光光谱仪的结构见图4-4。由 X 射线管发射出来的原级 X 射线经过滤光片投射到样品上,样品随即产生荧光 X 射线,并与原级 X 射线在样品上的散射线一起,通过光阑、吸收器(可对任何波长的 X 射线按整数比限制进入初级准直器的 X 射线量)和初级准直器(索勒狭缝),然后以平行光束投射到分析晶体上。入射的荧光 X 射线在分析晶体上按布拉格定律衍射,衍射线和晶体的散射线一起,通过次级准直器(索勒狭缝)进入探测器,在探测器中进行光电转换,所产生的电脉冲经过放大器和脉冲幅度分析器后,即可供测量和进行数据处理用。对于不同波长的标识 X 射线,通过测角器以 1:2 的速度转动分析晶体和探测器,即可在不同的布拉格角位置上测得不同波长的 X 射线而做元素的定性分析。通过测定经过定标器的信号脉冲(分析线强度),可以进行定量分析。

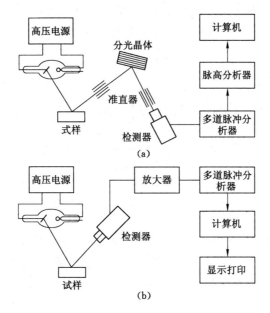

图 4-3　X 射线荧光光谱仪原理图
（a）波长色散型 X 射线荧光光谱仪；（b）能量色散型 X 射线荧光光谱仪

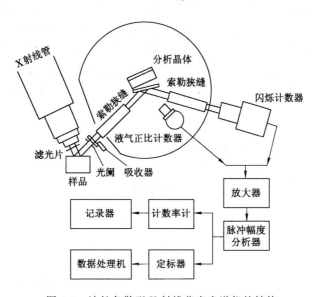

图 4-4　波长色散型 X 射线荧光光谱仪的结构

4.3.1.1　激发光源

一般采用 X 射线管作为激发光源。图 4-5 是 X 射线管的结构示意图。灯丝和靶极密封在抽成真空的金属罩内,灯丝和靶极之间加高压(一般为 50 kV),灯丝发射的电子经高压电场加速撞击在靶极上,产生 X 射线。X 射线管产生的一次 X 射线,作为激发 X 射线荧光的辐射源,其短波限 λ_0 与高压 U 之间具有以下简单的关系:

$$\lambda_0(\text{nm}) = 1.239\,84/U \tag{4-3}$$

只有当一次 X 射线的波长稍短于受激元素吸收限 1 min 时,才能有效地激发出 X 射线荧光。大于 1 min 的一次 X 射线其能量不足以使受激元素激发。

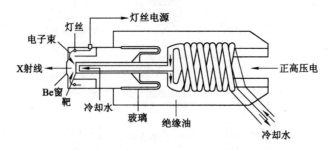

图 4-5　端窗型 X 射线管结构示意图

X 射线管产生的 X 射线透过铍窗入射到样品上,激发出样品元素的特征 X 射线,正常工作时,X 射线管所消耗功率的 0.2％ 左右转变为 X 射线辐射,其余均变为热能使 X 射线管升温,因此必须不断的通冷却水冷却靶电极。

4.3.1.2　分光系统

分光系统的主要部件是晶体分光器,它的作用是通过晶体衍射现象把不同波长的 X 射线分开。根据布拉格衍射定律 $2d\sin\theta = n\lambda$,当波长为 λ 的 X 射线以 θ 角射到晶体,如果晶面间距为 d,则在出射角为 θ 的方向,可以观测到波长为 $\lambda = 2d\sin\theta$ 的一级衍射及波长为 $\lambda/2,\lambda/3\cdots\cdots$ 等高级衍射。改变 θ 角,可以观测到另外波长的 X 射线,因而使不同波长的 X 射线可以分开。分光晶体靠一个晶体旋转机构带动。因为试样位置是固定的,为了检测到波长为 λ 的荧光 X 射线,分光晶体转动 θ 角,检测器必须转动 2θ 角。也就是说,一定的 2θ 角对应一定波长的 X 射线,连续转动分光晶体和检测器,就可以接收到不同波长的荧光 X 射线(图 4-6)。

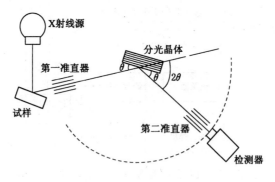

图 4-6　平面晶体反射示意图

一种晶体具有一定的晶面间距,因而有一定的应用范围,目前的 X 射线荧光光谱仪备有不同晶面间距的晶体,用来分析不同范围的元素。上述分光系统是依靠分光晶体和检测器的转动,使不同波长的特征 X 射线按顺序被检测,这种光谱仪称为顺序型光谱仪。另外还有一类光谱仪分光晶体是固定的,混合 X 射线经过分光晶体后,在不同方向衍射,如果在这些方向上安装检测器,就可以检测到这些 X 射线。这种同时检测多种波长 X 射线的光谱仪称为同时型光谱仪,同时型光谱仪没有转动机构,因而性能稳定,但检测器通道不能太多,适合于固定元素的测定。

此外,还有的光谱仪的分光晶体不用平面晶体,而用弯曲晶体,所用的晶体点阵面被弯曲成曲率半径为 2R 的圆弧形,同时晶体的入射表面研磨成曲率半径为 R 的圆弧,第一狭缝、第二狭缝和分光晶体放置在半径为 R 的圆周上,使晶体表面与圆周相切,两狭缝到晶体的距离相等(图 4-7),用几何法可以证明,当 X 射线从第一狭缝射向弯曲晶体各点时,它们与点阵平面的夹角都相同,且反射光束又重新会聚于第二狭缝处。因为对反射光有会聚作用,因此这种分光器称为聚焦法分光器,以 R 为半径的圆称为聚焦圆或罗兰圆。当分光晶体绕聚焦圆圆心转动到不同位置时,得到不同的掠射角 θ,检测器就检测到不同波长的 X 射线。当然,第二狭缝和检测器也必须做相应转动,而且转动速度是晶体速度的两倍。聚焦法分光的最大优点是荧光 X 射线损失少,检测灵敏度高。

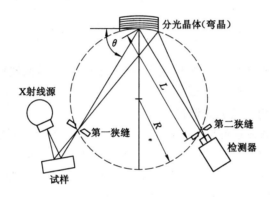

图 4-7　聚焦法分光器原理

4.3.1.3　检测记录系统

X 射线荧光光谱仪用的检测器有流气正比计数器和闪烁计数器。图 4-8 是流气正比计数器结构示意图。它主要由金属圆筒负极和芯线正极组成,筒内充氩气 90％和甲烷(10％)的混合气体,X 射线射入管内,使 Ar 原子电离,生成的 Ar^+ 在向阴极运动时,又引起其他 Ar 原子电离,这种雪崩式电离的结果,产生一脉冲信号,脉冲幅度与 X 射线能量成正比。所以这种计数器叫正比计数器,为了保证计数器内所充气体浓度不变,气体一直是保持流动状态的。流气正比计数器适用于轻元素的检测。

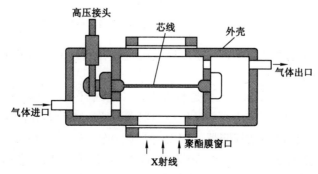

图 4-8　流气比计数器结构示意图

另一种检测装置是闪烁计数器(图 4-9)。闪烁计数器由闪烁晶体和光电倍增管组成。X 射线射到晶体后可产生光,再由光电倍增管放大,得到脉冲信号。闪烁计数器适用于重元素的检测。

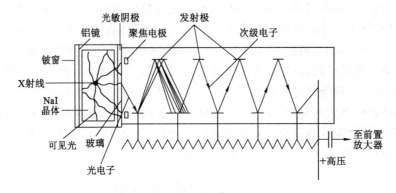

图 4-9　闪烁计数器结构示意图

这样,由 X 光激发产生的荧光 X 射线,经晶体分光后,由检测器检测,即得 2θ-荧光 X 射线强度关系曲线,即荧光 X 射线谱图。

4.3.2　能量色散型 X 射线荧光光谱仪

采用小型激发源(如放射性同位素和小型 X 射线管等)、半导体探测器[如硅(锂)探测器]、放大器和多道脉冲幅度分析器,就可以对能量范围很宽的 X 射线谱同时进行能量分辨(定性分析)和定量测定(图 4-10)。由于无须分光系统,样品可以紧靠着探测器,光程大大缩短,X 射线探测的几何效率可提高 2~3 个数量级,灵敏度大大提高,对激发源的强度要求则相应降低。所以,整个谱仪的结构要比波长色散谱仪简单得多。

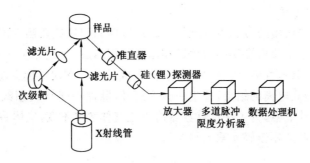

图 4-10　能量色散型 X 射线荧光光谱仪的结构

作为激发源的 X 射线管,其发射的 X 射线既可以在通过滤光片后直接激发样品,还可以激发次级靶。

能量色散谱型 X 射线荧光光谱仪是利用荧光 X 射线具有不同能量的特点,将其分开并检测,不必使用分光晶体,而是依靠半导体探测器来完成。这种半导体探测器有锂漂移硅探测器、锂漂移锗探测器、高能锗探测器、Si-PIN 光电二极管探测器(图 4-11)等。早期的半导体探测器需要利用液氮制冷,随着技术的进步,新型的探测器利用半导体制冷技术代替了笨重的液氮罐,只有大拇指般粗细。X 光子射到探测器后形成一定数量的电子-空穴对,电子-

空穴对在电场作用下形成电脉冲,脉冲幅度与 X 光子的能量成正比。在一段时间内,来自试样的荧光 X 射线依次被半导体探测器检测,得到一系列幅度与光子能量成正比的脉冲,经放大器放大后送到多道脉冲分析器(通常要 1 000 道以上)。按脉冲幅度的大小分别统计脉冲数,脉冲幅度可以用 X 光子的能量标度,从而得到计数率随光子能量变化的分布曲线,即 X 光能谱图。

图 4-11　Si-PIN 光电二极管探测器结构

能量色散的最大优点是可以同时测定样品中几乎所有的元素。因此,分析速度快。另一方面,由于能谱仪对 X 射线的总检测效率比波谱高,因此可以使用小功率 X 光管激发荧光 X 射线。另外,能谱仪没有波谱仪那么复杂的机械机构,因而工作稳定,仪器体积也小。

能量色散型 X 射线荧光光谱仪的缺点是较适合于高能 X 射线的探测,对于能量小于 2 万电子伏左右的能谱,其分辨率不如波长色散仪器好,而且随着 X 射线能量的下降,其缺点越加突出。同时,探测器和场效应管必须配以冷却装置。

如上所述,光谱色散型 X 射线荧光光谱仪和能量色散型 X 射线荧光光谱仪各有优缺点。就目前而论,实验室中使用波长色散型 X 射线荧光光谱仪的仍然居多。尽管仪器的结构较为复杂,一次投资费用较大,但由于它对轻、重元素测定的适应性更广,对高、低含量的元素测定灵敏度也符合各主要产业部门和科学研究的需要,因此它仍有很大的发展可能。同时,在物质的化学态研究方面,由于X 射线分光计的开发较早,分辨率高和灵活多样,例如有半聚焦和全聚焦弯晶分光计、双晶分光计以及光栅分光计等。几十年来在 X 射线精细结构研究中,X 射线光谱法一直处于独占地位;尤其是随着超长波 X 射线波段的不断开拓和同步辐射源的推广应用,X 射线荧光光谱仪的发展更具有广阔前途。

4.4　X 射线荧光光谱法的应用

X 射线荧光分析法可用于冶金、地质、化工、机械、石油、建材等工业部门,以及物理、化学、生物、地学、环境科学、考古学等。还可用于测定涂层、金属薄膜的厚度和组成以及动态分析等。

在常规分析和某些特殊分析方面,包括工业上的开环单机控制和闭环联机控制,本法均能发挥重大作用。分析范围包括原子序数 $Z \geqslant 3$(锂)的所有元素,常规分析一般用于 $Z \geqslant 9$(氟)的元素。分析灵敏度随仪器条件、分析对象和待测元素而异,新型仪器的检出限一般可达 $1 \sim 10\ \mu g/g$;在比较有利的条件下,对许多元素也可以测到 $0.001 \sim 0.1\ \mu g/g$(或 $0.001 \sim$

$0.1~\mu g/cm^3$），而采用质子激发的方法，其灵敏度更高，检出限有时可达$10^{-6}~\mu g/g$（对$Z>15$的元素）。至于常量元素的测定，X射线荧光分析法的迅速和准确是许多其他仪器分析方法难与相比的。

4.4.1 样品制备

进行X射线荧光光谱分析的样品，可以是固态，也可以是水溶液。无论什么样品，样品制备的情况对测定误差影响很大。

对金属样品要注意成分偏析产生的误差：化学组成相同，热处理过程不同的样品，得到的计数率也不同；成分不均匀的金属试样要重熔，快速冷却后车成圆片；对表面不平的样品要打磨抛光；对于粉末样品，要研磨至300～400目，然后压成圆片，也可以放入样品槽中测定。对于固体样品如果不能得到均匀平整的表面，则可以把试样用酸溶解，再沉淀成盐类进行测定。对于液态样品可以滴在滤纸上，用红外灯蒸干水分后测定，也可以密封在样品槽中。

总之，所测样品不能含有水、油和挥发性成分，更不能含有腐蚀性溶剂。

4.4.2 定性分析

不同元素的X射线荧光光谱具有各自的特定波长或能量，因此根据荧光X射线的波长或能量可以确定元素的组成。

如果是波长色散型光谱仪，对于一定晶面间距的晶体，由检测器转动的2θ角可以求出X射线的波长λ，从而确定元素成分。图4-12是一种合金钢的X射线荧光光谱。

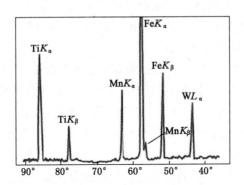

图4-12 一种合金钢的X射线荧光光谱

对于能量色散型光谱仪，可以由通道来判别能量，从而确定是何种元素及成分。图4-13是典型的多元素谱图。

在定性分析时，可以靠仪器的自动定性识别算法自动识别谱线，给出定性结果。但是如果元素含量过低或存在元素间的谱线干扰时，仍需人工鉴别。首先识别出X光管靶材的特征X射线和强峰的伴随线，然后根据能量标注剩余谱线。在分析未知谱线时，要同时考虑到样品的来源、性质等因素，以便综合判断。

4.4.3 定量分析

X射线荧光光谱法进行定量分析的依据是元素的荧光X射线强度I_i与试样中该元素的含量C_i成正比，即

$$I_i = I_s \cdot C_i \tag{4-4}$$

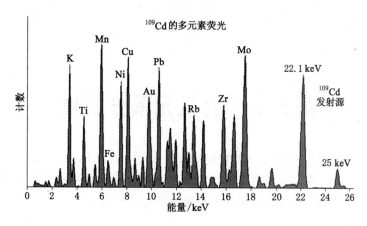

图 4-13　典型的多元素谱图

式中，I_s 为该元素纯物质的荧光 X 射线的强度。根据该式，可以采用标准曲线法、增量法、内标法等进行定量分析。但是这些方法都要使标准样品的组成与试样的组成尽可能相同或相似，否则试样的基体效应或共存元素的影响，会给测定结果造成很大的偏差。

所谓基体效应，是指样品的基本化学组成和物理化学状态的变化对 X 射线荧光强度所造成的影响。化学组成的变化，会影响样品对一次 X 射线和 X 射线荧光的吸收，也会改变荧光增强效应。例如，在测定不锈钢中 Fe 和 Ni 等元素时，由于一次 X 射线的激发会产生 NiK_α 荧光 X 射线，NiK_α 在样品中可能被 Fe 吸收，使 Fe 激发产生 FeK_α，测定 Ni 时，因为 Fe 的吸收效应使结果偏低，测定 Fe 时，由于荧光增强效应使结果偏高。这时需要用各种算法进行修正。

4.4.4　化学态研究

随着大功率 X 射线管和同步辐射源的应用、各种高分辨率 X 射线分光计的出现、计算机在数据处理方面的广泛应用，以及固体物理和量子化学理论计算方法的进步，通过 X 射线光谱的精细结构（包括谱线的位移、宽度和形状的变化等）来研究物质中原子的种类及其本质、氧化数、配位数、化合价、离子电荷、电负性和化学键等，已经取得了许多其他手段难以取得的重要结构信息，在某些方面（如配位数的测定等）甚至已经得到非常满意的定量结果。这种研究方法具有不破坏样品、本底低、适应范围广、操作简便等优点，不仅适用于晶体物质研究，而且对于无定形固体物质、溶液和非单原子气体也可以发挥其独特的作用，可以解决 X 射线衍射法和其他光谱、波谱技术所不能解决的一些重要难题。

第5章 有机元素分析仪

有机元素通常是指在有机化合物中分布较广和较为常见的元素,如碳(C)、氢(H)、氧(O)、氮(N)、硫(S)等元素。通过有机元素分析仪测定有机化合物中各有机元素的含量,可确定化合物中各元素的组成比例进而得到该化合物的实验式。

5.1 概 述

有机元素分析最早出现在 19 世纪 30 年代,李比希首先建立燃烧方法测定样品中碳和氢两种元素的含量。他首先将样品充分燃烧,使碳和氢分别转化为二氧化碳和水蒸气,然后分别以氢氧化钾溶液和氧化钙吸收,根据各吸收管的质量变化分别计算出碳和氢的含量。

目前,元素的一般分析法有化学法、光谱法、能谱法等,其中化学法是最经典的分析方法。传统的化学元素分析方法,具有分析时间长、工作量大等不足。随着科学技术的不断发展,自动化技术和计算机控制技术日趋成熟,元素分析自动化应运而生。有机元素分析的自动化仪器最早出现于 20 世纪 60 年代,后经不断改进,配备了微机和微处理器进行条件控制和数据处理,方法简便迅速,逐渐成为元素分析的主要方法手段。目前,有机元素分析仪主要采用微量燃烧法等实现多样品的自动分析,常用检测方法主要有:示差热导法、反应气相色谱法、电量法和电导法。

5.2 有机元素分析原理

5.2.1 基本原理

主要利用高温燃烧法测定原理来分析样品中常规有机元素含量。有机物中常见的元素有碳(C)、氢(H)、氧(O)、氮(N)、硫(S)等。在高温有氧条件下,有机物均可发生燃烧,燃烧后其中的有机元素分别转化为相应稳定形态,如 CO_2、H_2O、N_2、SO_2 等。

$$C_xH_yN_zS_t + uO_2 \longrightarrow xCO_2 + y/2H_2O + z/2N_2 + tSO_2$$

因此,在已知样品质量的前提下,通过测定样品完全燃烧后生成气态产物的多少并进行换算,即可求得试样中各元素的含量。

5.2.2 碳/氢/氮分析仪的工作原理

根据普雷格尔测碳、氢的方法与杜马测氮的方法,在分解样品时通过一定量的氧气助燃,以氦气为载气,将燃烧气体带过燃烧管和还原管,两管内分别装有氧化剂和还原剂,并填充银丝以去除干扰物质(如卤素等),最后从还原管流出除氦气以外只有二氧化碳和水。通过一定体积的容器并混匀,再由载气带此气体通过高氯酸镁以去除水分。在吸收管前后各有一个热导池检测器,由二者响应信号之差给出水的含量。除去水分后的气体再通入烧碱石棉吸收管中,再由吸收管前后热导池信号之差求出二氧化碳含量。最后一组热导池测量纯氦气与含氮的载气的信号差,得出氮的含量。

5.2.3　氧/硫分析仪的工作原理

测定氧时,将样品在高温管内热解,由氦气将热解产物携带通过涂有镍或铂的活性炭填充床,使氧全部转化成一氧化碳,混合气体通过分子筛柱,将各组分分离,通过热导池检测器检测一氧化碳气体而进行定量分析。另一种方法是使热解气体通过氧化铜柱,将一氧化碳转化成二氧化碳,用烧碱石棉吸收后由热导示差的信号测定,或者利用库仑分析法测定。

测定硫时,在热解管内填充氧化钨等氧化剂,并可通过氧气帮助氧化,硫通常被氧化成二氧化硫,生成的二氧化硫可用多种仪器方法测定。例如,可通过分子筛柱用气相色谱法测量;也可通过氧化银吸收管,由吸收前后热导差示响应求出含量;也可通过恒电流库仑法,将二氧化硫吸收氧化成硫酸,吸收液的 pH 改变,电解产生氢氧银离子,与质子中和,使吸收液的 pH 再恢复至原来数值,由电量求得硫含量。

5.3　有机元素分析仪

以 Vario EL Ⅲ 型元素分析仪为例,该仪器主要采用微量燃烧和示差热导方法实现多样品的自动分析,有 CHN 和 CHNS 两种工作模式,下面针对 CHN 工作模式进行具体说明。整个实验流程如图 5-1 所示。

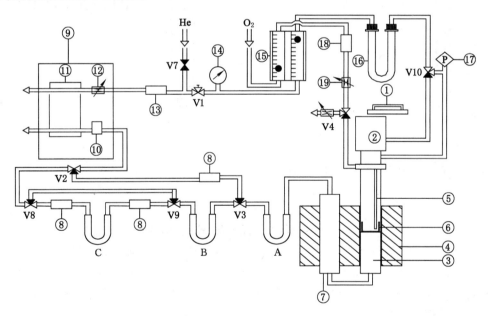

图 5-1　流程示意图

1——旋转式进样盘;2——球阀;3——燃烧试管;4——可容 3 个试管的加热炉;5——O_2 通入口;
6——灰坩埚;7——还原管;8——干燥管;9——气体控制插入;10——流量控制器;11——(TCD)热导仪;
12——节流阀;13——干燥管(He);14——量表,测气体入口压力;15——用于 O_2 和 He 的流量表;
16——气体清洁管;17——压力传感器;18——干燥管(O_2);19——用于 O_2 加入的针形阀;
A——SO_2 吸附柱;B——H_2O 吸附柱;C——CO_2 吸附柱;V1——气体阀;V2,V3——用于解吸附 SO_2 的通道阀;
V4——O_2 输入阀;V7——He 输入阀;V8,V9——用于解吸附 H_2O 的通道阀;V10——冲洗气体阀在 CHN 工作模式下,含有碳(C)、氢(H)、氮(N)元素的样品,经精确称量后(用百万分之一电子分析天平称取),由自动进样器自动加入 CHN 工作模式热解-还原管,如图 5-2 所示。在氧化剂、催化剂以及 950 ℃的工作温度共同作用下,样品充分燃烧,其中的有机元素分别转化为相应稳定形态,如 CO_2、H_2O、N_2 等。

燃烧反应后生成的各气态形式的产物先经过 CHN 工作模式还原炉管(图 5-3),除去多余的 O_2 和干扰物质(如卤素等)。最后从还原管流出的气体除氦气外只有二氧化碳、水和氮气,这些气体进入特殊吸附柱和热导仪(TCD)连续测定 H_2O、CO_2 和 N_2 含量,如通过高氯酸镁以除去水分、通过烧碱石棉吸附二氧化碳等。氦气(He)用于冲洗和载气。

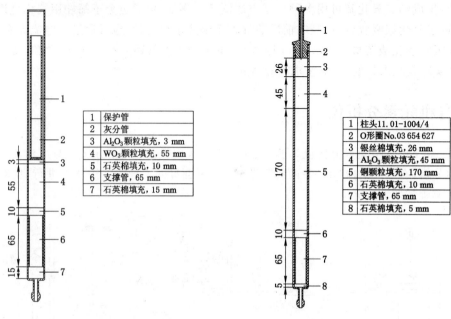

图 5-2 燃烧试管结构示意　　　　　图 5-3 还原管结构示意

5.4 有机元素分析仪的应用

5.4.1 样品制备方法

元素分析仪禁止分析具烈性化学品、酸、碱溶液、溶剂、爆炸物或能引起爆炸性气体混合物的物质。分析氟、磷酸盐或含有重金属样品对分析结果或仪器部件寿命有负面的影响。

样品要求均匀分布的微粒样品包裹在锡箔中,称重之后放入自动样品进样器的旋转式进样盘中。样品质量输入计算机中,既可通过界面的在线天平也可用键盘手动输入。

5.4.2 实验技术

5.4.2.1 实验方法

(1)开机程序

① 开启计算机和打印机。

② 拔掉主机尾气的两个堵头,移开仪器进样盘。

③ 开启仪器的主开关(电源),待仪器运行球阀和进样盘底座的初始化后。(此运行只在进样盘拿走的时候才能正确地执行)

　　④ 将仪器进样盘放回原处。

　　⑤ 开启氦气和氧气:He 气体钢瓶减压阀出口压力为 0.2 MPa,此时仪器系统压力为 0.125 MPa,O_2 气体钢瓶减压阀出口压力为 0.25 MPa。

　　⑥ 启动软件,进行测试。警告:CHNS/CNS/S 和 CHN/CN/N 模式的燃烧管内的氧化剂的设定温度不同,不能互换,否则,由于过热会引起 CHN 燃烧管内线状氧化铜熔融。熔融物质流入加热炉并损坏加热炉。

　　(2) 操作参数确定

　　设定加热温度:

　　① CHNS/CNS/S 模式:炉 1 为 1150 ℃;炉 2 为 850 ℃;炉 3 为 0 ℃。

　　② CHN /CN/N 模式:炉 1 为 950 ℃;炉 2 为 500 ℃;炉 3 为 0 ℃。

　　③ O 模式:炉 1 为 1 150 ℃;炉 2 为 0 ℃;炉 3 为 0 ℃。

　　(3) 常规分析

　　① 建议样品测定顺序(CHN 模式):

　　a. 1 个加氧空白;

　　b. 1 个不加氧空白;

　　c. 3 个 RUN-IN(不称重样品,2～3 mg);

　　d. 3 个 ACTE(乙酰苯胺称重,2～3 mg);

　　e. 20 个样品(根据样品性质称重);

　　f. 2 个 ACTE(乙酰苯胺称重,2～3 mg);

　　g. 20 个样品(根据样品性质称重);

　　h. 2 个 ACTE(乙酰苯胺称重,2～3 mg);

　　i. 20 个样品(根据样品性质称重)。

　　若使用 CHNS 工作模式,则应用氨基苯磺酸作标样;若煤的测定,可选煤标样。

　　② 标样的校正:检查 3 个标样数据是否平行(误差在≤0.3%),计算日校正因子。

　　(4) 关机程序

　　① 分析结束后,主机自动进入睡眠状态,待降温至 100 ℃ 以下。

　　② 退出操作软件。

　　③ 关闭计算机。

　　④ 关闭 Vario EL 主机电源,关闭氦气和氧气。

　　⑤ 将主机尾气的两个出口堵住。

5.4.2.2　注意事项

　　(1) 若更换备件诸如燃烧管、还原管或清除灰分管,必须进行检漏测试,若检漏没通过,则退出操作软件并激活维护,查找渗漏的地方。

　　(2) 在 CHNS、CHN、CN 和 N 模式中,新换的反应管诸如氧化管或还原管等必须在测定样品之前使之条件化,即在炉温升至设定温度后,等待 1 h 后方能进行测定。

　　(3) 若关机时,炉温在 300 ℃ 左右,则需开启主机的燃烧单元的门,散去余热,否则,将引起过温保护,第 2 次开机则无法升温。解决方法:将温控元件的开关复位,然后退出程序后重新进入该程序。温控元件的复位开关位于燃烧炉上端的横梁中间。

第 2 篇　化合物的结构鉴定

对未知物的结构鉴定在环境测试工作中一直是一个不可或缺的组成部分。本篇主要介绍了在环境测试工作中常用的一些化合物结构鉴定技术,包括:紫外-可见吸收光谱法、红外光谱法、核磁共振波谱法和质谱分析法。

第 6 章　紫外-可见吸收光谱法

紫外-可见分光光度法是利用某些物质的分子吸收光谱区的辐射来进行分析测定的方法,这种分子吸收光谱产生于介电子和分子轨道上的电子在电子能级间的跃迁,是研究物质电子光谱的分析方法。通过测定分子对紫外-可见光的吸收可鉴定和定量测定大量的无机化合物和有机化合物。

6.1　概　　述

利用紫外-可见分光光度计测量物质对紫外-可见光的吸收程度(吸光度)和紫外-可见吸收光谱来确定物质的组成、含量,推测物质结构的分析方法,称为紫外-可见吸收光谱法(ultraviolet and visible spectrophotometry,UV-Vis),也可称为分光光度法。

紫外-可见光谱的波长范围为 200～800 nm,该区域又可分为:可见光区(400～800 nm),有色物质在这个区域有吸收;近紫外光区(200～400 nm)又称石英紫外区,芳香族化合物或具有共轭体系的物质在此区域有吸收,所以近紫外光区对结构研究很重要;远紫外光区(10～200 nm),由于空气中的 O_2、N_2、CO_2 和水蒸气在这个区域有吸收,对测定有干扰,所以在远紫外光区的操作必须在真空条件下进行,因此这个区域又称为真空紫外区。通常所说的紫外光谱是指 200～400 nm 的近紫外光谱。

6.1.1　发展史

世界上第一台紫外可见分光光度计(UV-Vis)于 1945 年由美国贝克曼(Beckman)公司研制成功。当时的 UV-Vis 仪器很简单,自动化程度很低。随着科学技术的发展,它的发展非常快,其利用的光谱区从可见光区扩展到近紫外区,不仅适用于有色溶液的测定,也可以用于紫外光区有吸收的无色组分,为许多无机和有机物的分析提供了一种方便的手段。目前它已是世界上历史最悠久、使用最多、覆盖面最广的一种分析仪器。它可做定量分析、纯度检查、参与结构分析、参与定性分析;特别在定量分析和纯度检查方面在许多领域更是必备的分析仪器。

6.1.2　吸收光谱分析的过程

原子吸收光谱法的一般过程是:待测元素的气态的基态原子吸收从光源发射出的与被测元素吸收波长相同的特征谱线,使谱线强度减弱。经分光后特征谱线由检测器接收,经放大后由显示器或记录系统显示出吸光度或光谱图。

原子吸收光谱法和紫外吸收光谱法都是由物质对光的吸收而建立起来的光谱分析法,都属于吸收光谱法,不同之处是吸光物质的状态不同。在原子吸收光谱分析中,吸光物质是基态原子蒸气,而紫外-可见分光光度分析中的吸光物质是溶液中的分子或离子。原子吸收光谱是线状光谱,而紫外可见光谱是带状光谱。由于吸收机理的不同使两种方法在仪器各部件的连接顺序、具体部件及分析方法都有不同。

6.1.3 紫外-可见吸收光谱的特点

紫外-可见吸收光谱具有如下特点：

（1）灵敏度高。该法测定物质的浓度下限（最低浓度）一般可达 1%。对固体试样一般可测到 0.000 1%。如果对被测组分事先加以富集，灵敏度还可以提高 1～2 个数量级。适于微量组分的测定，一般可测定 10^{-6} g 级的物质。其摩尔吸收系数可以达到 $10^4 \sim 10^5$ 数量级。

（2）准确度较高。一般吸收光谱法的相对误差为 2%～5%，其准确度虽不如滴定分析法及重量法，但对微量成分来说，还是比较满意的。

（3）方法简便，操作容易，分析速度快。

（4）应用广泛。不仅用于金属离子的定量分析，更重要的是有机化合物的鉴定及结构分析（鉴定有机化合物中的官能团），可对同分异构体进行鉴别。此外，还可用于配合物的组成和稳定常数的测定。

紫外-可见吸收光谱法也有一定的局限性，有些有机化合物在紫外-可见光区没有吸收谱带，有的仅有较简单而宽阔的吸收光谱，更有个别的紫外-可见光谱大体相似。例如：甲苯和乙苯的紫外吸收光谱基本相同。因此，单根据紫外-可见光谱不能完全决定这些物质的分子结构。因此，只有与红外吸收光谱、核磁共振波谱和质谱等方法配合起来，得出的结论才可靠。

6.2 紫外-可见吸收光谱法的基本原理

当一束紫外-可见光（200～760 nm）通过一透明的物质时，具有某种能量的光子被吸收，而另一些能量的光子则不被吸收。光子是否被物质所吸收，既取决于物质的内部结构，也取决于光子的能量。当光子的能量等于电子能级的能量差时（即 $\Delta E_{电} = h\nu$），则此能量的光子被吸收，并使电子由基态跃迁到激发态。物质对光的吸收特征，可用吸收曲线来描述。以波长 λ 为横坐标，吸光度 A 为纵坐标作图（图 6-1），得到的 $A\text{-}\lambda$ 曲线即为紫外-可见吸收光谱（或紫外-可见吸收曲线）。

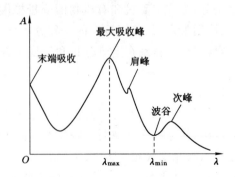

图 6-1 紫外-可见吸收光谱示意图

由图 6-1 可以看出：物质在某一波长处对光的吸收最强，称为最大吸收峰，对应的波长称为最大吸收波长(λ_{max});低于最高吸收峰的峰称为次峰;最高吸收峰旁边的一个小的曲折称为肩峰;曲线中的低谷称为波谷,其所对应的波长称为最小吸收波长(λ_{min});在吸收曲线波长最短的一端,吸收强度相当大,但不成峰形的部分,称为末端吸收。同一物质的浓度不同时,光吸收曲线形状不同,λ_{max}不变,只是相应的吸光度大小不同。

物质不同,其分子结构不同,则吸收光谱曲线不同,λ_{max}不同,故可根据吸收光谱图对物质进行定性鉴定和结构分析。用最大吸收峰或次峰所对应的波长为入射光,测定待测物质的吸光度,根据光吸收定律可对物质进行定量分析。

物质吸光的定量依据为朗伯-比尔定律:

$$A = kcl \tag{6-1}$$

该式表明物质对单色光的吸收强度 A 与溶液的浓度 c 和液层长度 l 的乘积成正比,k 为摩尔吸收系数,其单位为 L/(mol·cm),它与入射光的波长、溶液的性质以及温度有关。

6.2.1　分子内部的运动及分子能级

原子光谱是由原子中电子能级跃迁所产生的。原子光谱是由一条一条的彼此分离的谱线组成的线状光谱。

分子光谱比原子光谱要复杂得多。这是由于在分子中,除了有电子相对于原子核的运动外,还有组成分子的各原子在其平衡位置附近的振动,以及分子本身绕其重心的转动。如果考虑三种运动形式之间的相互作用,则分子总的能量可以认为是这三种运动能量之和。

$$E = E_e + E_v + E_r \tag{6-2}$$

式中　E_e——电子能量;

　　　E_v——振动能量;

　　　E_r——转动能量。

这三种不同形式的运动都对应一定的能级,即:分子中除了电子能级外,还有振动能级和转动能级,这三种能级都是量子化的、不连续的。正如原子有能级图一样,分子也有其特征的能级图。简单双原子分子的能级图如图 6-2 所示。A 和 B 表示电子能级,间距最大;每个电子能级上又有许许多多的振动能级,用 $V' = 0,1,2,\cdots$ 表示 A 能级上各振动能级,$V'' = 0,1,2,\cdots$ 表示 B 能级上各振动能级;每个振动能级上又有许许多多的转动能级,用 $J' = 0,1,2,\cdots$ 表示 A 能级上 $V' = 0$ 各转动能级,$J'' = 0,1,2,\cdots$ 表示 A 能级上 $V' = 1$ 各振动能级等。且 $\Delta E_e > \Delta E_v > \Delta E_r$。

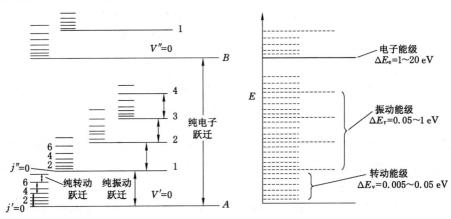

图 6-2　简单双原子分子的能级图

6.2.2 能级跃迁与分子吸收光谱的类型

通常情况下，分子处于较低的能量状态，即基态。分子吸收能量具有量子化特征，即分子只能吸收等于两个能级之差的能量。如果外界给分子提供能量（如光能），分子就可能吸收能量引起能级跃迁，而由基态跃迁到激发态能级。

$$\Delta E = E_2 - E_1 = h\nu = hc/\lambda \tag{6-3}$$

由于三种能级跃迁所需要的能量不同，所以需要不同波长范围的电磁辐射使其跃迁，即在不同的光学区域产生吸收光谱。

应该指出，紫外光可分为近紫外光（200～400 nm）和真空紫外光（10～200 nm）。由于氧、氮、二氧化碳、水等在真空紫外区（10～200 nm）均有吸收，因此在测定这一范围的光谱时，必须将光学系统抽成真空，然后充以一些惰性气体，如氦、氖、氩等。鉴于真空紫外吸收光谱的研究需要昂贵的真空紫外分光光度计，故在实际应用中受到一定的限制。我们通常所说的紫外-可见分光光度法，实际上是指近紫外、可见分光光度法。

6.2.3 紫外-可见吸收光谱与分子结构的关系

6.2.3.1 电子跃迁的类型

UV-Vis 是由于分子中价电子能级跃迁产生的。因此，有机化合物的紫外-可见吸收光谱取决于分子中价电子的性质。

根据分子轨道理论，在有机化合物分子中与紫外-可见吸收光谱有关的价电子有三种：形成单键的 σ 电子，形成双键的 π 电子和分子中未成键的孤对电子，称为 n 电子。当有机化合物吸收了紫外光或可见光，分子中的价电子就要跃迁到激发态，其跃迁方式主要有四种类型，即 $\sigma \rightarrow \sigma^*, n \rightarrow \sigma^*, \pi \rightarrow \pi^*, n \rightarrow \pi^*$。各种跃迁所需能量大小为：$\sigma \rightarrow \sigma^* > n \rightarrow \sigma^* > \pi \rightarrow \pi^* > n \rightarrow \pi^*$

电子能级间位能的相对大小如图 6-3 所示。一般未成键孤对电子 n 容易跃迁到激发态。

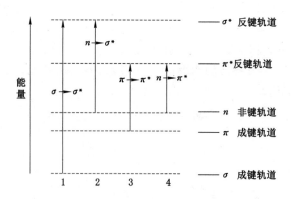

图 6-3　有机化合物分子中的电子能级和跃迁类型

成键电子中，π 电子较 σ 电子具有较高的能级，而反键电子却相反。故在简单分子中的 $n \rightarrow \pi^*$ 跃迁需要的能量最小，吸收峰出现在长波段；$n \rightarrow \pi^*$ 跃迁的吸收峰出现在较短波段；而 $\sigma \rightarrow \sigma^*$ 跃迁需要的能量最大，出现在远紫外区。

许多有机分子中的价电子跃迁。须吸收波长在 200～1 000 nm 范围内的光，恰好落在紫外-可见光区域。因此，紫外-可见吸收光谱是由于分子中价电子的跃迁而产生的，也可以称它为电子光谱。

（1）$\sigma \rightarrow \sigma^*$ 跃迁

成键 σ 电子由基态跃迁到 σ^* 轨道,这是所有存在 σ 键的有机化合物都可以发生的跃迁类型。在有机化合物中,由单键构成的化合物能产生 $\sigma \rightarrow \sigma^*$ 跃迁,如饱和烃类。引起 $\sigma \rightarrow \sigma^*$ 跃迁所需的能量最大,产生的吸收峰出现在远紫外区,吸收波长 $\lambda < 200$ nm。甲烷的 λ_{max} 为 125 nm,乙烷的 λ_{max} 为 135 nm,即在近紫外区、可见光区内不产生吸收,而且在此波长区域中,O_2 和 H_2O 有吸收,所以目前一般的紫外-可见分光光度计还难以在远紫外区工作。因此,一般不讨论 $\sigma \rightarrow \sigma^*$ 跃迁所产生的吸收带。

（2）$n \rightarrow \sigma^*$ 跃迁

$n \rightarrow \sigma^*$ 跃迁是非键的 n 电子从非键轨道向 σ^* 反键轨道的跃迁,即分子中未共用 n 电子跃迁到 σ^* 轨道;凡含有 n 电子的杂原子(如 N、O、S、P、X 等)的饱和化合物都可发生在 $n \rightarrow \sigma^*$ 跃迁。由于 $n \rightarrow \sigma^*$ 跃迁比 $\sigma \rightarrow \sigma^*$ 所需能量较小,所以吸收的波长会长一些,λ_{max} 可在 200 nm 附近,但大多数化合物仍在小于 200 nm 区域内,λ_{max} 随杂原子的电负性不同而不同,一般电负性越大,n 电子被束缚得越紧,跃迁所需的能量越大,吸收的波长越短,如 CH_3Cl 的 λ_{max} 为 173 nm,CH_3Br 的 λ_{max} 为 204 nm。CH_3I 的 λ_{max} 为 258 nm。$n \rightarrow \sigma^*$ 跃迁所引起的吸收,其摩尔吸收系数一般不大,通常为 $100 \sim 300$ L/(mol·cm)。一般相当于 $150 \sim 250$ nm 的紫外光区,但跃迁概率较小,k 值在 $10^2 \sim 10^3$ L/(mol·cm),属于中等强度吸收。

（3）$\pi \rightarrow \pi^*$ 跃迁

成键 π 电子由基态跃迁到 π^* 轨道:凡含有双键或三键的不饱和有机化合物都能产生 $\pi \rightarrow \pi^*$ 跃迁,$\pi \rightarrow \pi^*$ 跃迁所需的能量比 $\sigma \rightarrow \sigma^*$ 跃迁小,一般也比 $n \rightarrow \sigma^*$ 跃迁小,所以吸收辐射的波长比较长,一般在 200 nm 附近,属强吸收。此外,$\pi \rightarrow \pi^*$ 还具有以下特点:

① 吸收波长一般受组成不饱和键的原子影响不大;

② 摩尔吸收系数都比较大;

③ 对于多个双键而非共轭的情况,如果这些双键是相同的,则 λ_{max} 基本不变,而 k 变大,且一般约以双键增加的数目倍增。对于共轭情况,由于共轭形成了大 π 键,π 电子进一步离域,π^* 轨道有更大的成键性质,降低了 π^* 轨道的能量,因此使 ΔE 降低,吸收波长向长波长的方向移动,称为红移。

而且共轭体系使分子的吸光截面积加大,即 k 变大。通常每增加一个共轭双键,λ_{max} 增加 30 nm 左右。环共轭比链共轭的 λ_{max} 长。

（4）$n \rightarrow \pi^*$ 跃迁

$n \rightarrow \pi^*$ 的跃迁是未共用 n 电子跃迁到 π^* 轨道。含有杂原子的双键不饱和有机化合物能产生这种跃迁。此外,$n \rightarrow \pi^*$ 还具有以下特点:

① λ_{max} 与组成 π 键的原子有关,由于需要由杂原子组成不饱和双键,所以 n 电子的跃迁就与杂原子的电负性有关,与 $n \rightarrow \sigma^*$ 跃迁相同,杂原子的电负性越强,λ_{max} 越小;

② $n \rightarrow \pi^*$ 跃迁的概率比较小,所以摩尔吸收系数比较小,一般为 $10 \sim 100$ L/(mol·cm),比起 $\pi \rightarrow \pi^*$ 跃迁小 $2 \sim 3$ 个数量级。摩尔吸收系数的显著差别是区别 $\pi \rightarrow \pi^*$ 跃迁和 $n \rightarrow \pi^*$ 跃迁的方法之一。

除了上述价电子轨道上的电子跃迁所产生的有机化合物吸收光谱外,还有分子内的电荷转移跃迁。

（5）电荷转移跃迁

某些分子同时具有电子给予体和电子接受体两部分，这种分子在外来辐射的激发下会强烈地吸收辐射能，使电子从给予体向接受体迁移，叫做电荷转移跃迁，所产生的吸收光谱称为电荷转移光谱。电荷转移跃迁实质上是分子内的氧化-还原过程，电子给予部分是一个还原基团，电子接受部分是一个氧化基团，激发态是氧化-还原的产物，是一种双极分子。电荷转移过程可表示为：

$$A \cdots B \xrightarrow{h\nu} A^+ \cdots B^-$$

某些取代芳香烃可以产生电荷转移吸收光谱。

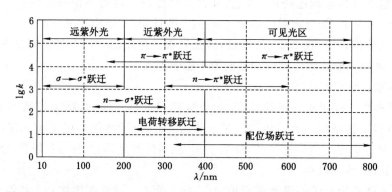

电荷转移吸收光谱的特点是谱带较宽，一般 λ_{max} 较大、吸收较强，摩尔吸收系数通常大于 10^4 L/(mol·cm)，在分析上也较有应用价值。图 6-4 为有机物各种电子跃迁吸收光谱分布图。

图 6-4　紫外与可见光谱区产生的吸收类型

实际上，对于一个非共轭体系来讲，所有这些可能的跃迁中，只有 $n \to \pi^*$ 跃迁的能量足够小，相应的吸收光波长在 200～800 nm 范围内，即落在近紫外-可见光区。其他的跃迁能量都太大，它们的吸收光波长均在 200 nm 以下，无法观察到紫外光谱。但对于共轭体系的跃迁，其吸收光一般落在近紫外区。

$n \to \pi^*$ 和 $\pi \to \pi^*$ 都需要有不饱和官能团存在，以提供 π 轨道。这两类跃迁在有机化合物中具有非常重要的意义，是紫外-可见吸收光谱的主要研究对象，因为跃迁所需的能量使吸收峰进入了便于实验的光谱区域（200～1 000 nm）。

6.2.3.2　生色团、助色团和吸收带

（1）生色团（chromophore）

分子中能吸收紫外-可见光的结构单元，称为生色团（亦称发色团）。由于有机化合物

中，$\pi \rightarrow \pi^*$ 或 $n \rightarrow \pi^*$ 跃迁及电荷转移跃迁在分析上具有重要作用，所以经常把含有非键轨道和 π 分子轨道能引起 $n \rightarrow \pi^*$ 和 $\pi \rightarrow \pi^*$ 跃迁的电子体系称为生色团。

　　如果一个化合物的分子含有数个生色团，但它们之间并不发生共轭作用，那么该化合物的吸收光谱将包含个别生色团原来具有的吸收带，这些吸收带的波长位置及吸收强度互相影响不大；如果多个生色团之间彼此形成共轭体系，那么原来各自生色团的吸收带将消失，而产生新的吸收带，新吸收带的吸收位置处在较长的波长处，且吸收强度显著增大。这一现象叫做生色团的共轭效应。常见生色团的吸收峰见表 6-1。

表 6-1 常见生色团的吸收峰

生色团	化合物	状态(溶剂)	λ_{max}	$k_{max}/[\mathrm{L}/(\mathrm{mol \cdot cm})]$
H_2C-CH_2	乙烯(或 1-己烯)	气态(庚烷)	171(180)	15 530(12 500)
$HC \equiv CH$	乙炔	气态	173	6 000
H_2C-O	乙醛	蒸气	289,182	12.5,10 000
$(CH_3)_2C-O$	丙酮	环己烷	190,279	1 000,22
CH_3COOH	乙酸	水	204	40
CH_3COCl	乙酰氯	庚烷	240	34
$CH_3COOC_2H_5$	乙酸乙酯	水	204	60
CH_2CONH_2	乙酰胺	甲醇	295	160
CH_3NO_2	硝基甲烷	水	270	14
$(CH_3)_2C=N-OH$	丙酮肟	气态	190,300	5 000,—
$CH_2=N^+=N^-$	重氮甲烷	乙醚	417	7
C_3H_5	苯	水	254,203.5	205,7 400
$CH_3-C_6H_5$	甲苯	水	261,206.5	225,7 000
$H_2C=CH-CH=CH_2$	1,3-丁二烯	正己烷	217	21 000

注：孤立的 $C=C$，$C \equiv C$ 的 $\pi \rightarrow \pi^*$ 跃迁的吸收峰都在远紫外区，但当分子中再引入一个与之共轭的不饱和键时，吸收峰就进入紫外区，所以该表将 $C=C$，$C \equiv C$ 也算作生色团。

（2）助色团（auxochrome）

　　含有未成键 n 电子本身不产生吸收峰，但与发色团相连能使发色团吸收峰向长波方向移动、吸收强度增强的杂原子基团称为助色团。例如：$-NH_2$、$-OH$、$-OR$、$-NR_2$、$-SR$、$-SH$、$-X$ 等。这些基团中的 n 电子能与生色团中的 π 电子相互作用（产生 $p-\pi$ 共轭），使 $\pi \rightarrow \pi^*$ 跃迁能量降低，跃迁概率变大。

　　表 6-2 为乙烯体系、不饱和羰基体系及苯环体系被助色基取代后波长的增值。

表 6-2 λ_{max} 的增值　　　　　　　　　　　　　　单位：nm

体系	NR_2	OR	SR	Cl	Br
$X-C=C$	40	30	45	5	—
$X-C=C-C=O$	95	50	85	20	30
$X-C_6H_5$ 带 II	51	20	55	10	10
$X-C_6H_5$ 带 III	45	17	23	2	6

注：表中 X 为主色基。

（3）红移（red shift）和蓝移（blue shift）

由于共轭效应，引入助色团或溶剂效应（极性溶剂对 $\pi \rightarrow \pi^*$ 跃迁的效应）使化合物的吸收波长向长波方向移动，称为红移效应，俗称红移。能对生色团起红移效应的基团，称为向红团。

有时某些生色团的碳原子一端引入某取代基或溶剂效应（极性溶剂对 $n \rightarrow \pi^*$ 跃迁的效应），使化合物的吸收波长向短波方向移动，称为蓝移（或紫移）效应，俗称蓝移（或紫移），能引起蓝移效应的基团称为向蓝团。

（4）增色效应（hyperchromic effect）和减色效应（hypsochromic effect）

由于化合物的结构发生某些变化或外界因素的影响，使化合物的吸收强度增大的现象，叫增色效应，而使吸收强度减小的现象，称为减色效应。如图 6-5 所示。

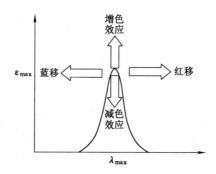

图 6-5　UV-Vis 光谱常用术语说明

（5）吸收带

在 UV-Vis 中，吸收峰的波带位置称为吸收带，通常有以下几种。

① R 吸收带。R 吸收带由德文 Radikal（基团）而得名，是由 $n \rightarrow \pi^*$ 跃迁而产生的吸收带。特点是强度较弱，一般 $k < 100$ L/(mol·cm)；吸收波长较长（>270 nm）。例如 $CH_2 =$ CH—CHO 的 $\lambda_{max} = 315$ nm[$k = 14$ L/(mol·cm)]的吸收带为 $n \rightarrow \pi^*$ 跃迁产生，属 R 吸收带。R 吸收带随溶剂极性增加而蓝移，但当附近有强吸收带时则产生红移，有时被掩盖。

② K 吸收带。K 吸收带由德文 Konjugation（共轭作用）而得名，是由共轭双键中 $\pi \rightarrow \pi^*$ 跃迁而产生的吸收带。其特点是吸收强度较大，通常 $k > 10^4$ L/(mol·cm)；跃迁所需能量大，吸收峰通常在 217～280 nm。K 吸收带的波长及强度与共轭体系数目、位置、取代基的种类有关。其波长随共轭体系的加长而向长波方向移动，吸收强度也随之加强。K 吸收带是紫外-可见吸收光谱中应用最多的吸收带，用于判断化合物的共轭结构。

③ B 吸收带。B 吸收带由德文 Benzenoid 而得名，是由苯环的振动和 $\pi \rightarrow \pi^*$ 跃迁重叠引起的芳香化合物的特征吸收带。其特点是：在 230～270 nm 之间谱带上出现苯的精细结构吸收峰[$k \approx 10^2$ L/(mol·cm)]，常用来判断芳香族化合物，但苯环上有取代基且与苯环共轭或在极性溶剂中测定时，这些精细结构会出现一宽峰或消失。

④ E 吸收带。E 吸收带由德文 Ethylenicband（乙烯型）而得名，由芳香族化合物的 $\pi \rightarrow \pi^*$ 跃迁所产生的，是芳香族化合物的特征吸收，可分为 E_1 带和 E_2 带。苯的 E_1 带出现在 185 nm 处，为强吸收，$k_{max} = 6 \times 10^4$ L/(mol·cm)；E_2 带出现在 204 nm 处，为较强吸收，$k_{max} = 8 \times 10^3$ L/(mol·cm)；B 带出现在 254 nm[$k_{max} = 200$ L/(mol·cm)]，如图 6-6(a)所示。

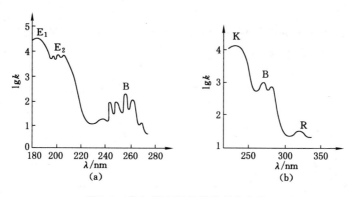

图 6-6　苯和苯乙酮的紫外吸收光谱

（a）苯的紫外吸收光谱（乙醇中）；（b）苯乙酮的紫外吸收光谱（正庚烷中）

当苯环上有发色团且与苯环共轭时，E_1 带常与 K 带合并且向长波方向移动（240 nm），B 吸收带的精细结构简单化，吸收强度增加且向长波方向移动（278 nm）。如苯乙酮［图 6-6(b)］的紫外吸收光谱就是由于苯乙酮中羰基与苯环形成共轭体系的缘故。

6.2.3.3　影响紫外-可见吸收光谱的因素

（1）共轭效应

共轭效应使共轭体系形成大 π 键，结果使各能级间能量差减小，跃迁所需能量减小。因此共轭效应使吸收的波长向长波方向移动，吸收强度也随之加强。随着共轭体系的加长，吸收峰波长和强度呈规律地改变。多烯化合物的吸收带如表 6-3 所列。

表 6-3　　　　　　　　　多烯化合物的吸收带

化合物	双键	$\lambda_{max}/nm\{k/[L/(mol \cdot cm)]\}$	颜色
乙烯	1	$185(1.0\times10^4)$	无色
丁二烯	2	$217(2.1\times10^4)$	无色
1,3,5 己三烯	3	$285(3.5\times10^4)$	无色
癸五烯	5	$335(1.18\times10^5)$	淡黄
二氢-β 胡萝卜素	8	$415(2.10\times10^5)$	橙黄
番茄红素	11	$470(1.85\times10^5)$	红

例如：乙烯 $\lambda_{max}=165$ nm，丁二烯 $\lambda_{max}=217$ nm，如图 6-7 所示。

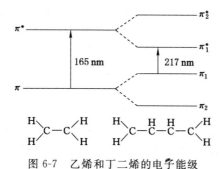

图 6-7　乙烯和丁二烯的电子能级

（2）助色效应

助色效应使助色团的 n 电子与发色团的 π 电子共轭,结果使吸收峰的波长向长波方向移动,吸收强度随之加强,如表 6-4 所列。

表 6-4　　　　　　　　　　一些化合物的 $n \to \pi^*$、$\pi \to \pi^*$ 跃迁的吸收带

化合物	基团	$\lambda_{max}/nm\{k/[L/(mol \cdot cm)]\}$	
		$\pi \to \pi^*$	$n \to \pi^*$
醛	—CHO	约 210（强）	285～295（10～30）
酮	羰基	约 195（1 000）	270～285（10～30）
硫酮	—	约 200（强）	约 400（弱）
硝基化合物	—NO₂	约 210（强）	约 270（10～20）
亚硝酸酯	—ONO	约 220（2 000）	约 350（0～80）
硝酸酯	—ONO₂	—	约 270（10～20）
2-丁烯醛	$CH_3CH=CHCH=O$	约 217（16 000）	321（20）
乙二醛	$O=CH—CH=O$		435（18）
2,4-己二烯醛	$CH_3CH=CHCH=CHCH=O$	约 263（27 000）	—

（3）超共轭效应

由于烷基的 σ 键与共轭体系的 π 键共轭可引起超共轭现象,其效应使吸收峰向长波方向移动,吸收强度加强。当苯环引入烷基时,由于烷基的 C—H 与苯环产生超共轭效应,使苯环的吸收带红移（向长波移动）,吸收强度增大。

对于二甲苯来说,取代基的位置不同,红移和吸收增强效应不同,通常顺序为:对位＞间位＞邻位。但超共轭效应的影响远远小于共轭效应的影响。

表 6-5 列举的数据表明了在共轭体系中的烷基对吸收波长的影响。图 6-8 为苯和甲苯的 B 吸收带。

表 6-5　　　　　　　　　　烷基对共轭体系最大吸收波长的影响

化合物	λ_{max}/nm	化合物	λ_{max}/nm
$CH_2=CH—CH=CH_2$	217	$CH_2=CH—C(CH_3)=O$	219
$CH_3—CH=CH—CH=CH_2$	222	$CH_3—CH=CH—C(CH_3)=O$	224
$CH_3—CH=CH—CH=CH—CH_3$	227	$(CH_3)_2C=CH—C(CH_3)=O$	235
$CH_2=C(CH_2)—C(CH_3)=CH_2$	227	C_6H_6	255
		$C_6H_5—CH_3$	261

（4）溶剂的影响

溶剂的极性强弱能影响 UV-Vis 的吸收峰波长、吸收强度及形状。如改变溶剂的极性,会使吸收峰波长发生变化。表 6-6 列出了溶剂对异亚丙基丙酮 $CH_3COCH—C(CH_3)_2$ 紫外吸收光谱的影响。从表 6-6 可以看出,溶剂极性越大,由 $n \to \pi^*$ 跃迁所产生的吸收峰向短波方向移动（称为短移或紫移）,而 $\pi \to \pi^*$ 跃迁吸收峰向长波方向移动（称为长移或红移）。

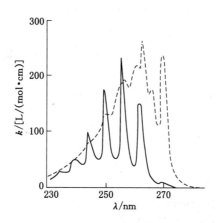

图 6-8　苯和甲苯的 B 吸收带(在环己烷中)

(实线为苯,虚线为甲苯)

表 6-6　　　　　　　　　　　　　　　　异亚丙基丙酮的溶剂效应

溶剂	正己烷	氯仿	甲醇	水	结论
$\pi \rightarrow \pi^*$	230 nm	238 nm	237 nm	243 nm	向长波移动
$\pi \rightarrow \pi^*$	329 nm	315 nm	309 nm	305 nm	向短波移动

　　紫外吸收光谱中有机化合物的测定往往需要溶剂,而溶剂尤其是极性溶剂常会对溶质的吸收波长、强度及形状产生较大影响。在极性溶剂中,紫外光谱的精细结构会完全消失,其原因是极性溶剂分子与溶质分子的相互作用,限制了溶质分子的自由转动和振动,从而使振动和转动的精细结构随之消失。

　　一般来说,溶剂对于产生 $\pi \rightarrow \pi^*$ 跃迁谱带的影响表现为:溶剂的极性越强,谱带越向长波方向位移。这是由于大多数能发生 $\pi \rightarrow \pi^*$ 跃迁的分子,激发态的极性总是比基态极性大,因而激发态与极性溶剂之间发生相互作用而导致的能量降低的程度要比极性小的基态与极性溶剂发生作用而降低的程度大,因此要实现这一跃迁的能量也就小了。图 6-9 表示 n、π、π^* 轨道的能量在不同极性溶剂的变化情况。

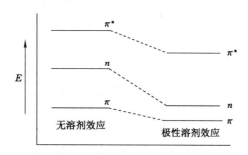

图 6-9　溶剂极性对 $\pi \rightarrow \pi^*$ 与 $n \rightarrow \pi^*$ 跃迁能量的影响

　　在前述的四种跃迁类型所产生的吸收光谱中,$\pi \rightarrow \pi^*$、$n \rightarrow \pi^*$ 跃迁在分析上最有价值,因为它们的吸收波长在近紫外光区及可见光区,便于仪器上的使用及操作,且 $\pi \rightarrow \pi^*$ 跃迁具有很大的摩尔吸收系数,吸收光谱受分子结构的影响较明显,因此在定性、定量分析中很有用。

另一方面,溶剂对于产生 $n \rightarrow \pi^*$ 跃迁谱带的影响表现为:溶剂的极性越强,$n \rightarrow \pi^*$ 跃迁的谱带越向短波长位移。这是由于非成键的 n 电子会与含有极性溶剂相互作用形成氢键,从而较多地降低了基态的能量,使得跃迁的能量增大,紫外吸收光谱就发生了向短波长方向的位移。

因此测定紫外-可见光谱时应注明所使用的溶剂,选择测定吸收光谱曲线的溶剂时应注意以下几点:

① 尽量选择低极性溶剂;

② 能很好地溶解被测物,并形成良好化学和光化学稳定性的溶剂;

③ 溶剂在样品的吸收光谱区无明显吸收。

(5) 酸度的影响

由于酸度的变化会使有机化合物的存在形式发生变化,从而导致谱带的位移,例如苯酚和苯胺:

随着 pH 的增高,谱带就会红移,吸收峰分别从 211 nm 和 270 nm 位移到 236 nm 和 287 nm 处。随着 pH 的降低,谱带会蓝移,吸收峰分别从 230 nm 和 280 nm 处位移到 203 nm 和 254 nm 处。

另外,酸度的变化还会影响到配位平衡,从而造成有色配合物的组成发生变化,使得吸收带发生位移。例如 Fe(Ⅲ) 与磺基水杨酸的配合物,在不同 pH 时会形成不同的配位比,从而产生紫红、橙红、黄色等不同颜色的配合物。

6.2.3.4 各类有机化合物的紫外-可见特征吸收光谱

(1) 饱和有机化合物

饱和碳氢化合物只有 δ 键电子,最不易激发,只有吸收很大能量后,才能产生 $\sigma \rightarrow \sigma^*$ 跃迁,因而一般在远紫外区,目前应用不多。但这类化合物在 $200 \sim 1\,000$ nm 范围(紫外及可见分光光度计的测定范围)内无吸收,在紫外吸收光谱分析中常用作溶剂(如己烷、庚烷、环己烷等)。

当饱和碳氢化合物中的氢被杂原子取代后,由于 n 电子比 δ 电子易激发,电子跃迁所需能量减低,而发生红移。如 CH_4 的 $\sigma \rightarrow \sigma^*$ 跃迁在 $125 \sim 135$ nm,而 CH_3I、CH_2I_2、CHI_3 的 $\sigma \rightarrow \sigma^*$ 跃迁在 $150 \sim 210$ nm,同时发生 $n \rightarrow \pi^*$ 跃迁,分别在 259 nm、292 nm 及 349 nm。

(2) 不饱和有机化合物

① 含有孤立双键的化合物

烯烃能产生 $\pi \rightarrow \pi^*$ 跃迁,吸收峰位于远紫外区。当烯烃双键上的碳原子被杂原子取代时(如 =C—O、=C—S),可产生 $n \rightarrow \pi^*$、$\pi \rightarrow \pi^*$ 及 $n \rightarrow \sigma^*$ 跃迁。

② 含有共轭双键的化合物

共轭二烯、多烯烃及共轭烯酮类化合物中由于存在共轭效应,使 $\pi \rightarrow \pi^*$ 跃迁所需能量减小,从而使其吸收波长和吸收程度随着共轭体系的增加而增加。其最大吸收波长除可以用 UV-Vis 测量外,还可利用经验公式推算,将计算与实验结果相比较,可确定待测物质的结构。

α,β-不饱和醛酮等化合物的 λ_{max} 可根据经验规则进行计算。

① Woodward-Fieser 规则

计算链状及环状共轭多烯烃的 λ_{max} 时,首先从母体得到一个最大吸收的基本值,然后对连接在母体 π 电子体系上的不同取代基以及其他结构因素加以修正。如表 6-7 所列。

表 6-7　　　　　共轭多烯类化合物最大吸收波长计算法(以己烷为溶剂)

母体基本值		λ_{max}/nm	举例说明
	链状共轭二烯	217	
	单状共轭二烯	217	
	异环共轭二烯	214	
	同环共轭二烯	253	
增加值	延伸一个共轭双键	+30	
	增加一个烷基取代	+5	
	增加一个环外双键	+5	
助色团取代	—OCOR(脂基)	+0	
	—Cl 或 Br	+5	
	—OR(烷氧基)	+6	
	—NR$_2$	+60	
	—SR(烷硫基)	+30	

使用这个规则时,应注意如果有多个可供选择的母体时,应优先选择较长波长的母体,如共轭体系中若同时存在同环二烯与异环二烯时,应选择同环二烯作为母体。环外双键特指 C=C 双键中有一个 C 原子在环上,另一个 C 原子不在该环上的情况。对"身兼数职"的基团应按实际"兼职"的次数计算增加值,同时应准确判断共轭体系的起点与终点,防止将与共轭体系无关的基团计算在内。同时需注意的是该规则既不适用于共轭双键多于四个的共轭体系也不适用于交叉共轭体系。

② Fieser-Kuhn 规则

如果一个多烯分子中含有四个以上的共轭双键,则它们在己烷中的吸收光谱的 λ_{max} 值和 k_{max} 值分别由 Fieser-Kuhn 规则计算:

$$\lambda_{max} = 114 + 5M + n(48.0 - 1.7n) - 16.5R_1 - 10R_2 \tag{6-4}$$

$$k_{max} = 1.74 \times 10^4 n \tag{6-5}$$

式中　M——双键体系上烷基取代的数目;

　　　n——共轭双键的数目;

　　　R_1——具有环内双键的环数;

R_2——具有环外双键的环数。

③ Scott 规则

α,β-不饱和羰基化合物(醛酮)的 $\pi \rightarrow \pi^*$ 跃迁吸收波长 λ_{max} 计算法如表 6-8 所列。

表 6-8　　　　α,β-不饱和羰基醛酮最大吸收波长 λ_{max} 计算法(以乙醇为溶剂)

母体基本值			$\pi \rightarrow \pi^*$ 跃迁 λ_{max}/nm		
链状 α,β 不饱和醛			207		
直链及六元环 α,β 不饱和酮			215		
五元环 α,β 不饱和酮			202		
α,β 不饱和酸酯			193		
增加值	同环共轭二烯		+39		
	增加一个共轭双键		+30		
	增加一个环外双键、五元及七元环内双键		+5		
烯基上取代		α 位	β 位	γ 位	δ 位
烷基或环残基取代		10	12	18	18
烷氧基取代—OR		35	30	17	31
羟基取代—OH		35	30	50	50
酰基取代—OCOR		6	6	6	6
卤素 Cl		15	12	12	12
卤素 Br		25	30	25	25
含硫基团取代—SR		80			
氨基取代—NRR		95			

(3)芳香族化合物

由前所述可知,E 带和 B 带是芳香族化合物的特征吸收,它们均由 $\pi \rightarrow \pi^*$ 跃迁产生,当苯环上的取代基不同时,其 E_2 带和 B 带的吸收峰也随之变化,故可由此来鉴定各种取代基。苯及其衍生物的吸收特征见表 6-9。

表 6-9　　　　　　　　苯及其衍生物的吸收特征

取代基	E_2 吸收带		B 吸收带	
	λ_{max}/nm	$k/[L/(mol \cdot cm)]$	λ_{max}/nm	$k/[L/(mol \cdot cm)]$
—H	204	7 900	254	204
—NH₂	203	7 500	254	160
—CH₃	206	7 000	261	225
—I	207	7 000	257	700
—Cl	209	7 400	263	190
—OCH₃	217	6 400	269	1 480
—Br	210	7 900	261	192

续表 6-9

取代基	E₂ 吸收带		B 吸收带	
	λ_{max}/nm	k/[L/(mol·cm)]	λ_{max}/nm	k/[L/(mol·cm)]
—OH	210	6 200	270	1 450
—COCH₃	245	13 000	278	1 100
—CHO	249	11 400	为强 E 带掩盖	
—COOH	230	11 600	273	970
—O⁻	235	9 400	287	2 600

6.3　紫外-可见分光光度计

6.3.1　仪器的基本构造

紫外-可见分光光度计的波长范围为 200～1 000 nm，由光源、单色器、吸收池、检测器和显示器五大部件构成，见图 6-10。

图 6-10　紫外-可见分光光度计

6.3.1.1　光源

光源要求在所需的光谱区域内，发射连续的具有足够强度和稳定的紫外及可见光，并且辐射强度随波长的变化尽可能小，使用寿命长，操作方便。

钨灯和碘钨灯可使用的波长范围为 340～2 500 nm。这类光源的辐射强度与施加的外加电压有关，在可见光区，辐射的强度与工作电压的 4 次方成正比，灯电流也与灯丝电压的 n 次方($n>1$)成正比。因此，使用时必须严格控制灯丝电压，必要时须配备稳压装置，以保证光源的稳定。

氢灯和氘灯可使用的波长范围为 160～375 nm，由于受石英窗吸收的限制，通常紫外光区波长的有效范围一般为 200～375 nm。灯内氢气压力为 10^2 Pa 时，用稳压电源供电，放电十分稳定，光强度大且恒定。氘灯的灯管内充有氢同位素氘，其光谱分布与氢灯类似，但光强度比同功率的氢灯大 3～5 倍，是紫外光区应用最广泛的一种光源。图 6-11 表示氘灯能量随波长变化关系，其中 656.06 nm 常用于仪器自检过程中的波长校正，其次是用 485.82 nm。

6.3.1.2　单色器

单色器是能从光源的复合光中分出单色光的光学装置。单色器由入射狭缝、准光器(透镜或凹面反射镜使入射光变成平行光)、色散元件、聚焦元件和出射狭缝等几个部分组成。其核心部分是色散元件，起分光作用。能起分光作用的色散元件主要是棱镜和光栅。棱镜有玻璃和石英两种材料。它们的色散原理是依据不同波长的光通过棱镜时有不同的折射率而将不同波长的光分开。由于玻璃会吸收紫外光，所以玻璃棱镜只适用于 340～3 200 nm 的可见和近红外光区波长范围。石英棱镜适用的波长范围较宽，为 185～4 000 nm，即可用

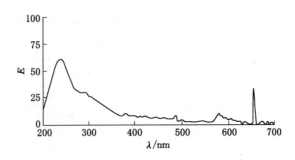

图 6-11 氘灯能量分布图

于紫外、可见、红外三个光谱区域，但主要用于紫外光区。

光栅是利用光的衍射和干涉作用分光的。它可用于紫外、可见和近红外光谱区域，是目前用得最多的色散元件。

6.3.1.3 吸收池

吸收池用于盛放分析的试样溶液，让入射光束通过。吸收池一般用玻璃和石英两种材料做成，玻璃池只能用于可见光区，石英池可用于可见光区及紫外光区。吸收池的大小规格从几毫米到几厘米不等，最常用的是 1 cm 的吸收池。为减少光的反射损失，吸收池的光学面必须严格垂直于光束方向。在高精度分析测定中（尤其是紫外光区更重要），吸收池要挑选配对，使它们的性能基本一致，因为吸收池材料本身及光学面的光学特性，以及吸收池光程长度的精确性等对吸光度的测量结果都有直接影响。

6.3.1.4 检测器

检测器是将光信号转变成电信号的装置，要求灵敏度高、响应时间短、噪声水平低且有良好的稳定性。常用的检测器有光电管、光电倍增管和光电二极管阵列检测器。

（1）光电管

在紫外-可见分光光度计上应用很广泛。它以一弯成半圆柱且内表面涂上一层光敏材料的镍片为阴极，而置于圆柱形中心的一金属丝为阳极，密封于高真空的玻璃或石英中构成，当光照到阴极的光敏材料时，阴极发射出电子，被阳极收集而产生光电流。结构如图 6-12 所示。

随阴极光敏材料不同，灵敏的波长范围也不同，可分为蓝敏和红敏光电管。前者是在镍阴极表面沉积锑和铯，适用波长范围 $210 \sim 625$ nm；后者是在阴极表面沉积银和氧化铯，适用范围 $625 \sim 1\,000$ nm。与光电池比较，光电管具有灵敏度高、光谱范围宽、不易疲劳等优点。

（2）光电倍增管

光电倍增管实际上是一种加上多级倍增电极的光电管，其结构如图 6-13 所示。

光电倍增管工作时，各倍增极（$D_1, D_2, D_3, \cdots$）和阳极均加上电压并依次升高，阴极 K 电位最低，阳极 A 电位最高。入射光照射在阴极上，打出光电子，经倍增极加速后，在各倍增极上打出更多的"二次电子"。如果一个电子在一个倍增极上一次能打出 σ 个二次电子，那么一个光电子经 n 个倍增极后，最后在阳极会收集到 σ^n 个电子而在外电路形成电流。一般 $\sigma = 3 \sim 6$，n 为 10 左右，所以光电倍增管的放大倍数很高。

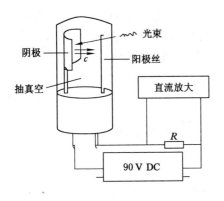
图 6-12　光电管结构图

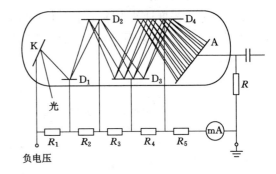
图 6-13　光电倍增管工作原理图

光电倍增管工作的直流电源电压为 $700\sim3\,000$ V,相邻倍增极间电压为 $50\sim100$ V。与光电管不同,光电倍增管的输出电流随外加电压的增加而增加且极为敏感,这是因为每个倍增极获得的增益取决于加速电压。因此,光电倍增管的外加电压必须严格控制。光电倍增管的暗电流愈小,质量愈好。光电倍增管灵敏度高,是检测微弱光最常见的光电元件,可以用较窄的单色器狭缝,从而对光谱的精细结构有较好的分辨能力。

(3) 光电二极管阵列检测器(photo-diode array detector)

用光电二极管阵列作检测元件,阵列由 1 024 个光电二极管组成,各自测量一窄段即不足 1 nm 的光谱。通过单色器的光含有全部的吸收信息,在阵列上同时被检测,并用电子学方法及计算机技术对二极管阵列快速扫描采集数据,由于扫描速度非常快,可以得到三维(A, λ, t)光谱图。

6.3.1.5　显 示 器

显示器的作用是放大信号并以适当的方式指示或记录。常用的信号指示装置有直流检流计、电位调零装置、数字显示及自动记录装置等。现在许多分光光度计配有微处理机,一方面可以对仪器进行控制,另一方面可以进行数据的采集和处理。

6.3.2　仪器的类型

UV-Vis 主要有单光束分光光度计、双光束分光光度计、双波长分光光度计以及光电二极管阵列分光光度计。

6.3.2.1　单光束分光光度计

光路示意图如图 6-14 所示,一束经过单色器的光,轮流通过参比溶液和样品溶液来进行测定。这种分光光度计结构简单、价格便宜,主要用于定量分析。但这种仪器操作麻烦,如在不同的波长范围内使用不同的光源、不同的吸收池,且每换一次波长,都要用参比溶液校正等,不适于做定性分析。国产的 751 型和 WFD-8A 型分光光度计都是单光束分光光度计。

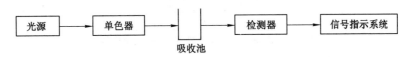

图 6-14　单光束分光光度计光路示意图

6.3.2.2 双光束分光光度计

双光束分光光度计的光路设计基本上与单光束相似,如图 6-15 所示,经过单色器的光被斩光器一分为二,一束通过参比溶液,另一束通过样品溶液,然后由检测系统测量即可得到样品溶液的吸光度。

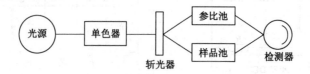

图 6-15 双光束分光光度计光路示意图

由于采用双光路方式,两光束同时分别通过参比池和测量池,操作简单同时也消除了因光源强度变化而带来的误差。

6.3.2.3 双波长分光光度计

单光束和双光束分光光度计,就测量波长而言,都是单波长的。双波长分光光度计是用两种不同波长(λ_1 和 λ_2)的单色光交替照射样品溶液(不需使用参比溶液)。经光电倍增管和电子控制系统,测得的是样品溶液在两种波长 λ_1 和 λ_2 处的吸光度之差 ΔA,$\Delta A = A_{\lambda 1} - A_{\lambda 2}$,只要 λ_1 和 λ_2 选择适当,ΔA 就是扣除了背景吸收的吸光度。仪器光路示意图如图 6-16 所示。

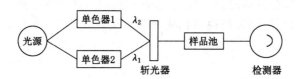

图 6-16 双波长分光光度计光路示意图

6.3.2.4 光电二极管阵列分光光度计

一种利用光电二极管阵列作多道检测器,由微型电子计算机控制的单光束 UV-Vis,具有快速扫描吸收光谱的特点。Agilent 8453 紫外-可见分光光度计如图 6-17 所示。

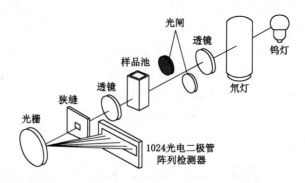

图 6-17 Agilent 8453 紫外-可见分光光度计

从光源发射的复合光,经样品吸收池后经全息光栅色散,色散后的单色光被光电二极管阵列中的光电二极管接受,光电二极管与电容耦合,当光电二极管受光照射时,电容器就放电,电容器的带电量与照射到光电二极管上的总光量成正比。每个谱带宽度的光信号由一个光电二极管接受,一个光电二极管阵列可容纳 1 024 个光电二极管,可覆盖 190~1 100 nm 波长范围,分辨率小于 1 nm,其全部波长可同时被检测而且响应快,在极短时间内(<1 s)给出整个光谱的全部信息。这种光度计特别适于进行快速反应动力学研究和多组分混合物的分析,也已被用作高效液相色谱和毛细管电泳仪的检测器。

6.4　紫外-可见吸收光谱法的应用

6.4.1　定性分析

以 UV-Vis 进行定性分析时,通常是根据吸收光谱的形状、吸收峰的数目以及最大吸收波长的位置和相应的摩尔吸收系数进行定性鉴定。一般采用比较光谱法,即在相同的测定条件下,比较待测物与已知标准物的吸收光谱曲线,如果它们的 λ_{max} 及相应的 k 均相同,则可以认为是同一物质。进行这种对比法时,也可借助前人汇编的标准谱图进行比较。

紫外光谱定性解析程序如下:

① 由紫外光谱图找出最大吸收峰对应的波长 λ_{max},并算出 k。

② 推断该吸收带属何种吸收带及可能的化合物骨架结构类型,即:

a. 在 220~280 nm 范围内无吸收,可推断化合物不含苯环、共轭双键、醛基、酮基、溴和碘(饱和脂肪族溴化物在 220~210 nm 有吸收);

b. 在 210~250 nm 有强吸收,表示含有共轭双键,如在 260~350 nm 有高强度吸收峰,则化合物含有 3~5 个共轭 π 键;

c. 在 270~300 nm 区域内存在一个随溶剂极性增大而向短波方向移动的弱吸收带,表明有羟基存在;

d. 在 250~300 nm 有中等强度吸收带且有一定的精细结构,则说明有苯环存在;

e. 若该有机物的吸收峰延伸至可见光区,则该有机物可能是长链共轭或稠环化合物。

③ 与同类已知化合物紫外光谱进行比较,或将预定结构计算值与实测值进行比较。

④ 与标准品进行比较对照或查找文献核对。

根据有机化合物的紫外光谱可以大致地推断出该化合物的主要生色团及其取代基的种类和位置以及该化合物的共轭体系的数目和位置,这些就是紫外吸收光谱在定性、结构分析中的最重要的应用。要获得准确的分子结构必须与红外光谱、核磁共振、质谱联合解析。

6.4.2　结构分析

(1) 根据化合物的 UV-Vis 推测化合物所含的官能团

例如,某化合物在紫外-可见光区无吸收峰,则它可能不含双键或环状共轭体系,它可能是饱和有机化合物。如果在 200~250 nm 有强吸收峰,可能是含有两个共轭双键;在 260~350 nm 有强吸收峰,则至少有 3~5 个共轭生色团和助色团。如果在 270~350 nm 区域内有很弱的吸收峰,并且无其他强吸收峰时,则化合物含有带 n 电子的未共轭的生色团($=C=O$,$-N_2=$,$-N=N$ 等),弱峰由 $n \rightarrow \pi^*$ 跃迁引起。如在 260 nm 附近有中等吸收且有一定的精细结构,则可能有芳香环结构(在 230~270 nm 的精细结构是芳香环的特征吸收)。

(2) 利用 UV-Vis 来判别有机化合物的同分异构体

由于顺反异构体的 λ_{max} 及 k 不同,可用紫外-可见光谱判断顺式或反式构型。例如,乙酰乙酸乙酯的互变异构体:

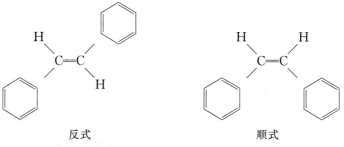

酮式没有共轭双键,在 206 nm 处有中等吸收;而烯醇式存在共轭双键,在 245 nm 处有强吸收[$k=18\,000$ L/(mol·cm)]。因此,根据它们的吸收光谱可判断存在与否。一般在极性溶剂中以酮式为主,非极性溶剂中以烯醇式为主。

又如,1,2-二苯乙烯具有顺式和反式两种异构体:

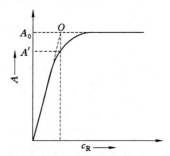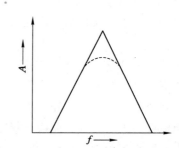

反式 $\lambda_{max}=295$ nm,$k=27\,000$ L/(mol·cm)   顺式 $\lambda_{max}=280$ nm,$k=14\,000$ L/(mol·cm)

(3) 配合物组成及其稳定常数的测定

测量配合物组成的常用方法有两种:摩尔比法(又称饱和法,见图 6-18)和等摩尔连续变化法(又称 Job 法,见图 6-19)。

图 6-18 摩尔比法测定配合物组成   图 6-19 Job 法测定配合物组成

① 摩尔比法

摩尔比法是根据在配合反应中金属离子被显色剂所饱和的原理来测定配合物组成的。

在实验条件下,制备一系列体积相同的溶液。在这些溶液中,固定金属离子 M 的浓度,依次从低到高地改变显色剂 R 的浓度,然后测定每份溶液的吸光度 A,随着[R]的加大,形成配合物的浓度[MR_n]也不断增加,吸光度 A 也不断增加,当[R]:[M]$=n$ 时,[MR_n]最大,吸光度也应最大。这时 M 被 R 饱和,若[R]再增大,吸光度 A 即不再有明显增加。用测得的吸光度对[R]/[M]作图,所得曲线的转折点相对应的[R]:[M]$=n:m$,即为配合物的组成比。

用摩尔比法可以求配合物 MR_n 的稳定常数 $K_{稳}$,其反应式为

$$M + nR \longrightarrow MR_n \qquad (6-6)$$

$$K_稳 = [MR_n]/([M][R]^n) \qquad (6-7)$$

当金属离子 M 有一半转化为配合物 MR_n 时,即$[MR_n]=[M]$,则

$$K_稳 = 1/[R]^n \qquad (6-8)$$

因此,只要取摩尔比法曲线的最大吸光度的一半所对应的$[R]$,并将已求得的 n 代入,即可求得配合物的稳定常数 $K_稳$。

② 等摩尔连续变化法

等摩尔连续变化法是测定配合物组成比的一种方法,用紫外-可见吸收光谱法测定时,保持金属离子 M 和配合剂 Y 的总物质的量不变,连续改变两组分的比例,并逐一测定体系的吸光度 A。以 A 对摩尔分数 $f_Y=[Y]/([M]+[Y])$ 或 $f_M=[M]-[M]/([M]+[Y])$ 作图,曲线拐点即为配合物的组成比。但此法对 $n/m>4$ 的体系不适用。

除以上应用外,紫外-可见吸收光谱法亦可用于氢键强度、具有生色基团有机物摩尔质量、酸碱离解常数的测定。

6.4.3　定量分析

UV-Vis 用于定量分析的依据是朗伯-比尔定律,即物质在一定波长处的吸光度与它的浓度呈线性关系。故通过测定溶液对一定波长入射光的吸光度,便可求得溶质的浓度和含量。紫外-可见分光光度法不仅用于测定微量组分,而且用于常量组分和多组分混合物的测定。

6.4.3.1　单组分物质的定量分析

(1)比较法

在相同条件下配制样品溶液和标准溶液(与待测组分的浓度近似),在相同的实验条件和最大波长 λ_{max} 处分别测得吸光度为 A_x 和 A_s。然后进行比较,求出样品溶液中待测组分的浓度[即 $c_x=c_s \cdot (A_x/A_s)$]。

(2)标准曲线法

首先配制一系列已知浓度的标准溶液,在 λ_{max} 处分别测得标准溶液的吸光度,然后,以吸光度为纵坐标、标准溶液的浓度为横坐标作图,得 A-c 的校正曲线图(理想的曲线应为通过原点的直线)。在完全相同的条件下测出试液的吸光度,并从曲线上求得相应的试液的浓度。

(3)标准加入法

将已知浓度标准溶液加入待测样品中,测定加入前后样品的浓度,增加的量等于加入标准溶液中所含待测物质的量。不同浓度加入标准溶液,可得一系列 A 值,以 A 为纵坐标,加入的标准溶液浓度为横坐标作标准曲线。延长标准曲线与横坐标相交,即可得到样品浓度。

(4)吸光系数法

根据比尔定律 $A=kcl$,若 l 和摩尔吸光系数 k 已知,即可根据测得的 A 求出被测物的浓度。因为该法不需要标准样品,故可称为绝对法。

$$c = \frac{A}{kl} \ 或 \ c = \frac{A}{E_{1cm}^{1\%} l} \qquad (6-9)$$

6.4.3.2　多组分物质的定量分析

根据吸光度加和性原理,对于两种或两种以上吸光组分的混合物的定量分析,可不需分

离而直接测定。根据吸收峰的互相干扰情况,分为如图 6-20 所示三种情况。

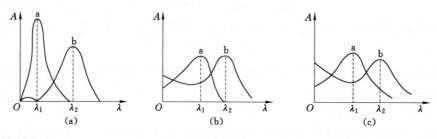

图 6-20　混合物的紫外可见吸收光谱

(a) 不重叠;(b) 单向重叠;(c) 双向重叠

（1）吸收光谱不重叠

如图 6-20(a)所示,混合物中组分 a、b 的吸收峰相互不干扰,即在 λ_1 处组分 b 无吸收,而在 λ_2 处组分 a 无吸收,因此,可按单组分的测定方法分别在 λ_1 和 λ_2 处测得组分 a 和 b 的浓度。

（2）吸收光谱单向重叠

如图 6-20(b)所示,在 λ_1 处测定组分 a,组分 b 有干扰,在 λ_2 处测定组分 b,组分 a 无干扰,因此可先在 λ_2 处测定组分 b 的吸光度 $A_{\lambda_2}^b$。

$$A_{\lambda_2}^b = k_{\lambda_2}^b c^b l \tag{6-10}$$

式中,$k_{\lambda_2}^b$ 为组分 b 在 λ_2 处的摩尔吸收系数,可由组分 b 的标准溶液求得,故可由上式求得组分 b 的浓度。然后再在 A_1 处测定组分 a 和组分 b 的吸光度 $A_{\lambda_1}^{a+b}$。

$$A_{\lambda_1}^{a+b} = A_{\lambda_1}^a + A_{\lambda_1}^b = k_{\lambda_1}^a c^a l + k_{\lambda_1}^b c^b l \tag{6-11}$$

式中,$k_{\lambda_1}^a$、$k_{\lambda_1}^b$ 分别为组分 a、b 在 λ_1 处的摩尔吸收系数,它们可由各自的标准溶液求得,从而可由上式求出组分 a 的浓度。

（3）吸收光谱双向重叠

如图 6-20(c)所示,组分 a、b 的吸收光谱互相重叠,同样有吸光度加和性原则,在 λ_1 和 λ_2 处分别测得总的吸光度 $A_{\lambda_1}^{a+b}$、$A_{\lambda_2}^{a+b}$。

$$A_{\lambda_1}^{a+b} = A_{\lambda_1}^a + A_{\lambda_1}^b = k_{\lambda_1}^a c^a l + k_{\lambda_1}^b c^b l \tag{6-12}$$

$$A_{\lambda_2}^{a+b} = A_{\lambda_2}^a + A_{\lambda_2}^b = k_{\lambda_2}^a c^a l + k_{\lambda_2}^b c^b l \tag{6-13}$$

式中,$k_{\lambda_1}^a$、$k_{\lambda_2}^a$、$k_{\lambda_1}^b$、$k_{\lambda_2}^b$ 分别为组分 a、b 在 λ_1 和 λ_2 处的摩尔吸收系数,它们同样可由各自的标准溶液求得,因此,可通过解方程组求得组分 a 和 b 的浓度 c^a 和 c^b。

显然,有 n 个组分的混合物也可用此法测定,联立 n 个方程组便可求得各自组分的含量,但随着组分的增多,实验结果的误差也会增大、准确度降低。

（4）用双波长分光光度法进行定量分析

对于吸收光谱互相重叠的多组分混合物,除用上述解联立方程的方法测定外,还可用双波长法测定,且能提高测定灵敏度和准确度。在测定组分 a 和 b 的混合样品时,一般采用作图法确定参比波长和测定波长,如图 6-21 所示,选组分 a 的最大吸收波长 λ_1 为测定波长,而参比波长的选择,应考虑能消除干扰物质的吸

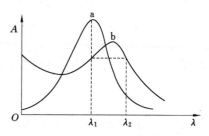

图 6-21　等吸收双波长测定法

收,即使组分 b 在 λ_1 处的吸光度等于在 λ_2 处的吸光度,即 $A_{\lambda_1}^{b} = A_{\lambda_2}^{b}$,根据吸光度加和性原则,混合物在 λ_1 和 λ_2 处的吸光度分别为

$$A_{\lambda_1}^{a+b} = A_{\lambda_1}^{a} + A_{\lambda_1}^{b} \tag{6-14}$$

$$A_{\lambda_2}^{a+b} = A_{\lambda_2}^{a} + A_{\lambda_2}^{b} \tag{6-15}$$

由双波长分光光度计测得

$$\Delta A = A_{\lambda_1}^{a+b} - A_{\lambda_2}^{a+b} = A_{\lambda_1}^{a} + A_{\lambda_1}^{b} - A_{\lambda_2}^{a} - A_{\lambda_2}^{b} \tag{6-16}$$

所以

$$\Delta A = A_{\lambda_1}^{a} - A_{\lambda_2}^{a} = k_{\lambda_1}^{a} c^{a} l - k_{\lambda_2}^{a} c^{a} l \tag{6-17}$$

$$c^{a} = \frac{\Delta A}{(k_{\lambda_1}^{a} - k_{\lambda_2}^{a}) l} \tag{6-18}$$

式中,$k_{\lambda_1}^{a}$、$k_{\lambda_2}^{a}$ 分别为组分 a 在 λ_1 和 λ_2 处的摩尔吸收系数,可由组分 a 的标准溶液在 λ_1 和 λ_2 处测得的吸光度求得,由上式求得组分 a 的浓度。同理,也可以测得组分 b 的浓度。

6.4.4 紫外-可见吸收光谱法的应用实例

N,N-二甲基乙酰胺(DMAC)废水危害大、难降解。采用铁炭微电解—Fenton 试剂—混凝沉淀工艺预处理 DMAC 废水。观察废水处理过程中的紫外光谱(图 6-22),由图6-22 可知:DMAC 废水在紫外区有四个吸收峰,在 190 nm 左右处的吸收主要为 DMAC 的基团—CH_3,在 210 nm 左右处的吸收主要为 DMAC 的基团—NH—,在 270~300 nm 处的吸收主要为 DMAC 的基团 C=O。经过微电解处理后,190 nm 和 270~300 nm 处的吸收峰基本被削平,说明经微电解反应后 DMAC 的基团—CH_3 和 C=O 被破坏,但在 210 nm 处的吸收峰仍存在,说明经微电解反应后 DMAC 的基团—NH—没有被破坏;经 Fenton 氧化后,210 nm 处的吸收峰也基本消失了,说明 DMAC 的—NH—基团被破坏,氨基被转化为铵根离子进入溶液;再经过混凝沉淀后,各处峰形变化不大。

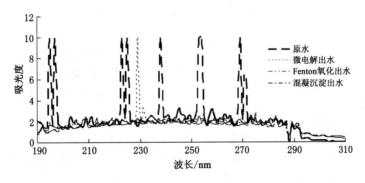

图 6-22 DMAC 废水处理紫外光谱扫描图

第7章　红外光谱法

红外光谱法(IR)是根据物质对红外辐射的选择性吸收特性而建立起来的一种光谱分析方法。分子吸收红外辐射后发生振动和转动能级的跃迁,故红外光谱又称为分子振动-转动光谱。红外光谱主要分析有机物,可应用于化合物分子结构的测定、未知物鉴定以及混合物成分分析。根据光谱中吸收峰的位置和形状可推断未知物的化学结构;根据特征吸收峰的强度可测定混合物中各组分的含量;应用红外光谱可测定分子的键长、键角,从而推断分子的立体构型,判断化学键的强弱等。

7.1　概　　述

7.1.1　红外光谱简介

分子的能量主要由平动能量、振动能量、电子能量和转动能量构成。其中振动能级的能量差约为 $8.01\times10^{-21}\sim1.60\times10^{-19}$ J,与红外光的能量相对应。若以连续波长的红外线为光源照射样品,所测得的吸收光谱称红外吸收光谱,简称红外光谱(Infrared Spectrum)。

红外光谱根据不同的波数范围分为三个区:

近红外区 13 330~4 000 cm^{-1}(0.75~2.5 μm)

中红外区 4 000~650 cm^{-1}(2.5~15.4 μm)

远红外区 650~10 cm^{-1}(15.4~1 000 μm)

近红外区是可见光红色末端的一段,只有 X—H 或多键振动的倍频和合频出现在该区,其应用有限,仅在研究含氢原子的官能团如 O—H、N—H 和 C—H 的化合物,特别是醇、酚、胺和碳氢化合物上,以及研究末端亚甲基、环氧基和顺反双键等时比较重要。在研究化合物的氢键方面也很有用。中红外区是红外光谱中应用最早和最广的一个区。该区吸收峰数据的收集、整理和归纳已经臻于相当完善的地步。由于 4 000~1 000 cm^{-1} 区内的吸收峰为化合物中各个键的伸缩和弯曲振动,故为双原子构成的官能团的特征吸收。1 400~650 cm^{-1} 区的吸收峰大多是整个分子中多个原子间键的复杂振动,可以得到官能团周围环境的信息,用于化合物的鉴定,因此中红外区是本章讨论的重点。

7.1.2　发展史

对光谱的研究可以说是从英国的科学家牛顿开始的,在 1666 年,牛顿发现白光是由从紫到红的不同颜色的可见光组成的,他第一次引入了光谱的概念来描述这一现象,之后人们对光的认识从可见光拓展到红外和紫外区。

1800 年,威廉·赫歇尔(William Herschel)希望利用一个滤色镜能使他的望远镜透过尽可能多的光和尽可能少的热。他采用玻璃棱镜将光分散成不同颜色的光,然后用温度计测量不同光谱段的温度。结果发现,当温度计从紫外区移动到红外区时,温度不断上升,当到达红外末端时,温度达到最高,威廉·赫歇尔称之为"看不见的光",也就是红外辐射。

1881 年,塞缪尔·兰利(Samuel Langley)在研究太阳辐射时,对红外辐射很感兴趣,他根据热辐射引起电阻变化的原理发明了检测辐射的装置,即测辐射热仪。19 世纪 80 年代,威廉·阿布尼(William Abney)和费斯廷(Festing)研究了 50 多种有机化合物的红外吸收光谱,他们提出可以采用红外吸收光谱的方法来鉴别有机小分子。

20 世纪的前半叶,美国的威廉·韦伯·科布伦茨(William Weber Coblentz)建立并领导国家标准局辐射测量处,他是第一个证明不同的原子或分子基团在红外光区会产生不同特征波长吸收的人。后来威廉·韦伯·科布伦茨的研究组和美国石油组织建立了合作关系,在汽油的指纹图谱方面做了一些研究。1937 年富兰克·罗斯(Frank Rose)给出了一些重要的结论:不同的官能团在不同的频率发生吸收,特定的官能团总是在特征频率的地方发生稳定的吸收。这些结论在红外吸收光谱用于工业定性分析方面起了决定性的作用。

第二次世界大战期间,合成橡胶的生产是促进商业化红外光谱仪产生的主要驱动力。合成橡胶的主要原料是 1,3-丁二烯,它的浓度和纯度是决定合成橡胶质量的关键,而红外吸收光谱是当时唯一能够准确测量这些性质的方法,因此得到了发展。1947 年,第一台商用红外光谱仪问世。当时使用的红外光谱仪基本上都是色散型的,也就是采用棱镜或光栅来分光。20 世纪 50 年代傅里叶变换红外光谱仪问世并得到应用。它不是采用棱镜或者光栅分光,而是采用干涉仪得到干涉图,利用傅里叶变换将以时间为变量的干涉图变换为以频率为变量的光谱图。它能在同一时刻收集光谱中所有频率的信息,在 1 min 内能对全部光谱扫描近千次,因此灵敏度和工作效率大大提高,使红外吸收光谱产生了革命性的飞跃。更重要的是,傅里叶变换技术还催生了许多新技术,如步进扫描、时间分辨和红外成像等,大大拓展了红外吸收光谱的应用领域。

7.1.3　红外光谱图及特点

一般用透过率-波数(T-σ)曲线或透过率-波长(T-λ)曲线来表示红外光谱。在红外光谱图中,横坐标表示吸收峰的位置,通常有波长 λ 及波数(σ)两种标度,其单位分别为 μm 和 cm^{-1},二者的关系为:

$$\sigma/cm^{-1} = \frac{1}{\lambda/cm} = \frac{10^4}{\lambda/\mu m} \tag{7-1}$$

由于辐射能 E 与波数 σ 呈线性关系($E = h\nu = hc'\sigma$),故用波数描述吸收谱带位置更为普遍。图 7-1 为苯甲酸乙酯的红外光谱图,波谷为苯甲酸乙酯各官能团的特征吸收峰位置。从红外光谱图上可以得到的信息有:① 峰的位置是结构定性的主要依据;② 峰的数目与分子中基团有关;③ 峰的形状、宽窄是结构定性的辅助手段;④ 峰的强度高低是结构定性的辅助手段,也可作为定量依据。

红外吸收光谱最具有吸收峰出现的频率范围小、吸收峰数目多的特性,除光学异构体外,每种化合物都有自己特定的红外吸收光谱。可以根据红外光谱知道化合物含有什么官能团,从而推断分子的结构,再结合化学方法和其他仪器分析方法,就可以确定被测物分子的结构。

红外光谱法的特点具体如下:① 操作简便,分析速度快;② 固态、液态、气态样品均可进行红外测定,样品用量少;③ 可以用于样品的定性,也可以用于定量;④ 投资及操作费用低;⑤ 对复杂的未知物结构鉴定时,需要与其他仪器配合才能得到完整的鉴定结果。

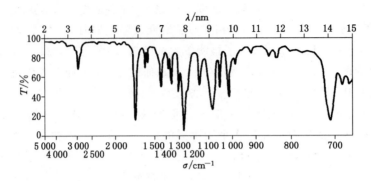

图 7-1 苯甲酸乙酯的红外光谱图

7.2 红外光谱法的基本原理

7.2.1 红外光谱产生的条件

物质分子吸收红外辐射发生振动和转动能级跃迁,必须满足两个条件:一是辐射光子的能量与发生振动和转动能级间的跃迁所需的能量相等;二是分子振动必须伴随有偶极矩的变化,辐射与物质之间必须有相互作用。例如在一氧化碳或氧化氮这类分子周围的电荷分布是不对称的,其中一个原子的电荷密度比另一个原子大。因此当两个原子中心间的距离发生变化,也就是发生振动的时候,将产生一个可与辐射的电磁场相互作用的振动电磁场。如果辐射的频率同分子固有的振动频率相一致,那么就会有净的能量转换而使分子振动的振幅发生变化,因而辐射被吸收。同样,不对称分子围绕其质心的转动也会引起周期性的偶极矩变化,因此也可以与辐射发生相互作用。而 O_2、H_2 或 Cl_2 这样一些同核分子发生振动和转动时,没有偶极矩的改变,因而这些分子不吸收红外辐射。

7.2.2 振动能级和振动形式

7.2.2.1 分子振动能级

红外吸收光谱是由于分子的振动能级跃迁同时伴有转动能级跃迁而产生的。分子的振动可近似地看作原子以平衡点为中心,以很小的振幅做周期性的振动,表现形式就是化学键的键长和键角发生变化。研究分子振动的规律借助于弹性力学的简谐振动模型,如双原子分子,把组成化学键的两个原子看成是两个刚性小球(谐振子),而化学键看成是连接谐振子的弹簧,弹簧的长度就是化学键的长度。多原子分子则看成是多个双原子分子的组合。外力让这个体系振动,其振动发生在连接小球的键轴方向(键长变化),其振动频率取决于弹簧的强度(即化学键的强度)及两个小球的质量。根据量子力学,两个谐振子处于振动的不同位置具有不同的能量,表现为不同的振动能级,且其振动能量是量子化的。具有的能量可表示为:

$$E_\nu = V + \frac{1}{2}h\nu \tag{7-2}$$

式中 ν——振动的频率;

  V——振动的量子数,$V = 0,1,2,3,4\cdots$

分子处于基态时，$V = 0, E_\nu = \dfrac{1}{2}h\nu$，此时振动的振幅很小。当分子受到光的照射时，若光子所具有的能量等于分子的振动能级能量差，则分子吸收光子的能量由低能级状态跃迁至高能级状态(红外光的能量正好在这一范围)。跃迁要符合量子力学规律，即跃迁从基态跃迁至不同的激发态符合以下公式：

$$h\nu_{光} = \Delta E_\nu \tag{7-3}$$

由式(7-2)可得分子振动能级差为：

$$\Delta E_\nu = \Delta V \times h\nu \tag{7-4}$$

将式(7-3)代入式(7-4)得：

$$\nu_{光} = \Delta V \times \nu \tag{7-5}$$

上式说明，只有当红外辐射频率等于振动频率的 ΔV 倍时，分子才能吸收红外辐射，产生红外光谱。

7.2.2.2　振动形式

研究分子的振动形式，便于进一步了解光谱中吸收峰的起因、数目及变化规律。分子的振动形式基本上分为两大类：伸缩振动和弯曲振动。

(1) 伸缩振动(stretching vibration)是化学键两端的原子沿着键轴方向做有规律的伸缩运动，即键长变化，而键角无变化，用 ν 表示。伸缩振动又分为对称伸缩振动(symmetrical stretching vibration，ν^s)及不对称伸缩振动(symmetrical stretching vibration，ν^{as})。双原子分子只有一种振动形式，即伸缩振动。下面以亚甲基为例说明不同的振动形式(图 7-2)：亚甲基的对称伸缩振动，表示为 $\nu^s_{CH_2}$，是亚甲基上的两个碳氢键同时伸长或缩短。亚甲基的不对称伸缩振动表示为 $\nu^{as}_{CH_2}$，是亚甲基上的两个碳氢键同一时间一个伸长、一个缩短。

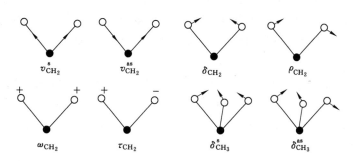

图 7-2　伸缩、弯曲、变形振动示意图

"+"表示由纸面向外；"−"表示由纸面向内

(2) 弯曲振动(bending vibration)是键角发生规律性变化的振动，又称为变形振动(deformation vibration)，具体分为以下几种。

① 面内(in-plane)弯曲振动：在由几个原子所构成的平面内进行的弯曲振动，用符号 β 表示。面内弯曲振动又可分为剪式振动和面内摇摆振动。剪式振动是振动过程中键角发生规律性的变化，似剪刀的"开"与"闭"，表示符号为 δ。面内摇摆是振动过程中两键中的键角无变化，但对分子的其余部分作面内摇摆，表示符号为 ρ。亚甲基的面内摇摆振动，表现为两个碳氢键同方向、同角度的摆动。

② 面外(out-of-plane)弯曲振动:在垂直于由几个原子所构成的平面方向上进行的弯曲振动,用符号 γ 表示。面外弯曲振动又可分为面外摇摆振动和卷曲振动。面外摇摆振动是分子中的两个化学键端的原子同时做同向垂直于平面方向上的运动,表示符号为 ω。卷曲振动是分子中的两个化学键端的原子同时做反向垂直于平面方向上的运动,用符号 τ 表示。

③ 变形(deformation)振动:多个化学键端的原子相对于分子的其余部分的弯曲振动,有键角变化,用符号 δ 表示。变形振动有对称变形和不对称变形。对称变形振动是分子中的三个化学键与分子轴线构成的夹角同时变小或变大,形似花瓣的"开"与"闭",用符号 δ^s 表示。不对称变形振动是分子中的三个化学键与分子轴线构成的夹角交替变小或变大,用符号 δ^{as} 表示。

7.2.3 振动自由度和红外吸收的峰数

7.2.3.1 振动自由度

振动自由度是分子基本振动的数目,即分子的独立振动数。一个原子在空间的位置可用 x,y,z 三个坐标表示,有 3 个自由度。n 个原子组成的分子有 $3n$ 个自由度,其中 3 个自由度是平移运动,3 个自由度是旋转运动,线性分子只有 2 个转动自由度(因有一种转动方式,原子的空间位置不发生改变)。所以线性分子的振动自由度为 $3n-5$,对应于 $3n-5$ 个基本振动方式。而非线性分子的振动自由度为 $3n-6$,对应于 $3n-6$ 个基本振动方式。这些基本振动称简正(normal)振动,简正振动不涉及分子质心的运动及分子的转动。简正振动具有以下特点:① 振动的运动状态可以用空间自由度(坐标)来表示,体系中的每一质点具有 3 个自由度;② 振动过程中,分子质心保持不变,分子整体不转动;③ 每个原子都在其平衡位置上作简谐振动,各原子的振动频率及位相相同,即各原子在同一时间通过其平衡位置,又在同一时间达到最大的振动位移。

分子中任何一个复杂振动都可看成这些简正振动的线性组合。简正振动的数目也就是振动自由度。每个振动自由度对应于 IR 谱图上的一个基频吸收带,但实际观测谱带数目远小于理论值。这是因为在光谱体系中,能级的跃迁不仅是量子化的,而且又遵守一定的规律。

7.2.3.2 红外吸收峰的类型

不同的能级跃迁会产生不同类型的红外吸收峰。比如,简谐振动的能级跃迁选律为:$\Delta n = \pm 1$,即振动能级跃迁只能发生在相邻能级之间。常发生的是振动基态$(n=0) \rightarrow (n=1)$第一激发态的跃迁,产生的为基频峰(4 000~400 cm^{-1} 范围内),所吸收红外辐射的频率与分子的振动频率相同。

对于非简谐振动的跃迁选律不局限于 $\Delta n = \pm 1$,它可等于任何整数值,由此产生倍频峰。倍频峰是分子吸收比原有大一倍的能量以后,跃迁两个以上能级产生的吸收峰,大约出现在基频峰的 n 倍处。由于分子连续跃迁二级以上的概率很小,因此一级倍频峰的强度仅有基频峰的十分之一到百分之一,吸收峰的强度很弱。

合频峰是指在两个以上基频峰之和或差处出现的吸收峰,吸收强度较基频峰弱得多。

热峰亦称热带,是指跃迁时的低能级不是基态的一些吸收峰。例如由第一激发态到第二激发态的跃迁。热峰往往很弱,常被掩盖,且温度降低热峰常消失,原因是温度降低分子无秩序的热运动受到抑制,吸收峰变少并变尖。

7.2.3.3 红外吸收的峰数

讨论分子振动的自由度可以了解分子红外光谱可能产生的峰数。每个振动自由度相当于一个红外吸收峰,但在实际的谱图中发现,二氧化碳类的线性分子的实际吸收峰数少于分子的振动自由度数。

这是因为:① 虽然 $\beta_{C=O}$ 与 $\gamma_{C=O}$ 的振动形式不同,但振动频率相同,吸收红外线的频率相同,所以在红外光谱图上表现出一个峰。这种现象称为简并。简并是基本振动吸收峰少于振动自由度数的首要原因。② CO_2 分子虽有 $v_{C=O}^s$ 振动,但它是线型分子,单分子的偶极矩为 0,故其对称伸缩振动不产生吸收峰。只有在振动过程中偶极矩发生变化的振动才能吸收能量相当的红外辐射,在红外光谱上表现出吸收峰。所以,把能引起偶极矩变化的振动称为红外活性振动。反之,把不能引起偶极矩变化的振动称为红外非活性振动。红外非活性振动是导致吸收峰少于振动自由度数的另一个原因。

7.2.4　红外光谱的强度

分子振动时的偶极矩的变化不仅决定该分子能否吸收红外光,而且还关系到吸收峰的强度。因此,分子中含杂原子,其红外谱峰一般都比较强。例如:C=O 基和 C=C 基,前者的吸收是非常强的,常常是红外谱图中最强的吸收带,而后者的吸收则较弱。另外谱带的强度还与振动的形式有关,还有一些外部因素如样品物态和溶剂等。

红外吸收光谱的强度一般比紫外光谱小 2～3 个数量级,定性地用很强(vs)、强(s)、中等(m)、弱(w)和很弱(vw)来表示。

7.3　红外光谱仪

目前主要有两类红外光谱仪,即色散型红外光谱仪和傅里叶变换红外光谱仪(FTIR)。

7.3.1　色散型红外光谱仪

色散型红外光谱仪的组成与紫外-可见分光光度计相似,也是由光源、单色器、吸收池、检测器和记录显示系统等部分组成。但由于两种仪器的工作波长范围不同,因此各部件的结构,所用材料及性能,各部件排列顺序也略有不同;红外光谱仪的样品池是放在光源和单色器之间,而紫外-可见分光光度计是放在单色器之后。

色散型红外光谱仪的工作原理见图 7-3,由光源发射的红外光被分成强度相等的两束光,一束通过样品吸收池,称为样品光束;另一束通过参比吸收池,称为参比光束。它们随斩光器(扇面镜)的调制交替通过单色器,然后被检测器检测。当样品有吸收,使两束光强度不等时,检测器产生交流信号,驱动光楔进入参比光路,使参比光束减弱直至与样品光束强度相等。显然被衰减的参比光束能量就是样品吸收的辐射能,与光楔相连的记录笔就可以直

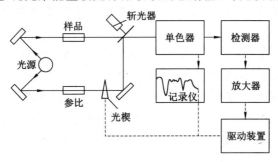

图 7-3　色散型红外光谱仪的工作原理示意图

接记录下在不同波数范围的吸收峰。

色散型红外光谱仪主要由光源、吸收池、单色器、检测器和记录系统几部分组成。

(1) 光源。红外光源应能发射高强度的连续红外辐射。常用的是能斯特灯或硅碳棒。能斯特灯是以锆和钇等稀土金属氧化物混合烧结而成的中空棒,高温下导电并发射红外线。它具有高的电阻温度系数,在室温下不导电。使用前需要预热至 700 ℃以上,灯发光后切断预热电流。能斯特灯的优点是发光强度高,使用寿命长,稳定性好,不需水冷,在短波范围辐射效率高于硅碳棒。硅碳棒由碳化硅烧结而成,其发光面积大,坚固,不需预热,在长波范围辐射效率高于能斯特灯。

(2) 吸收池。红外吸收池的透光窗片常用 NaCl、KBr、CsI 等透光材料制成。使用时需注意防潮。固体样品常与纯 KBr 混匀压片,直接测定。

(3) 单色器。单色器主要由色散元件、准直镜和狭缝构成。目前常用的色散元件是复制反射光栅,特点是具有线性色散、分辨率高,易于维护,对环境条件要求不高。

(4) 检测器。多数红外分光光度计采用真空热电偶、热释电检测器和汞镉碲检测器等作为检测元件。其原理是利用照射在检测器上的红外辐射产生热效应,转变为电压或电流信号而被检测。

(5) 记录系统。红外分光光度计一般都有记录仪自动记录红外图谱。新型的仪器还配备有微处理机或小型计算机,实现了仪器的操作控制及谱图中各种参数的计算及谱图的检索等。

7.3.2 傅里叶变换红外光谱仪

20 世纪 70 年代由于计算机技术和快速傅里叶变换技术的发展,出现了第三代的红外光谱仪,这就是基于干涉调频分光的傅里叶变换红外光谱仪。该仪器与色散型 IR 仪的主要区别是用迈克尔逊(Michelson)干涉仪取代了单色器,主要由光源(硅碳律棒)、迈克尔逊干涉仪、检测器、计算机和记录仪等组成(图 7-4),其核心部分是迈克尔逊干涉仪。

干涉仪主要由互相垂直排列的固定反射镜 M、可移动反射镜 M′以及与两反射镜成 45°角的光束分裂器 B 组成。光源发出的红外光先进入干涉仪,光束分裂器 B 使照射在它上面的入射光分裂成等强度的两束,50%透过,50%反射。两束光分别被 M 和 M′反射后,再经光束分裂器 B 反射或透射到达检测器。当到达检测器的两束光的光程差为 $\lambda/2$ 的偶数倍时,发生相长干涉,光程差为 $\lambda/2$ 的奇数倍时,发生相消干涉。改变干涉仪中可移动反射镜 M′的位置,并以检测器所接收的光强度对可移动镜的移动距离作图,即得一干涉图。如果在光路中放入样品,由于样品对特定频率的红外辐射产生吸收,干涉图就会发生变化。变化后的干涉图经计算机进行复杂的傅里叶变换处理,就可得到常规的红外吸收光谱图。

该仪器具有如下优点:① 扫描速度快,可在 1 s 内完成全光谱扫描,得到多张 IR 谱;② 分辨率高,便于观察分子的精细结构;③ 测定光谱范围宽($10\sim10^4$ cm^{-1}),一台傅里叶变换红外光谱仪,只要相应地改变光源,分光束和检测器的配置可以得到整个红外区的光谱;④ 傅里叶变换红外光谱仪不再采用狭缝装置,消除了狭缝对所通过的光能的制约,可以同时获得光谱所有频率的全部信息,因而可以检测透射比较低的样品。便于利用不同的附件,如漫反射、镜面反射、表面反射等附件,并能检测不同的样品,如气体、固体、液体、薄膜和金属镀膜等。

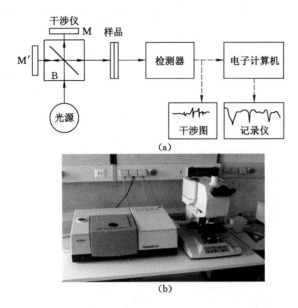

图 7-4 傅里叶变换红外光谱仪的工作原理示意图和实物照片

(a) 工作原理图;(b) 实物图

7.4 红外光谱仪的应用

7.4.1 样品的制备技术

在红外光谱法中,试样的制备及处理占有重要的地位。如果试样处理不当,那么即使仪器的性能很好,也不能得到满意的红外光谱图。一般说来,在制备试样时应注意下述各点:

(1) 试样的浓度和测试厚度应选择适当,以使光谱图中大多数吸收峰的透射比处于15%~70%范围内。浓度太小,厚度太薄,会使一些弱的吸收峰和光谱的细微部分不能显示出来;过大,过厚,又会使强的吸收峰超越标尺刻度而无法确定它的真实位置。有时为了得到完整构光谱图,需要用几种不同浓度或厚度的试样进行测绘。

(2) 试样中不应含有游离水。水分的存在不仅会侵蚀吸收池的盐窗,而且水分本身在红外区有吸收,将使测得的光谱图变形。

(3) 试样应该是单一组分的纯物质。多组分试样在测定前应尽量预先进行组分分离(如采用色谱法、精密蒸馏、重结晶、区域熔融法等)。否则,各组分光谱相互重叠,以致对谱图无法进行正确的解释。

根据试样的聚集状态不同,可按如下进行试样的制备:

7.4.1.1 气态试样

使用气体吸收池,先将吸收池内空气抽去,然后吸入被测试样。

7.4.1.2 液体试样

液体和溶液试样沸点较高的试样,直接滴在两块盐片之间,形成液膜(液膜法);沸点较低,挥发性较大的试样,可注入封闭液体池中,液层厚度一般为 0.01~1 mm。

对于一些吸收很强的液体,当用调整厚度的方法仍然得不到满意的谱图时,往往可配制成溶液以降低浓度来测绘光谱；量少的液体试样，为了能灌满液槽，亦需要补充加入溶剂；一些固体或气体以溶液的形式来进行测定，也是比较方便的。所以溶液试样在红外光谱分析中是经常遇到的。但是红外光谱法中对所使用的溶剂必须仔细选择，一般说来，除了对试样应有足够的溶解度外，还应在所测光谱区域内溶剂本身没有强烈吸收，不侵蚀盐窗，对试样没有强烈的溶剂化效应等。原则上，在红外光谱法中，分子简单、极性小的物质可用作试样的溶剂。例如，CS_2 是 $1\ 350\sim600\ cm^{-1}$ 区域常用的溶剂，CCl_4 用于 $4\ 000\sim1\ 350\ cm^{-1}$ 区（在 $1\ 580\ cm^{-1}$ 附近稍有干扰）。为了避免溶剂的干扰，当需要得到试样在中红外区的吸收全貌时，可以采用不同溶剂配成多种溶液分别进行测定。例如先用试样的 CCl_4 溶液测绘 $4\ 000\sim1\ 350\ cm^{-1}$ 区的红外光谱，再用试样的 CS_2 溶液测绘 $1\ 350\sim600\ cm^{-1}$ 区的红外光谱。也可以采用溶剂补偿法来避免溶剂的干扰，即在参比光路上放置与试样吸收池配对的、充有纯溶剂的参比吸收池，但在溶剂吸收特别强的区域（如 CS_2 的吸收区 $1\ 600\sim1\ 400\ cm^{-1}$），用补偿法不能得到满意的结果。

7.4.1.3 固体试样

（1）压片法 取试样 $0.5\sim2\ mg$，在玛瑙研钵中研细，再加入 $100\sim200\ mg$ 磨细干燥的 KBr 或 KCl 粉末，混合均匀后，加入压模内，在压力机中边抽气边加压，制成一定直径及厚度的薄片。然后将此薄片放入仪器光束中进行测定。

（2）石蜡糊法 试样（细粉状）与石蜡油混合成糊状，在红外灯下干燥后，把此糊状物涂在两盐片之间，掌握适当的厚度即可进行测定。石蜡油是长链烷烃，具有较大的黏度和较高的折射率（1.46），可成功地克服因样品颗粒的散射给红外光谱测定带来的困难。但由于石蜡油本身是有机物，它有四个强吸收区：$3\ 000\sim2\ 850\ cm^{-1}$ 区的饱和 C—H 伸缩振动吸收，$1\ 468\ cm^{-1}$ 和 $1\ 379\ cm^{-1}$ 为—CH_2 和—CH_3 的 C—H 变形振动吸收，以及在 $720\ cm^{-1}$ 处的 CH_2 面内摇摆振动引起的宽而弱的吸收。因此，若要测试含饱和 C—H 键的样品，应换用其他糊剂，如六氯丁二烯或氟化润滑油（含氟煤油及氟化烷烃的混合物），它们的糊状物的红外光谱图与石蜡油糊的红外光谱图是互补的，两者结合即可得到完整的样品红外光谱图。由于这种制样法厚度难以确定，不能用作绝对定量法，但可用内标法进行定量测定。

（3）薄膜法 对于那些熔点低，在熔融时又不分解、升华或发生其他化学反应的物质，可将它们直接加热熔融后涂制或压制成膜。对于大多数聚合物，还可先将试样制成溶液，然后蒸干溶剂以形成薄膜。

（4）溶液法 将试样溶于适当的溶剂中，然后注入液体吸收池中进行测试。

7.4.2 傅里叶红外光谱仪的操作过程

（1）开机前准备：开机前检查实验室电源、温度和湿度等环境条件，当电压稳定，室温在 $15\sim25\ ℃$、湿度 $\leqslant60\%$ 才能开机。

（2）开机：首先打开仪器的外置电源，稳定半小时，使得仪器能量达到最佳状态。开启电脑，并打开仪器操作软件，检查仪器稳定性。

（3）制样：根据样品特性以及状态，制定相应的制样方法并制样。

（4）扫描和输出红外光谱图：将制好的 KBr 薄片轻轻放在样品架内，插入样品池并拉紧盖子，在软件设置好的模式和参数下测试红外光谱图。先扫描空光路背景信号（或不放样品时的 KBr 薄片），再扫描样品信号，经傅里叶变换得到样品红外光谱图。根据需要，打印或者保存红外光谱图。

（5）关机：先关闭操作软件，再关闭仪器电源，盖上仪器防尘罩。

（6）清洗压片模具和玛瑙研钵：KBr 对钢制模具的平滑表面会产生极强的腐蚀性，因此模具用后应立即用水冲洗，再用去离子水冲洗三遍，用脱脂棉蘸取乙醇或丙酮擦洗各个部分，然后用电吹风吹干，保存在干燥箱内备用。玛瑙研钵的清洗与模具相同。

7.4.3 红外光谱的解析

图谱解析可归纳为：先特征，后指纹；先最强峰，后次强峰；先粗查，后细找；先否定，后肯定；抓一组相关峰。光谱解析先从特征区第一强峰入手，确认可能的归属，然后找出与第一强峰相关的峰；第一强峰确认后，再依次解析特征区第二强峰、第三强峰。对于简单的光谱，一般解析一、两组相关峰即可确定未知物的分子结构。对于复杂化合物的光谱由于官能团的相互影响，解析困难，可粗略解析后，查对标准光谱或进行综合光谱解析。

7.4.3.1 定性分析

（1）已知物的鉴定

将试样的谱图与标准的谱图进行对照，或者与文献上的谱图进行对照。如果两张谱图各吸收峰的位置和形状完全相同，峰的相对强度一样，就可以认为样品是该标准物。如果两张谱图不一样，或峰位不一致，则说明两者不为同一化合物，或样品有杂质。如用计算机谱图检索，则采用相似度来判别。使用文献上的谱图应当注意试样的物态、结晶状态、溶剂、测定条件及所用仪器类型均应与标准谱图相同。

（2）未知物结构的测定

测定未知物的结构，是红外光谱法定性分析的一个重要用途。如果未知物不是新化合物，可以通过两种方式利用标准谱图进行对查：① 标准谱图的谱带索引，寻找试详光谱吸收带相同的标准谱图；② 进行光谱解析，判断试样的可能结构，然后再有化学分类索引查找标准谱图对照核实。

在定性分析过程中，除了要获得清晰可靠的谱图外，最重要的是对谱图做出正确的解析。所谓谱图解析就是根据实验所测绘的红外光谱图的吸收峰位置、强度和形状，利用基因振动频率与分子结构的关系，确定吸收带的归属，确认分子中所含的基团或键，进而推定分子的结构。简单地说，就是根据红外光谱所提供的信息，正确地把化合物的结构"翻译"出来。往往还需结合其他实验资料，如相对分子质量、物理常数、紫外光谱、核磁共振波谱及质谱等数据才能正确判断其结构。

7.4.3.2 定量分析

与其他吸收光谱分析（紫外-可见光吸光光度法）一样，红外光谱定量分析是根据物质组分的吸收峰强度来进行的。它的依据是朗伯-比尔定律。各种气体、液体和固态物质，均可用红外光谱法进行定量分析。一般常用标准曲线法，可参照紫外-可见光谱法的定量分析。

用红外光谱做定量分析其优点是有较多特征峰可供选择。对于物理和化学性质相近，而用气相色谱法进行定量分析又存在困难的试样（如沸点高，或气化时要分解的试样），常常可采用红外光谱法定量。测量时，由于试样池的窗片对辐射的反射和吸收，以及试样的散射会引起辐射损失，故必须对这种损失予以补偿，或者对测量值进行必要的校正。此外，必须设法消除仪器的杂散辐射和试样的不均匀性。还由于试样的透光率与试样的处理方法有关,因此必须在严格相同的条件下测定。与紫外吸收光谱相比,红外光谱的灵敏度较低,加上紫外吸光光度法的仪器较为简单、普遍,因此只要有可能采用紫外吸收光谱法进行定量分析是较方便的。

7.4.3.3 分子结构与吸收带之间的关系

红外吸收光谱中记录的谱带的波数、强度和形状都是分子结构的客观反映,不同的吸收峰对应着分子中各个原子、化学键和官能团的振动形式。有机化合物在分类时主要依据其特定的官能团,如醇类的—OH、酮类的—C═O、羧酸—COOH 等。特定的官能团在红外光谱上也表现出特有的红外吸收谱带,这些吸收谱带被称为特征吸收带。依据特征吸收谱带就可以推测某未知化合物可能具有的官能团,进而对化合物做结构判别和推导。依照红外吸收光谱与分子结构的特征,通常将红外吸收光谱分成两个区域,即特征区(4 000～1 300 cm^{-1})和指纹区(1 300～400 cm^{-1})。

（1）特征区

特征区是指化学键和基团的特征振动频率区。在这一区域出现的吸收峰称特征吸收峰或特征峰,可以用于判别特征官能团是否存在。这一区间吸收峰不是很密集,容易辨认。例如在 2 500 cm^{-1} 以上出现的吸收峰一般是 X—H 键的伸缩振动吸收峰,如 C—H、N—H 和 O—H 等基团。如果分子中 X—H 键是游离的状态,则表现出尖峰,如果分子中形成了氢键,吸收峰向低频方向移动,且峰形变宽。2 500～1 900 cm^{-1} 区域是三键和累积双键的伸缩振动区域,该区域出现的吸收峰可以辨认分子中是否含有 C≡N、C≡C 以及累积双键。1 900～1 300 cm^{-1} 区域是双键的伸缩振动和 O—H、N—H 的弯曲振动区域。如醛、酮、酸、酯、酰胺等分子在该区域就能观察到强的 C═O 伸缩振动吸收峰。再如苯环在 1 600～1 400 cm^{-1} 区域就有其骨架振动引起的特征吸收峰,可以辨认是否存在苯环。另外,在 1 600～1 300 cm^{-1} 范围内还可能出现—CH$_3$、—CH$_2$—、—CH 以及—OH 的面内弯曲振动引起的吸收峰。也有一些官能团的特征吸收峰出现在 1 300 cm^{-1} 以下,如醚、酯的 σ_{C-O-C} 伸缩振动出现在 1 200 cm^{-1} 左右,C—Cl 的伸缩振动则到了 800 cm^{-1} 以下。总之特征区如果没有出现这些特征的吸收谱带,则可以判断没有该官能团存在;如果化合物中存在某一特征的官能团,则在相应的光谱区域应该有对应的特征谱带。

（2）指纹区

指纹区是指 1 300～400 cm^{-1} 的低频区域,该区域的谱带主要是由单键的伸缩振动和弯曲振动引起的,同时还存在相邻化学键之间的振动偶合峰。这一区域的吸收峰比较密集,但不同的分子,在这一区域的吸收一定存在差异,就好比是人的"指纹"一样,不同的人具有不同的指纹,不同的化合物在指纹区具有不同的红外吸收。即使是很细微的差异,在该区域也能体现出来。指纹区在与标准谱图比较时起到很重要的作用。

一个官能团可能会存在多种振动形式,每种具有红外活性的振动都会有一个对应的吸收峰,在判断化合物中是否含有该官能团时,这些相关的吸收峰可以相互佐证。如羧基结构的化合物具有五种相关的吸收峰,分别对应于 O—H 键的伸缩振动、C═O 伸缩振动、C—O 单键的伸缩振动以及 O—H 键的面内和面外弯曲振动。这些相关的吸收峰是判断是否含有羧基的有力依据。

7.4.4 影响基团频率位移的因素

分子中化学键的振动并不是孤立的,而要受分子中其他部分,特别是相邻基团的影响,有时还会受到溶剂、测定条件等外部因素的影响。因此在分析中不仅要知道红外特征谱带出现的频率和强度,而且还应了解影响它们的因素,只有这样才能正确进行分析。特别对于结构的测定,往往可以根据基团频率的位移和强度的改变,推断产生这种影响的结构因素。

目前,对基团频率的位移研究得比较成熟的是羰基的伸缩振动。现对影响羰基位移的因素,作简要的介绍。引起基团频率位移的因素大致可分成两类,即外部因素和内部因素。

7.4.4.1　外部因素

试样状态、测定条件的不同及溶剂极性的影响等外部因素都会引起频率位移。一般气态时 C ═O 伸缩振动频率最高,非极性溶剂的稀溶液次之,而液态或固态的振动频率最低。同一化合物的气态和液态光谱或液态和固态光谱有较大的差异,因此在查阅标准图谱时,要注意试样状态及制样方法等。

7.4.4.2　内部因素

(1) 电效应(electrical effects):包括诱导效应、共轭效应和偶极场效应,它们都是由于化学键的电子分布不均匀而引起的。

① 诱导效应(inductive effect,I 效应):由于取代基具有不同的电负性,通过静电诱导作用,引起分子中电子分布的变化,从而引起键力常数的变化,改变了基团的特征频率,这种效应通常称为诱导效应。

现从以下几个化合物来看诱导效应(箭头表示)引起 C ═O 频率升高的原因:

$$
\begin{array}{cccc}
\overset{\delta^-}{\overset{O}{\underset{\delta^+}{R-C-R'}}} & R-\overset{O}{\overset{\|}{C}}\rightarrow Cl & Cl\rightarrow\overset{O}{\overset{\|}{C}}\leftarrow Cl & F\leftarrow\overset{O}{\overset{\|}{C}}\rightarrow F \\
\end{array}
$$

$\sigma_{C═O}/cm^{-1}$　　1 715　　　　1 800　　　　1 828　　　　1 928

一般电负性大的基团(或原子)吸电子能力强。在烷基酮的 C ═O 上,由于 O 的电负性(3.5)比 C 的(2.5)大,因此电子云密度是不对称的,O 附近大些(用 δ^{-1} 表示),C 附近小些(用 δ^{+1} 表示),其伸缩振动波数在 1 715 cm^{-1} 左右,以此作为基准。

当 C ═O 上的烷基被卤素取代时形成酰卤。由于 Cl 的吸电子作用(Cl 的电负性等于3.0),使电子云由氧原子转向双键的中间,增加了 C ═O 键中间的电子云密度,因而增加了此键的力常数。C ═O 的振动波数因而升高至 1 800 cm^{-1}。

随着卤素原子取代数目的增加或卤素原子电负性的增大(例如 F 的电负性等于 4.0),这种静电的诱导效应也增大,使 C ═O 的振动频率向更高频移动。

② 共轭效应(conjugative effect,M 效应):形成多重键的 π 电子在一定程度上可以移动,例如 1,3-丁二烯的四个碳原子都在一个平面上,四个碳原子共有全部 π 电子,结果中间的单键具有一定的双键性质,而两个双键的性质有所削弱,这就是通常所指的共轭效应。共轭效应使共轭体系中的电子云密度平均化,结果使原来的双键伸长(即电子云密度降低),力常数减小,所以振动频率降低。例如酮的 C ═O,因与苯环共轭而使 C ═O 的力常数减小,频率降低,波数降低。

$$R\text{—}\overset{\|}{\underset{O}{C}}\text{—}R \qquad \sigma:1\,710\sim1\,725\ cm^{-1}$$

$$\text{Ph—}\overset{\|}{\underset{O}{C}}\text{—}R \qquad \sigma:1\,695\sim1\,680\ cm^{-1}$$

$$\text{Ph—}\overset{\|}{\underset{O}{C}}\text{—Ph} \qquad \sigma:1\,667\sim1\,661\ cm^{-1}$$

$$\text{Ph—}\overset{\|}{\underset{O}{C}}\text{—CH—CH—R} \qquad \sigma:1\,667\sim1\,653\ cm^{-1}$$

此外，当含有孤对电子的原子接在具有多重键的原子上时，也可起类似的共轭作用。例如，酸胺中的 C＝O 因 N 原子的共轭作用，使 C＝O 双键上的电子云移向氧原子，C＝O 双键上的电子云密度降低，力常数减小，所以 C＝O 波数降低为 1 650 cm^{-1} 左右。在这化合物中，由于 N 原子的吸电子作用存在诱导效应，但比共轭效应影响小，因此 C＝O 的波数与饱和酮相比还是有所降低，这是 I 效应与 M 效应同时存在的例子之一。

I 效应与 M 效应同时存在的例子还有饱和酯。饱和酯的 C＝O 伸缩波数为 1 735 cm^{-1}，比酮（1 715 cm^{-1}）高，这是因为—OR 基的 I 效应比 M 效应大，所以 C＝O 的频率升高。

③ 偶极场效应（dipolar field effect，F 效应）：I 效应和 M 效应都通过化学键起作用，但偶极场效应要经过分子内的空间才能起作用，因此相互靠近的官能团之间，才能产生 F 效应。如氯代丙酮有三种旋转异构体：

$$\sigma_{C=O}\qquad 1\,755\,cm^{-1}\qquad\qquad 1\,742\,cm^{-1}\qquad\qquad 1\,728\,cm^{-1}$$

（I）（Ⅱ）（Ⅲ）

卤素和氧都是键偶极的负极，在 I、Ⅱ 中发生负负相斥作用，使 C＝O 上的电子云移向双键的中间，增加了双键的电子云密度，力常数增加，因此频率升高。而 Ⅲ 接近正常频率。

（2）氢键（hydrogen bonding）：羰基和羧基之间容易形成氢键，使羰基的频率降低。最明显的是羧酸的情况。游离羧酸的 C＝O 波数出现在 1 760 cm^{-1} 左右，而在液态或固态时，C＝O 波数都在 1 700 cm^{-1} 左右，因此此时羧酸形成二聚体形式。氢键使电子云密度平均化，C＝O 的双键性减小，因此 C＝O 的频率下降。

（3）振动的耦合（vibrational coupling）：适当结合的两个振动基团，若原来的振动频率很相近，它们之间可能会产生相互作用而使谱峰裂分成两个，一个高于正常频率，一个低于正常频率。这种两个振动基团之间的相互作用，称为振动的偶合。

例如酸酐的两个羰基，振动偶合而裂分成两个谱峰：

RCOOH（游离）　　　　　　　　R—C（二聚体）

$$\sigma_{C=O}\quad 1\,760\,cm^{-1}\qquad\qquad 1\,700\,cm^{-1}$$

$$\underset{\substack{\text{反对称耦合振动}\\ \sim 1\,820\ \text{cm}^{-1}}}{\begin{array}{c}\text{O}\\ \parallel\\ \text{R—C}\\ \diagdown\\ \text{O}\\ \diagup\\ \text{R—C}\\ \parallel\\ \text{O}\end{array}} \qquad \underset{\substack{\text{对称耦合振动}\\ \sim 1\,760\ \text{cm}^{-1}}}{\begin{array}{c}\text{O}\\ \parallel\\ \text{R—C}\\ \diagdown\\ \text{O}\\ \diagup\\ \text{R—C}\\ \parallel\\ \text{O}\end{array}}$$

此外,二元酸的两个羧基之间只有 1～2 个碳原子时,会出现两个 C ═O 吸收峰,这也是由偶合产生的:

$$\underset{\substack{1\,740\ \text{cm}^{-1}\\ 1\,710\ \text{cm}^{-1}}}{\begin{array}{c}\text{COOH}\\ \diagup\\ \text{H}_2\text{C}\\ \diagdown\\ \text{COOH}\end{array}} \qquad \underset{\substack{1\,700\ \text{cm}^{-1}\\ 1\,780\ \text{cm}^{-1}}}{\begin{array}{c}\text{CH}_2\text{—COOH}\\ |\\ \text{CH}_2\text{—COOH}\end{array}} \qquad \underset{\substack{n>3时\\ 只有一个\ \sigma_{\text{C=O}}}}{\begin{array}{c}\text{COOH}\\ \diagup\\ (\text{CH}_2)_n\\ \diagdown\\ \text{COOH}\end{array}}$$

(4)费米共振(Fermi resonance):当一振动的频率与另一振动的基频接近时,由于发生相互作用而产生很强的吸收峰或发生裂分。

(5)立体障碍(steric inhibition):由于立体障碍,羰基与双键之间的共轭受到限制时,$\delta_{\text{C=O}}$ 较高,例如:

$$\underset{\text{(I)}\,1\,680\ \text{cm}^{-1}}{\begin{array}{c}\text{CH}_3\quad\text{O}\\ \diagup\quad\parallel\\ \text{H}_3\text{C}—\bigcirc—\text{C}\\ \diagdown\quad|\\ \text{CH}_3\quad\text{H}\end{array}} \qquad \underset{\text{(II)}\,1\,700\ \text{cm}^{-1}}{\begin{array}{c}\text{CH}_3\quad\text{O}\\ \diagup\quad\parallel\\ \text{H}_3\text{C}—\bigcirc—\text{C}\\ \diagdown\quad|\\ \text{CH}_3\quad\text{CH}_3\end{array}}$$

在(Ⅱ)中由于接在 C ═O 上的立体障碍,C ═O 与苯环的双键不能处在同一平面,结果共轭受到限制,因此 $\delta_{\text{C=O}}$ 比(Ⅰ)稍高。

(6)环的张力(ring strain):环的张力越大,$\delta_{\text{C=O}}$ 就越高。在下面几个酮中,四元环的张力最大,因此它的 $\delta_{\text{C=O}}$ 最高。

7.4.5 应用实例

以壳聚糖(CS)为原料制备了印迹改性磁性交联壳聚糖(Pb-TMCS),用傅里叶变换红外(FT-IR)光谱仪进行结构表征。CS 与 Pb-TMCS 的红外光谱图如图 7-4 所示。图 7-4(a)中,3 446 cm^{-1} 处的宽峰为壳聚糖的 O—H 的伸缩振动吸收峰和 N—H 的伸缩振动吸收峰重叠而成,在 3 137 cm^{-1} 附近出现的吸收峰,是亚甲基—CH$_2$ 不对称伸缩振动峰。1 645 cm^{-1} 处为酰胺带吸收以及氨基(—NH$_2$)在 1 504 cm^{-1} 附近的特征吸收谱带。1 157 cm^{-1} 处为多糖的 β-构型糖苷伸缩振动吸收峰。

与图 7-4(a)相比,图 7-4(b)中 3 417 cm^{-1} 和 1 618 cm^{-1} 处吸收峰有明显增强加宽,表明引入更多的—OH 和—NH,在 500 cm^{-1} 处出现了 Fe—O 的特征吸收峰。这说明 Pb-TMCS

将 Fe_3O_4 包埋在壳聚糖内部,形成了具有磁性的改性交联壳聚糖。

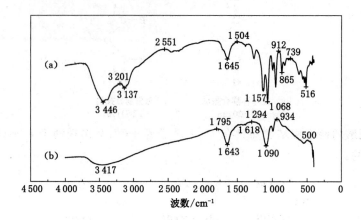

图 7-4　CS 和 Pb-TMCS 的红外光谱图

第 8 章　核磁共振波谱法

核磁共振波谱法(nuclear magnetic resonance spectroscopy,NMR)是将自旋核放入磁场后,用适宜频率的电磁波照射,它们能够吸收能量,发生原子核能级的跃迁,同时产生核磁共振信号,得到核磁共振谱。核磁共振波谱法是各种有机物和无机物的成分、结构进行定性分析的最强有力的工具之一,有时亦可进行定量分析。分析测定时,样品不会受到破坏,属于无破坏分析方法。

8.1　概　　述

1946 年美国科学家布洛赫(Bloch)和珀塞尔(Purcell)两位物理学家分别发现射频(无线电波 0.1~100 MHz,10^6~10^9 μm)的电磁波能与暴露在强磁场中的磁性原子核相互作用,引起磁性原子核在外磁场中发生磁能级的共振跃迁,从而产生吸收信号,他们把这种原子对射频辐射的吸收称为核磁共振(NMR)。NMR 和红外光谱、可见-紫外光谱相同之处是微观粒子吸收电磁波后在不同能级上跃迁。引起核磁共振的电磁波能量很低,不会引起振动或转动能级跃迁,更不会引起电子能级跃迁。根据核磁共振图谱上吸收峰位置、强度和精细结构可以研究分子的结构。化学家们发现分子的环境会影响磁场中核的吸收,而且此效应与分子结构密切相关。1950 年应用于化学领域,发现 CH_3CH_2OH 中三个基团 H 吸收不同。从此核磁共振光谱作为一种对物质结构(特别是有机物结构)分析非常有效的手段得到了迅速发展。1966 年出现了高分辨核共振仪,70 年代出现了脉冲傅里叶变换核磁共振仪,以及后来的二维核磁共振光谱(2D-NMR),从测量^{1}H 到^{13}C、^{31}P、^{15}N,从常温的 1~2.37 T 到超导的 5 T 以上,新技术和这些性能优异的新仪器使核磁共振应用范围大大扩展,从有机物结构分析到化学反应动力学,高分子化学到医学、药学、生物学等都有重要的应用价值。

8.2　核磁共振波谱法的基本原理

8.2.1　核磁共振基本原理

8.2.1.1　原子核的自旋与原子核的磁矩

核磁共振研究的对象是具有磁矩的原子核。原子核是由质子和中子组成的带正电荷的粒子,其自旋运动将产生磁矩。但并非所有同位素的原子核都具有自旋运动,只有存在自旋运动的原子核才具有磁矩。原子核的自旋运动与自旋量子数 I 相关。量子力学和实验均已证明,I 与原子核的质量数(A)、核电荷数(Z)有关。若原子核存在自旋,将产生核磁矩。

核磁矩为:

$$\rho = \frac{h}{2\pi} \sqrt{I(I+1)} \tag{8-1}$$

式中 I——自旋量子数；

h——普朗克常数。

自旋量子数(I)不为零的核都具有磁矩。

8.2.1.2 核磁共振

在外磁场中,有自旋磁矩的原子核的两个相邻核磁能级的能量差与无线电波的能量相当。如用一无线电波来照射样品,当无线电波的能量与原子核的两个相邻核磁能级的能量差相等时,原子核就会吸收该无线电波的能量,发生能级跃迁,由低能自旋状态变成高能自旋状态。这种现象就是核磁共振现象。

核磁共振条件为:

(1) 核有自旋(磁性核);

(2) 有外磁场,引起能级裂分;

(3) 吸收的无线电波的频率等于磁性核的 Larmor 频率(ν_0)。

$$h\nu = \Delta E = \gamma \frac{h}{2\pi} B_0 \tag{8-2}$$

$$\nu = \frac{\gamma}{2\pi} B_0 = \nu_0 \tag{8-3}$$

式中 B_0——外磁场强度；

γ——核的磁旋比；

ν——核磁共振谱仪的工作频率。

8.2.2 弛豫过程

当电磁波的能量($h\nu$)等于样品某种原子核自旋能级差时,分子可以吸收能量,由低能态跃迁到高能态。高能态的粒子可以通过自发辐射放出能量,回到低能态,其概率与两能级能量差成正比。一般的吸收光谱,能级差较大,自发辐射相当有效,能维持 Boltzmann 分布。但在核磁共振波谱中,原子核自旋能级差非常小,自发辐射的概率几乎为零。想要维持 NMR 信号的检测,必须要有某种过程,这个过程就是弛豫过程。即高能态的核以非辐射的形式放出能量回到低能态,重建 Boltzmann 分布的过程。

8.2.3 化学位移

对于氢原子核来说,旋磁比 γ 是一个常数,为 $\gamma_氢 = 42.58$ MHz/T,在一固定外加磁场中,外磁场强度 B_0 也是一个定值。这样,似乎所有有机物的[1]H 核磁共振谱都只有一个峰,都在频率为 $\gamma B_0/2\pi$,即[1]H 的 Larmor 频率(ν_0)处产生共振吸收。如果是这样,核磁共振对结构分析将毫无意义。实际上,化学环境不同的[1]H 核以不同的 Larmor 频率进动。通常把[1]H 核在分子中所处的化学环境不同而引起的 Larmor 频率位移叫做化学位移(chemical shift)。

一个分子中有几个化学环境不同的[1]H 核就有几个不同的 Larmor 频率,在核磁共振谱中就可以观察到几个吸收信号。这是核磁共振用于有机结构分析的基础。

(1) 屏蔽效应和屏蔽常数

如图 8-1 所示,分子中的[1]H 核不是一个裸核,[1]H 核外还有电子,在外磁场的作用下,核外电子的运动产生一个与外磁场方向相反的感应磁场($B_{感应}$)。因此,[1]H 核实际感受到的磁场强度比外磁场强度(B_0)要小：$B=B_0-B_{感应}$；电磁学知识告诉我们，核外电子的感应磁场强度($B_{感应}$)与外磁场强度(B_0)成正比：$B_{感应}=\sigma B_0$。这样，^{1}H 核实际感受到的磁场强度为 $B=B_0(1-\sigma)$。

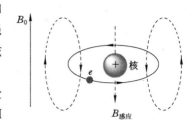

图 8-1　屏蔽效应

核外电子运动产生的感应磁场导致^{1}H 核实际感受到的磁场强度小于外磁场强度。这就是核外电子对^{1}H 核的屏蔽效应。σ 称为屏蔽常数。因此，在外磁场 B_0 中 ^{1}H核的 Larmor 进动频率实际上是：

$$\nu_0 = \frac{\gamma}{2\pi}B_0(1-\sigma) \tag{8-4}$$

所以，在分子中所处化学环境不同的^{1}H 核受到的屏蔽作用不同，导致不同的 Larmor 频率，产生化学位移。

（2）化学位移的表示方法

质子的化学位移的变化只有百万分之十左右，很难精确地测定出其绝对值。所以采取其相对数值表示，即以某标准化合物的共振峰为原点，测定样品各共振峰与原点的相对距离：$\Delta\nu_{样品}=\nu_{样品}-\nu_{标准}$。由于核外电子的感应磁场强度($B_{感应}$)与外磁场强度($B_0$)有关，所以化学位移值 $\Delta\nu_{样品}$ 与仪器采用的频率或磁场强度有关。

因同一磁核在不同磁场强度的核磁共振仪上所测得的 $\Delta\nu$ 值不同，这就给各磁核间共振信号的比较带来很多麻烦。为了克服这一缺点，便于比较，规定了一个无量纲的化学位移值 δ，由于该值很小，故乘上 10^6，用 ppm 为单位。

$$\delta = \frac{\nu_{样品}-\nu_{标准}}{\nu_{标准}}\times 10^6 = \frac{B_{标准}-B_{样品}}{B_{标准}}\times 10^6 \tag{8-5}$$

标准化合物($\delta=0$)：四甲基硅烷(TMS)。通常在报道核磁数据时还要注明所使用的标样及方法(内标或外标)。

化学位移 δ 值与仪器采用的频率或磁场强度无关。但样品中某一质子的化学位移 δ 值与其共振频率(扫频)或共振磁场强度(扫场)的关系必须明确。

（3）影响化学位移的因素(图 8-2)

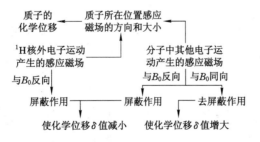

图 8-2　化学位移的影响因素

化学位移是由于^{1}H 核外电子对核的屏蔽作用引起的，实际上分子中质子的邻近基团也对其化学位移有着相当大的影响。准确地说，质子的化学位移是由该质子所在位置感应磁场的方向和大小决定的。如感应磁场的方向与外磁场的方向相反，则该质子实际感受到的磁场强度比外磁场强度小,其共振频率小,化学位移 δ 值就小,谱线向高场移动,质子受到屏蔽作用,简称正屏蔽;相反,如感应磁场的方向与外磁场的方向相同,则该质子实际感受到的磁场强度比外磁场强度大,其共振频率大,化学位移 δ 值就大,谱线向低场移动,质子受到去屏蔽作用。感应磁场的强度越大,正屏蔽或去屏蔽的作用就越大,向高场或低场位移的就越多。

分子中某一质子所在位置感应磁场的大小和方向与周围基团的结构、性质以及空间位置有关。因此,了解影响化学位移的因素可以得到更多的信息,对确定有机物的分子结构显得尤为重要。

影响质子化学位移的因素主要有两类:结构因素以及介质的影响。常见的影响因素如下:

① 屏蔽效应

s 电子的屏蔽效应效大,p、d 电子产生顺磁屏蔽,使磁核的共振信号峰向低场移动,因此,外转有 p、d 电子云的磁核其 NMR 信号在图谱上的范围,比氢谱宽几十倍。

② 诱导效应

电负性取代基降低氢核外围电子云密度,其共振吸收向低场位移,δ 值增大。诱导效应是通过成键电子传递的,随着与电负性取代基距离的增大,诱导效应的影响逐渐减弱,通常相隔 3 个以上碳的影响可以忽略不计。

③ 共轭效应

苯环上的氢被推电子基(如 CH_3O)取代,由于 p—p 共轭,使苯环的电子云密度增大,δ 值高场位移。拉电子基(如 $C=O,NO_2$)取代,由于 p—p 共轭,使苯环的电子云密度降低,δ 值低场位移。与碳—碳双键相连时有类似的影响。

④ 各向异性效应

分子中氢核与某一功能基的空间关系会影响其化学位移值,这种影响称各向异性。如果这种影响仅与功能基的键型有关,则称为化学键的各向异性。是由于成键电子的电子云分布不均匀性导致在外磁场中所产生的感生磁场的不均匀性引起的。

叁键:炔氢与烯氢相比,δ 值应处于较低场,但事实相反。这是因为 p 电子云以圆柱形分布,构成简状电子云,绕碳—碳键而成环流。产生的感生磁场沿键轴方向为屏蔽区,炔氢正好位于屏蔽区。

双键:p 电子云分布于成键平面的上、下方,平面内为去屏蔽区。与烯碳相连的氢位于成键的平面内(处于去屏蔽区),较炔氢低场位移。芳环体系:随着共轭体系的增大,环电流效应增强,即环平面上、下的屏蔽效应增强,环平面上的去屏蔽效应增强。苯氢较烯氢位于更低场。

单键:碳—碳单键的 d 电子产生的各向异性较小。随着 CH_3 中氢被碳取代,去屏蔽效应增大。所以 $CH_3—,—CH_2—,—CH<$ 中质子的 δ 值依次增大。

⑤ 氢键

形成氢键,质子受屏蔽作用小,在较低场发生共振。

⑥ 质子交换

活泼氢的交换速度:OH>NH>SH

⑦ 溶剂效应

一般化合物在 CCl₄ 或 CDCl₃ 中测得的 NMR 谱重复性较好,在其他溶剂中测试,δ 值会稍有所改变,有时改变较大。这是溶剂与溶质间相互作用的结果。这种作用称溶剂效应。

（4）有机物中常见质子的化学位移值（图 8-3）

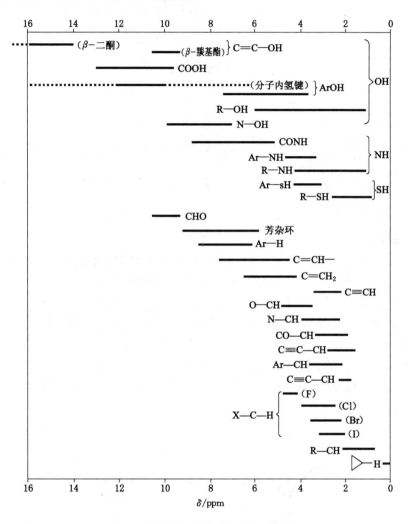

图 8-3　各类质子的化学位移 δ 值范围

① 饱和碳上的氢：—CH₃（～0.9）、—CH₂—（～1.3）、—CH（～1.5）。

② 不饱和碳上的氢：=C（～5.3）、≡C—H（～1.8）、C=O：（～9.5）。

③ 芳氢：～7.3。取代芳环的芳氢谱图比较复杂。一些电子效应较弱的烃基苯、氯代苯或相同基团的对位取代苯在普通仪器上可以近似呈现单峰,其他电子效应较强的取代苯都呈现不同的复杂谱峰。

④ 活泼氢：常见活泼氢如—OH、—NH₂、—SH,由于它们在溶剂中质子交换速度较快,

并受形成氢键等因素的影响,与温度、溶剂、浓度等有很大关系,它们的 δ 值很不固定,变化范围较大。一般说来,酰胺类、羧酸类缔合峰均为宽峰,有时隐藏在基线里,可从积分高度判断其存在。醇、酚峰形较钝,氨基、巯基峰形较尖。活泼氢的 δ 值虽然很不固定,但不难确定,加一滴 D_2O 后活泼氢的信号因与 D_2O(氧化氘/重水)中的 D 交换而消失。活泼氢的 δ 值见表 8-1。

表 8-1 活泼氢的 δ 值

活泼氢类型		δ 值	活泼氢类型		δ 值
O—H	醇	0.5～5.5	S—H	硫醇	0.9～2.5
	酚	4～8		硫酚	3～4
	酚(分子内缔合)	10.5～16	N—H	脂肪胺	0.4～3.5
	烯醇(分子内缔合)	15～19		芳香胺	2.9～4.8
	羧酸	10～13			

8.2.4 化学等价

若分子中两个相同原子(或基团)处于相同的化学环境时,则称它们是化学等价的。

化学等价:分子中有一组氢核,它们的化学环境完全相等,化学位移也严格相等,则这组核称为化学等价的核。有快速旋转化学等价和对称化学等价。

快速旋转化学等价:若两个或两个以上质子在单键快速旋转过程中位置可对应互换,则为化学等价。如氯乙烷、乙醇中 CH_3 的三个质子为化学等价。

对称性化学等价:分子构型中存在对称性(点、线、面),通过某种对称操作后,分子中可以互换位置的质子则为化学等价。如图 8-4 中,反式 1,2-二氯环丙烷中 Ha 与 Hb,Hc 与 Hd 分别为等价质子。

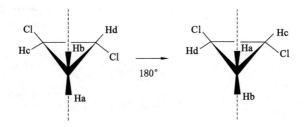

图 8-4 化学等价

8.2.5 自旋偶合与自旋裂分

相邻近质子之间自旋磁矩间的相互干扰作用称为自旋偶合。自旋偶合导致的信号裂分、谱线增多现象称为自旋裂分。

8.2.5.1 自旋裂分的规律(一级裂分)

(1)裂分峰的数目

$n+1$ 规律(n 为产生偶合的邻近质子数目):

① 自旋偶合的邻近质子相同时,n 个相同的邻近质子导致 $n+1$ 个裂分峰(图 8-5)。

② 自旋偶合的邻近质子不相同时,裂分峰的数目为 $(n+1)(n'+1)$ 个,n 为一组相同的

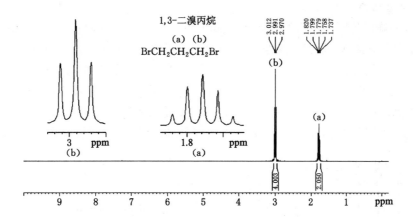

图 8-5 自旋偶合的邻近质子相同时的裂分峰

邻近质子数目,n' 为另一组相同的邻近质子数目。依此类推。如图 8-6 所示。

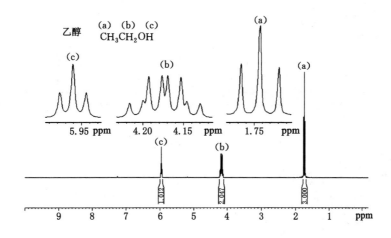

图 8-6 自旋偶合的邻近质子不同时的裂分峰

（2）裂分峰的相对强度

① 只有 n 个相同的邻近质子时,峰组内各裂分峰的相对强度可用二项展开式 $(a+b)n$ 的系数近似地来表示。n 为相同的邻近质子数目。

n	谱线相对强度						峰 形	
0				1				单 峰 singlet s
1			1		1			二重峰 doublet d
2			1	2	1			三重峰 triplet t
3		1	3	3	1			四重峰 quartet q
4	1	4	6	4	1			五重峰 quartet
5	1	5	10	10	5	1		六重峰 sixtet
...	....							......

② 含有多组邻近质子的情况比较复杂。$(1+1)(1+1)$ 的情况,四重峰具有同样的强度;$(3+1)(1+1)$ 的情况,各裂分峰的相对强度为 $1:1:3:3:3:3:1:1$。

8.2.5.2 偶合常数

两个裂分峰间的距离称为偶合常数（coupling constant），反映质子自旋磁矩间相互作用的强弱，用 J 表示，以赫兹（Hz）为单位。如图 8-7 所示，J_{ab} 表示 a 组氢对 b 组氢的偶合常数，J_{ba} 表示 b 组氢对 a 组氢的偶合常数，均为 7.2 Hz。自旋偶合作用是相互的，因此，相互偶合的两组质子，其偶合常数必然相等，即 $J_{ab}=J_{ba}$。所以，在分析核磁共振谱时，可以根据 J 相同与否判断哪些质子之间相互偶合。与化学位移不同，自旋裂分源自质子自旋磁矩间的相互作用，而质子的自旋磁矩与外磁场无关，所以偶合常数 J 值与仪器的工作频率无关。

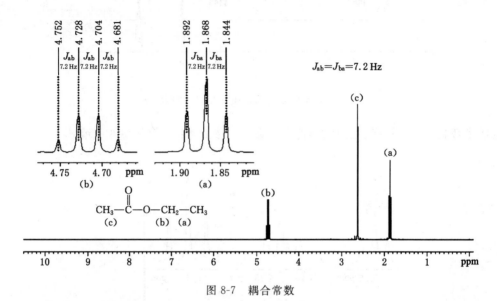

图 8-7　耦合常数

偶合常数（J）是推导结构的又一重要参数。在 ^1H NMR 谱中，化学位移（δ）提供不同化学环境的氢。积分高度（h）代表峰面积。其简比为各组氢数目之简比。裂分峰的数目和 J 值可判断相互偶合的氢核数目及基团的连接方式。

8.3　核磁共振波谱仪

按工作方式，可将高分辨率核磁共振仪分为两种类型：连续波核磁共振谱仪和脉冲傅里叶核磁共振谱仪。

8.3.1　连续波核磁共振谱仪

连续波核磁共振谱仪主要由下列主要部件组成：① 磁铁；② 探头；③ 射频和音频发射单元；④ 频率和磁场扫描单元；⑤ 信号放大、接收和显示单元。

8.3.1.1 磁铁

磁铁是核磁共振仪最基本的组成部件。它要求磁铁能提供强而稳定、均匀的磁场。核磁共振仪使用的磁铁有三种：永久磁铁、电磁铁和超导磁铁。由永久磁铁和电磁铁获得的磁场一般不能超过 2.5 T，而超导磁体可使磁场高达 10 T 以上，并且磁场稳定、均匀。目前超导核磁共振仪一般在 200~400 MHz，最高可达 600 MHz。但超导核磁共振仪价格高昂，目前使用还不十分普遍。

8.3.1.2　探头

探头装在磁极间隙内,用来检测核磁共振信号,是仪器的心脏部分。探头除包括试样管外,还有发射线圈、接收线圈以及放大器等元件。待测试样放在试样管内,再置于绕有接受线圈和发射线圈的套管内。磁场和频率源通过探头作用于试样。为了使磁场的不均匀性产生的影响平均化,试样探头还装有一个气动涡轮机,以使试样管能沿其纵轴以每分钟几百转的速度旋转。

8.3.1.3　波谱仪

(1) 射频源和音频调制。高分辨波谱仪要求有稳定的射频频率。为此,仪器通常采用恒温下的石英晶体振荡器得到基频,再经过倍频、调频得到所需要的射频信号源。

为了提高基线的稳定性和磁场锁定能力,必须用音频调制磁场。为此,从石英晶体振荡器中得到的音频调制信号,经功率放大后输入到探头调制线圈。

(2) 扫描单元。核磁共振仪的扫描方式有两种:一种是保持频率恒定,线形地改变磁场,称为扫场;另一种是保持磁场恒定,线形地改变频率,称为扫频。许多仪器同时具有这两种扫描方式。扫描速度的大小会影响信号峰的显示。速度太慢,不仅增加了实验时间,而且信号容易饱和;相反,扫描速度太快,会造成峰形变宽,分辨率降低。

(3) 接收单元。从探头预放大器得到的载有核磁共振信号的射频输出,经一系列检波、放大后,显示在示波器和记录仪上,得到核磁共振谱。

(4) 信号累加。若将试样重复扫描数次,并使各点信号在计算机中进行累加,则可提高连续波核磁共振仪的灵敏度。当扫描次数为 N 时,则信号强度正比于 N,而噪声强度正比于 $\sqrt{N}$,因此,信噪比扩大了 $\sqrt{N}$ 倍。考虑仪器难以在过长的扫描时间内稳定,一般 $N=100$ 左右为宜。

8.3.2　脉冲傅里叶核磁共振谱仪(PFT-NMR)

连续波核磁共振谱仪采用的是单频发射和就手方式,在某一时刻内,只能记录谱图中的很窄一部分信号,即单位时间内获得的信息很少。在这种情况下,对那些核磁共振信号很弱的核,如 ^{13}C、^{15}N 等,即使采用累加技术,也得不到良好的效果。为了提高单位时间的信息量,可采用多道发射机同时发射多种频率,使处于不同化学环境的核同时共振,再采用多道接收装置同时得到所有的共振信息。例如,在 100 MHz 共振仪中,质子共振信号化学位移范围为 10 时,相当于 1 000 Hz;若扫描速度为 2 Hz/s,则连续波核磁共振仪需 500 s 才能扫完全谱。而在具有 1 000 个频率间隔 1 Hz 的发射机和接收机同时工作时,只要 1 s 即可扫完全谱。显然,后者可大大提高分析速度和灵敏度。傅里叶变换 NMR 谱仪是以适当宽度的射频脉冲作为"多道发射机",使所选的核同时激发,得到核的多条谱线混合的自由感应衰减(free induction decay,FID)信号的叠加信息,即时间域函数,然后以快速傅里叶变换作为"多道接收机"变换出各条谱线在频率中的位置及其强度。这就是脉冲傅里叶核磁共振仪的基本原理。

傅里叶变换核磁共振仪测定速度快,除可进行核的动态过程、瞬变过程、反应动力学等方面的研究外,还易于实现累加技术。因此,从共振信号强的 ^1H、^{19}F 到共振信号弱的 ^{13}C、^{15}N 核,均能测定。

8.4 核磁共振波谱法的应用

核磁共振谱能提供的参数主要有化学位移、质子的裂分峰数、偶合常数以及各组峰的积分高度等。这些参数与有机化合物的结构有着密切的关系。因此,核磁共振谱是鉴定有机、金属有机以及生物分子结构和构象等的重要工具之一。此外,核磁共振还可应用于定量分析,相对分析质量的测定及应用于化学动力学的研究等。

8.4.1 样品的制备

(1) 试样管。根据仪器和实验的要求,可选择不同外径($\phi=5$ mm、8 mm、10 mm)的试样管。微量操作还可使用微量试样管。为保持旋转均匀及良好的分辨率,管壁应均匀而平直。

(2) 溶液的配制。试样质量浓度一般为 $100\sim500$ g/L,需纯样 $15\sim30$ mg。对傅里叶核磁共振仪,试样量可大大减少,^{1}H 谱一般只需 1 mg 左右,甚至可少至几微克;^{13}C 谱需要几到几十毫克试样。

(3) 标准试样。进行实验时,每张图谱都必须有一个参考峰,以此峰为标准,求得试样信号的相对化学位移,一般简称化学位移。于试样溶液中加入约 10 g/L 的标准试样。它的所有氢都是化学等价的,参考信号只有一个峰,与绝大多数有机化合物相比,TMS 的共振峰出现在高磁场区。此外,它的沸点较低(26.5 ℃),容易回收。在文献上,化学位移数据大多以它作为标准试样,其化学位移 $\delta=0$。值得注意的是,在高温操作时,需用六甲基二硅醚(HMDS)为标准试样,它的 $\delta=0.04$。在水溶液中,一般采用 3-甲基硅丙烷磺酸钠 $(CH_3)_3SiCH_2CH_2CH_2SO_3^- Na^+$(DSS)作标准试样,它的三个等价甲基单峰的 $\delta=0.0$,其余三个亚甲基淹没在噪声背景中。

(4) 溶剂。^{1}H 谱的理想溶剂是四氯化碳和二硫化碳。此外,还常用氯仿、丙酮、二甲亚砜、苯等含氢溶剂。为避免溶剂质子信号的干扰,可采用它们的氘代衍生物。值得注意的是,在氘代溶剂中常常因残留 ^{1}H,在 NMR 谱图上出现相应的共振峰。

8.4.2 结构鉴定

核磁共振谱像红外光谱一样,有时仅根据本身的图谱,即可鉴定或确认某化合物。对比较简单的一级图谱,可用化学位移鉴别质子的类型。它特别适合于鉴别如下类型的质子:CH_3O—,CH_3CO—,$CH_2=C$—,$Ar—CH_3$,$CH_3 CH_2$—,$(CH_3)_2CH$—,—CHO,—OH 等。对复杂的未知物,可以配合红外光谱、紫外光谱、质谱、元素分析等数据,推定其结构。

核磁共振谱图中横坐标是化学位移,用 δ 或 τ 表示。图谱的左边为低磁场,右边为高磁场。谱图上面的阶梯式曲线是积分线,它用来确定各基团的质子比。如图 8-8 所示。

从质子共振谱图上,可以得到如下信息:

(1) 吸收峰的组数,说明分子中化学环境不同的质子有几组。

(2) 质子吸收峰出现的频率,即化学位移,说明分子中的基团情况。

(3) 峰的分裂个数及偶合常数,说明基团间的连接关系。

(4) 阶梯式积分曲线高度,说明各基团的质子比。

核磁共振氢谱的解析步骤如下:

(1) 区分出杂质峰、溶剂峰以及旋转边带等(表 8-2)。

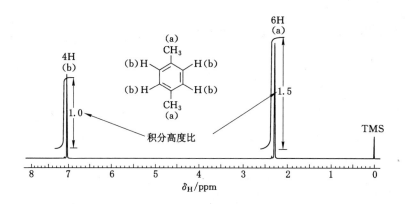

图 8-8　核磁共振谱图

表 8-2　各溶剂残峰化学位移和水峰值

溶剂	残峰的化学位移/ppm	可能的水峰/ppm	溶剂	残峰的化学位移/ppm	可能的水峰/ppm
$CDCl_3$	7.26	1.55	CD_3COCD_3	2.05	2.8
CD_3CN	1.94	2.09	CD_3SOCD_3	2.5	3.31
C_6D_6	7.16		D_2O	4.8	
CD_3OD	3.31 4.84				

（2）计算不饱和度。$\Omega = n + 1 - (m-t)/2$（n 为四价原子，即碳原子数目；m 为一价原子数目；t 为三价原子数目；Ω 为不饱和度或环加不饱和键数）。

（3）根据积分面积以及分子式，确定谱图中各峰组所对应的氢原子数目，对氢原子进行分配。

（4）由于分子存在对称性时，会使谱图出现的峰组数减少，分析时必须考虑分子的对称性。

（5）根据各峰组的化学位移及其氢原子数目，结合影响化学位移的因素，估计出各组氢所处的基团以及不含氢的基团。

（6）根据偶合常数 J 值及峰形确定各基团之间的相互关系。对于一级谱图，裂分峰之间的距离相等，相互偶合的峰组之间的偶合常数 J 值相等，裂分峰的数目应该符合 $n+1$ 规律，相互偶合的峰组的外形有背靠背倾向，内侧较高（图 8-9）。

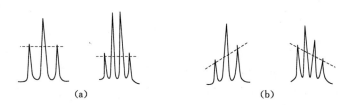

图 8-9　偶合峰的峰型
（a）两组偶合峰的理想峰型；（b）两组偶合峰的实际峰型

（7）综合上述分析，将推出的若干结构单元组合出可能的结构式。

（8）对推出的结构进行指认，并根据前面所学知识判断所得结构的合理性。

8.4.3　定量分析

积分曲线高度与引起该组峰的核数呈正比关系。这不仅是对化合物进行结构测定时的重要参数之一，而且也是定量分析的重要依据。用核磁共振技术进行定量分析的最大优点是，不需引进任何校正因子或绘制工作曲线，即可直接根据各共振峰的积分高度的比值。求算该自旋核的数目。在核磁共振谱线法中常用内标法进行定量分析。测得共振谱图后，内标法可按下式计算 m_s：

$$m_s = \frac{A_S \cdot M_S \cdot n_R}{A_R \cdot M_R \cdot n_S} \cdot m_R = \frac{\frac{A_S}{n_S} \cdot M_S}{\frac{A_R}{n_R} \cdot M_R} \cdot m_R \tag{8-6}$$

式中，m 和 M 分别表示质量和相对分子质量，A 为积分高度，n 为被积分信号对应的质子数。下标 R 和 S 分别代表内标和试样。外标法计算方法同内标法。当以被测物的纯品为外标时，则计算式可简化为

$$m_s = \frac{A_S}{A_R} \cdot m_R \tag{8-7}$$

式中，A_S 和 A_R 分别为试样和外标同一基团的积分高度。

8.4.4　相对分子质量的测定

在一般碳氢化合物中，氢的质量分数较低，因此，单纯由元素分析的结果来确定化合物的相对分子质量是较困难的。如果用核磁共振技术测定其质量分数，则可按下式计算未知物的相对分子质量或平均相对分子质量：

$$M_s = \frac{A_R \cdot n_S \cdot m_S \cdot M_R}{A_S \cdot n_R \cdot m_R} \tag{8-8}$$

式中各符号的含义同前。

8.4.5　在化学动力学研究中的应用

研究化学动力学是核磁共振谱法的一个重要方面。例如，研究分子的内旋转，测定反应速率常数等。

虽然用核磁共振技术难以观察到分子结构中构象的瞬时变化，但是，通过研究核磁共振谱对温度的依赖关系，可以获得某些动力学信息。例如，在室温时，因 N,N-二甲基乙酰胺中的有部分双键性质，因此阻碍了 N—C 键的活化能，N—C 键便可以自由旋转。根据出现一个峰时的温度，可以计算该过程的活化自由能。

虽然自然界中具有磁矩的同位素有 100 多种，但迄今为止，只研究了其中较少核的共振行为。除 [1]H 谱外，目前研究最多、应用最广的是 [13]C 谱，其次是 [19]F 谱、[31]P 谱和 [15]N 谱。

8.4.6　应用实例

【例 1】　某化合物分子式为 C_4H_8O，核磁共振谱上共有三组峰，化学位移 δ 分别为 1.05，2.13，2.47；积分曲线高度分别为 3，3，2 格，试问各组氢核数为多少？

解　积分曲线总高度＝3＋3＋2＝8

因分子中有 8 个氢，每一格相当一个氢。

故 $\delta_{1.05}$ 峰示有 3 个氢；$\delta_{2.13}$ 峰示有 3 个氢；$\delta_{2.47}$ 峰示有 2 个氢。

【例 2】　用 av300（Broker）核磁共振仪将 NOM 及其各分离组分以及商用腐殖酸（CHA）的粉样品 100 mg 置于 2 mL 微量离心管中,加入 1 mL 氘代水（D_2O）,并加入几滴 10％氘代钠（NaOD）以使样品充分溶解,进而进行离心分离,用微量注射器吸取上清液转入核磁共振测定仪测定管中进行测定,结果如图 8-10 所示。

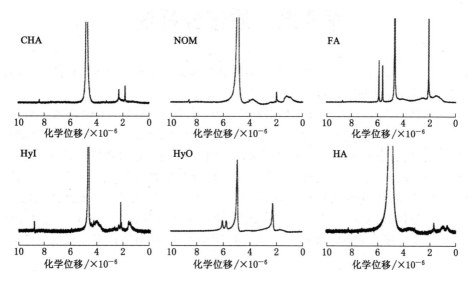

图 8-10　不同来源 NOM 及其各分离组分的核磁共振波谱图

CHA——商用腐殖酸;NOM——天然有机物;FA——富里酸;

HyI——亲水部分;HyO——憎水部分;HA——腐殖酸

如图 8-10 所示,单纯氘代试剂在核磁共振仪上的出峰位置为化学位移 4.95×10^{-6} 处,不同来源 NOM 及其各分离组分核磁共振谱图的特点是峰形较宽,部分为难以辨识的峰丘和突起,很大程度上代表了 NOM 复杂的混合特性,只有部分较强烈的出峰信号能够对一些官能团结构予以表征,因此,核磁共振测定有助于对 NOM 进行指纹识别。图中 $0 \sim 1.6 \times 10^{-6}$ 对应着甲基和亚甲基脂肪族物质;$(1.5 \sim 3.2) \times 10^{-6}$ 对应着与芳香环相邻 α 位上甲基和亚甲基的质子,以及与羰基、羧酸、酯类或氨基酸相邻 α 位碳原子上的质子;$(3.2 \sim 4.3) \times 10^{-6}$ 对应着羟基、酯类、醚类碳原子上的质子,以及与氧原子或氮原子直接键合的甲基、亚甲基上的质子;$(6 \sim 8.5) \times 10^{-6}$ 对应着包括苯醌、苯酚和含有氧原子的杂化芳香环在内的芳环上的质子。NOM 谱图中 3 个脂肪烃区域均有明显的突起,可见其溶解性有机物构成以脂肪烃为主;HyI 部分和 HyO 部分相比,前者脂肪烃含量较高,HyO 部分在 $(5.5 \sim 6.5) \times 10^{-6}$ 处的出峰证实了芳香烃物质的存在,但溶解性有机物构成仍以脂肪烃为主;FA 和 HA 的有机物构成也以脂肪烃为主。尽管从 FA 谱图中可以看出明显的芳香性有机物,脂肪族与芳香性有机物的质子比以 FA＜HyO＜HA＜HyI＜NOM 的顺序增加。

第 9 章　质谱分析法

质谱法(mass spectrum,MS)是采用一定手段使被测样品分子产生各种离子,通过对离子质量和强度的测定来进行分析的一种方法。

质谱法是将样品离子化,变为气态离子混合物,并按质荷比(m/z)分离的分析技术;质谱仪是实现上述分离分析技术,从而测定物质的质量与含量及其结构的仪器。质谱分析法是一种快速、有效的分析方法,利用质谱仪可进行同位素分析、化合物分析、气体成分分析以及金属和非金属固体样品的超纯痕量分析。在有机混合物的分析研究中,证明了质谱分析法比化学分析法和光学分析法具有更加卓越的优越性。目前,质谱法已成为有机化学、药物学、生物化学、毒物学、法医学、石油化工、地球化学环境污染等研究领域中的重要分析方法之一。主要用于精确测定物质的分子量、确定物质分子式、根据各种离子解析分子结构、鉴定化合物等。

9.1　概　　述

1913 年,努姆森(J. J. Nomson)研制成第一台质谱仪并运用质谱法首次发现元素的稳定同位素,以后经阿斯顿等人改进完善。

质谱分析基本过程为:

(1) 将气化样品导入离子源,样品分子在离子源中被电离成分子离子,分子离子进一步裂解,生成各种碎片离子。

(2) 离子在电场和磁场综合作用下,按照其质荷比(m/z)的大小依次进入检测器检测。

(3) 记录各离子质量及强度信号即可得到质谱。

质谱分析法具有以下优点:

(1) 灵敏度高,样品用量少(样品的取样量为微克级)。

(2) 能同时提供物质的分子量、分子式及部分官能团结构信息。

(3) 响应时间短,分析速度快,数分钟之内即可完成一次测试。

(4) 能和各种色谱法进行在线联用,如 GC/MS、HPLC/MS 等。

(5) 定分子量准确,其他技术无法比。

(6) 多功能,广泛适用于各类化合物。

质谱分析法也存在一定的局限性:

(1) 异构体,立体化学方面区分能力差。

(2) 重复性稍差,要严格控制操作条件。所以不能像低场 NMR、IR 等自己动手,须专人操作。

(3) 有离子源产生的记忆效应、污染等问题。

（4）价格稍显昂贵，操作有点复杂。

9.2　质谱分析原理

9.2.1　质谱分析仪的基本原理

质谱仪是利用电磁学原理，使气体分子产生带正电运动离子，并按质荷比将它们在电磁场中分离的装置。离子电离后经加速器进入磁场中，其动能与加速电压及电荷 z 有关，即

$$zeU = \frac{1}{2}mv^2 \tag{9-1}$$

其中 z 为电荷数，e 为元电荷（$e=1.60 \times 10^{-19}$ C），U 为加速电压，m 为离子的质量，v 为离子被加速后的运动速度。

具有速度 v 的带电粒子进入质谱分析器的电磁场中，由于受到磁场的作用，使离子做弧形运动，此时离子所受到的向心力 Bzv 和运动离心力 mv^2/R 相等，得

$$\frac{mv^2}{R} = Bzv \tag{9-2}$$

式中　R——离子弧形运动的曲线半径；

　　　B——磁场强度。

由式（9-1）和式（9-2）可得离子质荷比与运动轨道曲线半径 R 的关系：

$$\frac{m}{z} = \frac{B^2 R^4}{2U} \tag{9-3}$$

$$R = \left(\frac{2U}{B^2} \cdot \frac{m}{2} \right)^{1/2} \tag{9-4}$$

式（9-3）和式（9-4）称为质谱方程式，它是质谱分析法的基本公式，也是设计质谱仪的主要依据。由式（9-3）可以看出，离子的质荷比 m/z 与离子在磁场中运动的曲线半径 R 的平方成正比。若加速电压 U 和磁场强度 B 都一定时，不同 m/z 的离子，由于运动的曲线半径不同，在质量分析器中彼此分开，并记录各自 m/z 的离子的相对强度。根据质谱峰的位置进行物质的定性和结构分析；根据峰的强度进行定量分析。从本质上讲，质谱不是波谱，而是物质带电粒子的质量谱。

9.2.2　质谱图

质谱仪记录下来的仅是各正离子的信号，而负离子及中性碎片由于不受磁场作用，或在电场中往相反方向运动，所以在质谱中均不出峰。不同质荷比的正离子经质量分析器分开。而后被检测，记录下来的谱图称为质谱图。通常见到的质谱图多是经过处理的棒图形式。在图中横坐标表示各正离子的质荷比（以 m/z 表示，因为 z 一般为 1，故 m/z 多为离子的质量），纵坐标表示各离子峰的相对丰度（以质谱图中的最强峰作为基峰，其强度定义为 100%，其他离子峰的强度与最强峰的强度的比值即为相对丰度）。图 9-1 为甲苯的质谱图。

质谱图中，横坐标为离子质荷比（m/z）的数值；纵坐标为相对强度，即每一个峰和最高峰（称基峰）的比值。

9.2.3　各种类型的质谱峰

（1）分子离子峰

分子受电子流轰击，失去一个电子即得到分子离子，出现在谱图上通常是最右边的一个

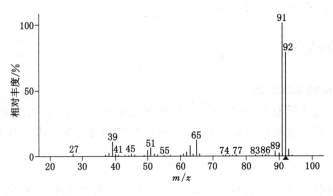

图 9-1　甲苯的质谱图

峰,如能正确辨认质谱图上的分子离子峰,就可以直接从谱图上读出被测物的相对分子质量。

判断分子离子峰时要注意氮规则,即不含氮或偶数氮的有机物的相对分子质量为偶数,含奇数氮的有机物的相对分子质量为奇数,分子离子一定是奇电子离子。

（2）同位素峰

有机物中常见元素 C、H、O、N、S、Cl、Br、I 等均有同位素,因此往往在分子离子峰旁边可见一些 $M+1$、$M+2$ 的小峰,可用来推断分子式。

较常见的是:^{32}S ,^{34}S;^{35}Cl,^{37}Cl;^{79}Br,^{81}Br。

（3）碎片离子峰

在电子流作用下,分子产生键的断裂,形成质量更小的离子,这些断裂按一定规律进行,对判定结构有重要作用。

9.3　质谱分析仪

以单聚焦质谱仪为例说明质谱分析仪,其仪器结构如图 9-2 所示。试样从进样器进入离子源,在离子源中产生正离子。正离子加速进入质量分析器,质量分析器将其按质荷比大小不同进行分离。分离后的离子先后进入检测器,检测器得到离子信号,放大器将信号放大并记录在读出装置上。

质谱仪通常由六部分组成:真空系统、进样系统、离子源、质量分析器、离子检测器和计算机自动控制及数据处理系统。

9.3.1　高真空系统

质谱分析中,为了降低背景以及减少离子间或离子与分子间的碰撞,离子源、质量分析器及检测器必须处于高真空状态。离子源的真空度为 $10^{-4} \sim 10^{-5}$ Pa,质量分析器应保持 10^{-6} Pa,要求真空度十分稳定。一般先用机械泵或分子泵预抽真空,然后用高效扩散泵抽至高真空。

9.3.2　进样系统

质谱进样系统多种多样,一般有如下三种方式:

（1）间接进样。一般气体或易挥发液体试样采用此种进样方式。试样进入贮样器,调

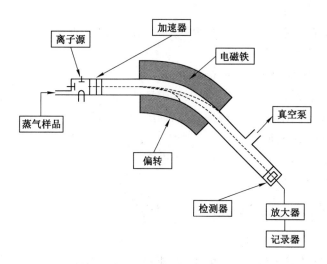

图 9-2 单聚焦质谱仪示意图

节温度使试样蒸发,依靠压差使试样蒸气经漏孔扩散进入离子源。

(2) 直接进样。高沸点试液、固体试样可采用探针或直接进样器送入离子源,调节温度使试样气化。

(3) 色谱进样。色谱-质谱联用仪器中,经色谱分离后的流出组分,通过接口元件直接导入离子源。

9.3.3 离子源

离子源的作用是使试样分子或原子离子化,同时具有聚焦和准直的作用,使离子汇聚成具有一定几何形状和能量的离子束。离子源的结构和性能对质谱仪的灵敏度、分辨率影响很大。常用的离子源有电子轰击离子源(EI)、化学电离源(CI)、高频火花离子源、ICP 离子源等。前两者主要用于有机物分析,后两者用于无机物分析。

(1) 电子轰击源 EI(electron impact ionization)

电子轰击法是通用的离子化法,是使用高能电子束从试样分子中撞出一个电子而产生正离子,即

$$M + e \rightarrow M^+ + 2e$$

式中 M——待测分子;

M^+——分子离子或母体离子。

电子束产生各种能态的 M^+。若产生的分子离子带有较大的内能(转动能、振动能和电子跃迁能),可以通过碎裂反应而消去。图 9-3 所示为电子轰击源的示意图。在灯丝和阳极之间加入约 70 eV 电压,获得轰击能量为 70 eV 的电子束(一般分子中共价键电离能约 10 eV),它与进样系统引入气体束发生碰撞而产生正离子。正离子在第一加速电极和反射极间的微小电位差作用下通过第一加速电极狭缝,而第一加速极与第二加速极之间的高电压使正离子获得其最后速率,经过狭缝进一步准直后进入质

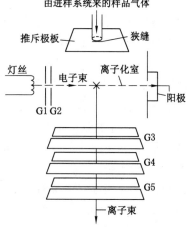

图 9-3 电子轰击离子源

量分析器。

EI 使用面广,峰重现性好,碎片离子多。缺点是不适合极性大、热不稳定的化合物,且可测定分子量有限,一般不大于 1 000。

(2) 化学电离源 CI(chemical ionization)

化学电离离子源是先在离子源中送入反应气体(如 CH_4),反应气体在电子轰击下电离成离子,反应气体离子和样品分子碰撞发生离子-分子反应,最后产生样品离子。其核心是质子转移。具体原理如下所示:

$$R + e^- \rightarrow R^+ \cdot + 2e^- \text{(电子电离)}$$

$$R^+ \cdot + R \rightarrow RH^+ + (R-H) \cdot$$

$$\underline{RH^+ + M \rightarrow R + (M+H)^+ \text{(质子转移)}}$$
$$R^+ \cdot + M \rightarrow R + M^+ \cdot \text{(电荷交换)}$$

$$R^+ \cdot + M \rightarrow (R+M)^+ \cdot \text{(加合离子)}$$

式中　R——反应气体分子(含 H 的分子,例如异丁烷、甲烷、氨气、甲醇气等);

　　　M——样品分子。

其中 R 浓度≫M 浓度。与 EI 相比,在 EI 法中不易产生分子离子的化合物,在 CI 中易形成较高丰度的[M+H]$^+$或[M-H]$^+$等"准"分子离子,对于大多数有机化合物都可得到较强的分子离子峰。但得到碎片少,谱图简单,提供的结构信息不多,不利于解析化合物的结构。与 EI 法同样,样品需要气化,对难挥发性的化合物不太适合。

9.3.4　质量分析器

质量分析器的作用是将离子源产生的离子按 m/z 的大小分离聚焦。质量分析器的种类很多,常见的有单聚焦质量分析器、双聚焦质量分析器、四极杆质量分析器和飞行时间质量分析器等。

9.3.4.1　单聚焦质量分析器

单聚焦质量分析器主要根据离子在磁场中的运动行为,将不同质量的离子分开。图 9-2 即为单聚焦质量分析器。其主要部件为一个一定半径的圆形管道,在其垂直方向上装有扇形磁铁,产生均匀、稳定磁场,从离子源射入的离子束在磁场作用下,由直线运动变成弧形运动。不同 m/z 的离子,运动曲线半径 R 不同,被质量分析器分开。由于出射狭缝和离子检测器的位置固定,即离子弧形运动的曲线半径 R 是固定的,故一般采用连续改变加速电压或磁场强度,使不同 m/z 的离子依次通过出射狭缝,以半径为 R 的弧形运动方式到达离子检测器。

由式(9-3)可知,若固定加速电压 U,连续改变磁场强度 B,称为磁场扫描,则 $m/z \propto B^2$;若固定磁场强度 B,连续改变加速电压 U,称为电场扫描,则 $m/z \propto 1/U$。无论磁场扫描或电场扫描,凡 m/z 相同的离子均能汇聚成为离子束,即方向聚焦。由于提高加速电压 U 可使仪器的分辨率得到提高,因而宜采用尽可能高的加速电压。当取 U 为定值时,通过磁场扫描,顺次记录下离子的 m/z 和相对强度,得到质谱图,单聚焦质量分析器结构简单,操作方便,但分辨率低。

9.3.4.2　双聚焦质量分析器

在单聚焦质量分析器中,离子源产生的离子由于在被加速初始能量不同,即速度不同,即使质荷比相同的离子,最后不能全部聚焦在检测器上,致使仪器分辨率不高。为了提高分辨率,通常采用双聚焦质量分析器,即在磁分析器之前加一个静电分析器,如图 9-4 所示。

离子受到静电分析器的作用,改做圆周运动,当离子所受到的电场力与离子运动的离心力相平衡时,离子运动发生偏转的半径 R 与其质荷比 m/z、运动速度 v 和静电场的电场强度 E 有下列关系:

$$R = \frac{m}{z} \cdot \frac{v^2}{E} \qquad (9\text{-}5)$$

由式(9-5)可以看出,当电场强度一定时,R 取决于离子的速度或能量。因此,静电分析器是将质量相同而速度不同的离子分离聚焦,即具有速度分离聚焦的作用。然后,经过狭缝进入磁分析器,再进行 m/z 方向聚焦。这种同时实现速度和方向双聚焦的分析器,称为双聚焦分析器。具有双聚焦质量分析器的质谱仪称为双聚焦质谱仪。

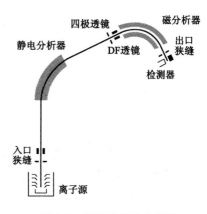

图 9-4　双聚焦质量分析器

9.3.4.3　四极杆质量分析器

四极杆质量分析器是由四根平行的圆柱形金属极杆组成,相对的极杆被对角地连接起来,构成两组电极。如图 9-5 所示,在两电极间加有数值相等方向相反的直流电压 U_{de} 和射频交流电压 U_{rf}。四根极杆内所包围的空间便产生双曲线形电场。从离子源入射的加速离子穿过四极杆双曲型电场中,会受到电场作用,只有选定的 m/z 离子以限定的频率稳定地通过四极滤质器,其他离子则碰到极杆上被吸滤掉,不能通过四极杆滤质器,即达到"滤质"的作用。实际上在一定条件下,被检测离子(m/z)与电压呈线性关系。因此,改变直流和射频交流电压可达到质量扫描的目的,这就是四极杆质量分析器的工作原理。由于四极杆质量分析器结构紧凑,扫描速度快,适用于色谱-质谱联用仪器。

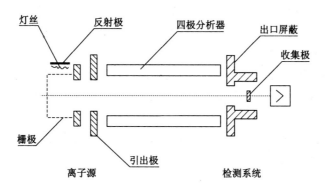

图 9-5　四极滤质量分析器

9.3.4.4　飞行时间质量分析器

飞行时间质量分析器不用电场也不用磁场,其核心部件是一个离子漂移管。离子源中产生的离子流被引入离子漂移管,离子在加速电压 V 的作用下得到动能:

$$\frac{1}{2}mv^2 = zeV \qquad (9\text{-}6)$$

然后,离子进入长度为 L 的自由空间(漂移区)。假定离子在漂移区飞行的时间为 T,则

$$T = L \sqrt{\frac{m}{2zeV}}$$

$$T = \frac{L}{v} \tag{9-7}$$

联立式(9-6)和式(9-7),整理得:

$$T^2 = \frac{m}{z}\left(\frac{L^2}{2Ve}\right) \tag{9-8}$$

由式(9-8)可看出,离子在漂移管中飞行的时间与离子质荷比(m/z)的平方根成正比,即对于能量相同的离子 m/z 越大,到达检测器所用的时间越长,m/z 越小,所用时间越短。根据这一原理,可以把不同 m/z 的离子分开。增加漂移管的长度 L,可以提高分辨率。使用这种分析器的质谱仪叫"飞行时间质谱仪"。

飞行时间质谱仪的特点是:

(1)扫描速度快。这种仪器记录一个完整的质谱只要 $10\sim100\ \mu s$,适应研究极快的过程,如检测色谱流出物等。

(2)仪器体积小、质量轻、结构简单,既不要求电场也不要求磁场。

(3)分辨率低。分辨率低的原因是离子的初始能量分散和离子的空间位置不同造成的。

有机质谱仪常用的质量分析器除上述几种外,还有离子阱质量分析器、傅里叶变换离子回旋共振质量分析器等。

9.3.5 离子检测器和记录系统

常用的离子检测器是静电式电子倍增器。电子倍增器一般由一个转换极、$10\sim20$ 个倍增极和一个收集极组成。一定能量的离子轰击阴极导致电子发射,电子在电场的作用下,依次轰击下一级电极而被放大,电子倍增器的放大倍数一般在 $10^5\sim10^8$。电子倍增器中电子通过的时间很短,利用电子倍增器可以实现高灵敏、快速测定。但电子倍增器存在质量歧视效应,且随使用时间增加,增益会逐步减小。

近代质谱仪中常采用隧道电子倍增器,其工作原理与电子倍增器相似,因为体积小、多个隧道电子倍增器可以串列起来,用于同时检测多个 m/z 不同的离子,从而大大提高分析效率。

经离子检测器检测后的电流,经放大器放大后,用记录仪快速记录到光敏记录纸上,或者用计算机处理结果。

9.4 质谱分析仪的应用

9.4.1 定性分析

一张化合物的质谱图包含有很多的信息,根据使用者的要求,可以用来确定分子量、验证某种结构、确认某元素的存在,也可以用来对完全未知的化合物进行结构鉴定。对于不同的情况解释方法和侧重点不同。

9.4.1.1 质谱表示法

(1)谱图法:横坐标代表质量数,纵坐标代表峰强度,是该质量离子的多寡的表示。常用、直观,但不太细致。还分为连续谱和棒状图两种,一般 EI 棒图多,ESI 连续谱多。

(2) 列表法:质谱表指是以列表的形式表示质谱,表中列出各峰的 m/z 值和对应的相对丰度。

(3) 元素图表:元素图是将高分辨质谱仪所得结果,经计算机按一定程序运算而得。根据元素图表既可确定分子离子的元素组成,也可以确定每一个碎片离子的元素组成。

9.4.1.2　几个术语

质荷比 m/z:一般 z 为 1,故 m/z 也就认为是离子的质量数,蛋白质等易带多电荷,$z>1$。在质谱中不能用平均分子量计算离子的化学组成,例如:不能用氯的平均分子量35.5,而用 35 和 37。同理,溴也是如此,79 和 81,无 80。在质谱图中,根本不会出现 35.5 的峰。一氯苯的分子峰应是 112 和 114,而不是 113。

相对丰度:以质谱中最强峰为 100%(称基峰),其他碎片峰与之相比的百分数。

总离子流(TIC):即一次扫描得到的所有离子强度之和,若某一质谱图总离子流很低,说明电离不充分,不能作为一张标准质谱图。

动态范围:即最强峰与最弱峰高之比,早期仪器窄,现代计算机接收宽。若太窄,会造成有多个强峰出头,都成为基峰,而该要的(常为分子峰)却记录不出来。这样的图也是不标准的,检索、解析起来都很困难。

本底:未进样时,扫描得到的质谱图。成分包括仪器泵油、FAB 底物、ESI 缓冲液、色谱联用柱流失及吸附在离子源中其他样品。扣除本底才能得到一张标准的质谱图。

质量色谱图(mass chromatogram)和质量色谱法(mass chromatography,MC)又叫提取离子色谱图(extract ion chromatography):是质谱法处理数据的一种方式。在 GC/MS 或 LC/MS 中,选定一定的质量扫描范围,按一定的时间间隔测定质谱数据并将其保存在计算机中。然后可以用各种办法调出质谱数据。如果要观察特定质量与时间的关系,可以指定这个质量,计算机将以指定离子的强度为纵坐标,以时间作为横坐标,表示质量与时间的关系。这种方法叫做质量色谱法。得到的图叫做质量色谱图或提取离子色谱图。

9.4.1.3　离子的种类

(1) 分子离子 M$^+$·

中性分子丢失一个电子时,就显示一个正电荷,故用 M$^+$·。

在 EI 中,继续生成碎片离子,在 CI、FD、FAB 等电离方法中,往往生成质量大于分子量的离子如 M+1,M+15,M+43,M+23,M+39,M+92……称准分子离子,解析中准分子离子与分子离子有同样重要的作用。

(2) 碎片离子

电离后有过剩内能的分子离子会以多种方式裂解,生成碎片离子;其本身还会进一步裂解生成质量更小的碎片离子,此外,还会生成重排离子。碎片峰的数目及其丰度则与分子结构有关,数目多表示该分子较容易断裂,丰度高的碎片峰表示该离子较稳定,也表示分子比较容易断裂生成该离子。如果将质谱中的主要碎片识别出来,则能帮助判断该分子的结构。

(3) 多电荷离子

指带有 2 个或更多电荷的离子,有机小分子质谱中,单电荷离子是绝大多数,只有那些不容易碎裂的基团或分子结构(如共轭体系结构)才会形成多电荷离子。它的存在说明样品是较稳定的。对于蛋白质等生物大分子,采用电喷雾的离子化技术,可产生带很多电荷的离子,最后经计算机自动换算成单质/荷比离子。

（4）同位素离子

各种元素的同位素基本上按照其在自然界的丰度比出现在质谱中,这对于利用质谱确定化合物及碎片的元素组成有很大方便。可利用稳定同位素合成标记化合物,如:氘等标记化合物,再用质谱法检出这些化合物,在质谱图外貌上无变化,只是质量数的位移,从而说明化合物结构、反应历程等。

（5）负离子

通常碱性化合物适合正离子,酸性化合物适合负离子,某些化合物负离子谱灵敏度很高,可提供很有用的信息。

9.4.1.4 由质谱推断化合物结构

质谱图一般的解释步骤如下:

（1）由质谱的高质量端确定分子离子峰,求出分子量,初步判断化合物类型及是否含有Cl、Br、S等元素。

（2）根据分子离子峰的高分辨数据,给出化合物的组成式。

（3）由组成式计算化合物的不饱和度,即确定化合物中环和双键的数目。计算方法为:

$$不饱和度\ U=四价原子数-\frac{一价原子数}{2}+\frac{二价原子数}{2}+1$$

例如,苯的不饱和度 $U=6-\frac{6}{2}+\frac{0}{2}+1=4$

不饱和度表示有机化合物的不饱和程度,计算不饱和度有助于判断化合物的结构。

（4）研究高质量端离子峰。质谱高质量端离子峰是由分子离子失去碎片形成的。从分子离子失去的碎片,可以确定化合物中含有哪些取代基。常见离子失去碎片的情况,见表 9-1。

表 9-1 　　　　　　　　　　　　**常见离子失去碎片的情况**

M-15(CH₃)	M-16(O,NH₂)
M-17(OH,NH₃)	M-18(H₂O)
M-19(F)	M-26(C₂H₂)
M-27(HCN,C₂H₃)	M-28(CO,C₂H₄)
M-29(CHO,C₂H₅)	M-30(NO)
M-31(CH₂OH,OCH₃)	M-32(S,CH₃OH)
M-35(Cl)	M-42(CH₂CO,CH₂N₂)
M-43(CH₃CO,C₃H₇)	M-44(CO₂,CS₂)
M-45(OC₂H₅,COOH)	M-46(NO₂,C₂H₅OH)
M-79(Br)	M-127(I)…

（5）研究低质量端离子峰,寻找不同化合物断裂后生成的特征离子和特征离子系列。例如,正构烷烃的特征离子系列为 m/z 15、29、43、57、71 等,烷基苯的特征离子系列为 m/z 91、77、65、39 等。根据特征离子系列可以推测化合物类型。

（6）通过上述各方面的研究,提出化合物的结构单元。再根据化合物的分子量、分子式、样品来源、物理化学性质等,提出一种或几种最可能的结构。必要时,可根据红外和核磁数据得出最后结果。

(7) 验证所得结果。验证的方法有:将所得结构式按质谱断裂规律分解,看所得离子和所给未知物谱图是否一致;查该化合物的标准质谱图,看是否与未知谱图相同;寻找标样,做标样的质谱图,与未知物谱图比较等各种方法。

9.4.2　定量分析

质谱常常和色谱相连,通过质谱图定性后,可以对物质色谱图峰面积进行积分,从而进行定量分析。

9.4.2.1　外标法

直接比较法:将未知样品中某一物质的峰面积与该物质的标准品的峰面积直接比较进行定量。通常要求标准品的浓度与被测组分浓度接近,以减小定量误差。

标准曲线法:将被测组分的标准物质配制成不同浓度的标准溶液,经色谱分析后制作一条标准曲线,即物质浓度与其峰面积(或峰高)的关系曲线。根据样品中待测组分的色谱峰面积(或峰高),从标准曲线上查得相应的浓度。标准曲线的斜率与物质的性质和检测器的特性相关,相当于待测组分的校正因子。

9.4.2.2　内标法

内标法是将已知浓度的标准物质(内标物)加入未知样品中,然后比较内标物和被测组分的峰面积,从而确定被测组分的浓度。由于内标物和被测组分处在同一基体中,因此可以消除基体带来的干扰。而且当仪器参数和洗脱条件发生非人为的变化时,内标物和样品组分都会受到同样影响,这样消除了系统误差。当对样品的情况不了解、样品的基体很复杂或不需要测定样品中所有组分时,采用这种方法比较合适。

9.4.2.3　标准加入法

标准加入法可以看作是内标法和外标法的结合。具体操作是取等量样品若干份,加入不同浓度的待测组分的标准溶液进行色谱分析,以加入的标准溶液的浓度为横坐标,峰面积为纵坐标的工作曲线。样品中待测组分的浓度 c_x 即为工作曲线在横坐标延长线上的交点到坐标原点的距离。由于待测组分以及加入的标准溶液处在相同的样品基体中,因此,这种方法可以消除基体干扰。但是,由于对每一个样品都要配制三个以上的、含样品溶液和标准溶液的混合溶液,因此,这种方法不适于大批样品的分析。

9.4.3　应用实例

二苯甲酮作为广泛使用的医药中间体和保鲜剂最近被怀疑是一种内分泌干扰物质,研究 O_3/H_2O_2 系统对水中二苯甲酮的去除,通过色质联机 GC-MS 对降解产物进行了分析,提出二苯甲酮的可能氧化路径。

降解产物采用气谱-质谱联机和液谱-质谱联机进行分析,质谱的检测条件如下:电离能 70 eV,质谱从 45U 扫描到 400U。降解中间产物如图 9-6 所示。

通过用气谱-质谱联机对二苯甲酮的降解产物进行分析,发现有苯甲酸、丙二酸、草酸、3-羟基二苯甲酮或 4-羟基二苯甲酮或 2-羟基二苯甲酮、2,4-二羟基苯基苯甲酮或 2,5-二羟基苯基苯甲酮存在。基于上述试验结果推测,二苯甲酮的氧化有两种可能路径(图 9-7):一是酮羟基与苯环之间的 C—C 键断裂,生成苯甲酸和苯酚;二是在二苯甲酮的苯环上发生羟基化生成 2,4-二羟基苯基苯甲酮或 2,5-二羟基苯基苯甲酮,再发生酮羟基与苯环之间的

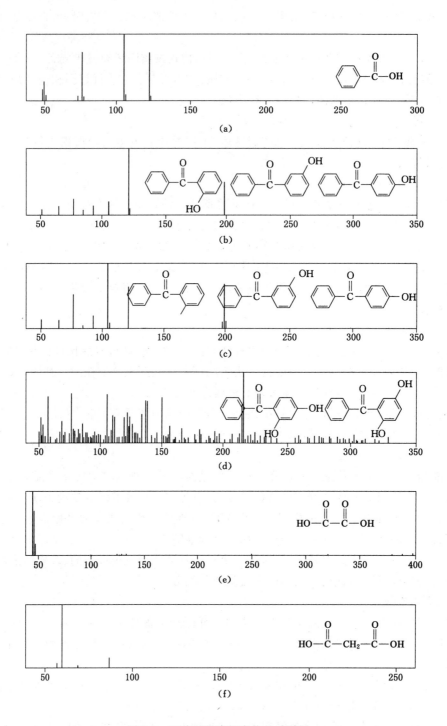

图 9-6　二苯甲酮降解产物的质谱图

(a) 苯甲酸的质谱图；(b) 4-羟基二苯甲酮或 3-羟基二苯甲酮或 2-羟基二苯甲酮的质谱图；

(c) 3-羟基二苯甲酮或 4-羟基二苯甲酮或 2-羟基二苯甲酮的质谱图；

(d) 2,4-二羟基苯基苯甲酮或 2,5-二羟基苯基苯甲酮的质谱图；

(e) 草酸的质谱图；(f) 丙二酸的质谱图

C—C 键断裂,生成苯甲酸和多羟基酚。苯酚和苯甲酸也是通过这样一个多羟基酚的过程发生苯环的断裂生成丙二酸,丙二酸脱羧变成乙酸,乙酸可经过一个乙醛酸的过程被氧化为草酸,最后,草酸被无机化成为二氧化碳和水。

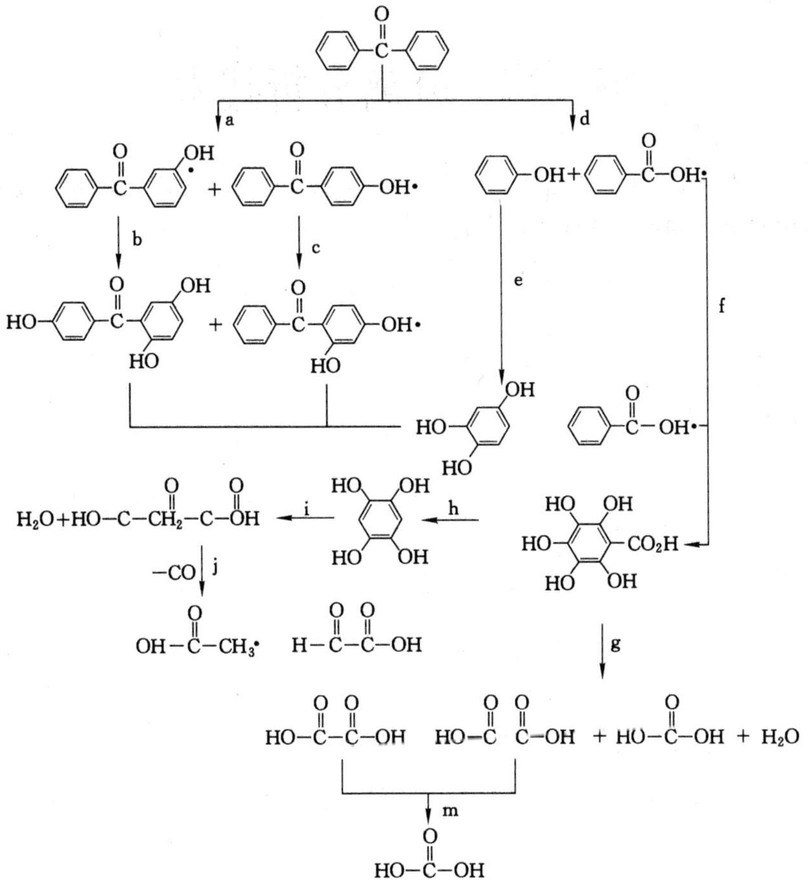

图 9-7 二苯甲酮的降解途径

第3篇 分离分析技术

环境测试工作中,常常涉及复杂物质分析,复杂物质分析离不开分离分析技术。本篇着重介绍最为常用的气相色谱法和液相色谱法。

第 10 章　色谱法导论

色谱法是一种物理化学的分离分析方法。它是利用样品中各种组分在固定相与流动相中受到的作用力不同,而将待分析样品中的各种组分进行分离,然后顺序检测各组分的含量。

10.1　概　　述

10.1.1　发展史

色谱法是 20 世纪初由俄国植物学家迈克·茨维特(Michael Tswett)首先提出来的。1906 年,迈克·茨维特在装有碳酸钙颗粒的玻璃管中,倒入植物叶片的石油醚萃取液,然后用石油醚不断地冲洗,叶片的色素提取液随着冲洗液在管中的碳酸钙上缓慢地向下移动。其中不同的组分被分离开,并在碳酸钙柱内的不同部位上形成不同颜色的谱带。

迈克·茨维特的发现在随后的几十年里并没有引起足够的重视。直到 1941 年马丁(Martin)和辛格(Synge)把氨基酸的混合液注入到以硅胶作固定相的柱中,用氯仿作流动相,将各个氨基酸的组分分开,才引起化学家的重视。这个方法形式上与迈克·茨维特的方法相似,但迈克·茨维特是借助于各组分在固定相中吸附能力的强弱不同而进行分离的,而马丁的分离是借助于氨基酸在硅胶中的水和有机溶剂氯仿两相中的溶解度不同而达到分离的。前者称为吸附色谱,后者称为分配色谱。随后,1944 年马丁和辛格用滤纸代替硅胶。不用色谱柱,固定相是滤纸中含有水分的纤维素,流动相用有机溶剂,也成功地分离了氨基酸,从而创立了纸色谱法。1952 年马丁等又提出以气体作流动相的气相色谱法。20 世纪50 年代又出现了将固定相涂布在玻璃板上的薄层色谱法。60 年代发展了凝胶色谱法、高效液相色谱法。70 年代发展了高效毛细柱气相色谱法,80 年代发展了毛细管电泳、电色谱,90年代出现了光色谱。色谱法逐渐成为一门应用广泛的分离分析方法。特别是它能既分离又分析的特点,在现代分离分析技术中占有极重要的地位。

10.1.2　色谱法的分类

(1) 按固定相及流动相的状态分类。流动相可分为气体和液体两类,故色谱法又分气相色谱法和液相色谱法。固定相又分液态固定相(作为固定相的液态物质涂布或键合在颗粒状而本身不参与分离过程的、惰性材料制成的担体上)和固体固定相,故气相色谱又分气液色谱和气固色谱,液相色谱也可分液液色谱和液固色谱。

(2) 按色谱系统中固定相的载体分类。将固定相装在柱中的称柱色谱。利用滤纸作固定相的称纸色谱。固定相被涂布在玻璃板上的称油层色谱。纸色谱和薄层色谱又称开床式色谱。

(3) 按色谱过程的物理、化学机理分类,色谱可以分成许多种。比较重要的见图 10-1。

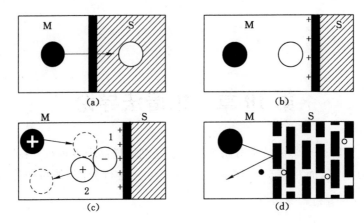

图 10-1　色谱按分离过程的物理、化学机理分类

(a) 分配色谱；(b) 吸附色谱；(c) 离子交换色谱；(d) 凝胶色谱

M——流动相；S——固定相；●——流动相中的组分分子；○——被固定相固定的组分分子

① 分配色谱。对于液液色谱，固定相与流动相均为液态物质，利用组分在作为固定相与流动相两种液相中溶解度的不同（因而分配系数不同）而进行分离的色谱。气液色谱也可按分配色谱原理进行分离，见图 10-1(a)。

② 吸附色谱。用固体吸附剂作固定相的(气相或液相)色谱。它是利用组分在吸附剂上吸附力的不同，因吸附平衡常数不同而将组分分离的色谱，见图 10-1(b)。

③ 离子交换色谱。液相色谱中利用离子交换原理而进行分离的色谱，见图 10-1(c)。图中"1"为树脂上的电荷，"2"为溶剂或组分中的极性离子。

④ 凝胶色谱或称排阻色谱。液相色谱中利用分子大小不同进行分离的色谱，见图10-1(d)。

⑤ 电色谱。利用带电物质在电场作用下移动速度不同进行分离的色谱。电泳就是一种最重要的电色谱。

10.1.3　色谱法的特点

色谱分离的核心都是具有分离组分功能的分离系统(如色谱柱)。都具有两个相：流动相和固定相。固定相是不移动的，流动相冲洗样品时在色谱系统内对固定相做相对的运动。

被分离的组分对流动相和固定相有不同的作用力。这种作用力有吸附力(吸附色谱)、溶解能力(分配色谱)、离子交换能力(离子交换色谱)、渗透能力(凝胶色谱)等。只有当各组分的作用力有差异时，各组分才有可能达到彼此分离。当样品随流动相在色谱系统流动时，组分在两相中进行反复、连续、多次的分配，形成差速迁移，从而达到分离。

色谱法是一种分离分析的方法，主要是利用色谱柱使混合物分离后，使用不同的检测手段进行样品定性、定量分析，其主要特点有：

(1) 分离效率高。几十种甚至上百种性质类似的化合物可在同一根色谱柱上得到分离，能解决许多其他分析方法无能为力的复杂样品分析。

(2) 分析速度快。一般而言色谱法可在几分钟至几十分钟的时间内完成一个复杂样品的分析。

(3) 检测灵敏度高。随着信号处理和检测技术的进步，不经过浓缩可直接检测 10^{-9} g

级的微量物质。若采用预浓缩技术,检测下限可以达到 10^{-12} g 数量级。

(4) 样品用量小。一次分析通常只需数微升的溶液样品。

(5) 选择性好。通过选择合适的分离模式和检测方法,可以只分离有需要的部分物质。

(6) 多组分同时分析。在很短的时间内,选择合适的检测器,可以实现几十种组分的同时分离与定量。

(7) 易于自动化。现在的色谱仪器可以实现从进样到数据处理的全自动化操作。

(8) 定性能力较差。为克服这一缺点,已经发展起来了色谱法与其他多种具有定性能力的分析技术联用。如色谱和红外、色谱和质谱的联用等。

10.2　色谱图和峰参数

色谱图(chromatogram)是指样品流经色谱柱和检测器,所得到的信号-时间曲线,又称色谱流出曲线(elution profile)。如图 10-2 所示。

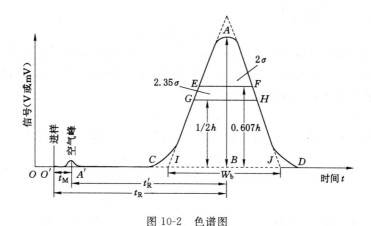

图 10-2　色谱图

10.2.1　色谱峰

只有流动相而没有组分通过色谱柱和检测器时的色谱曲线,称为基线,加入组分后,每个被分离良好的组分对应一个正态分布的色谱峰曲线。色谱峰的参数主要有四个:色谱峰的位置、宽度、高度和峰形。

色谱图中还可以出现如下信息:

➢噪声(noise)——基线信号的波动。通常因电源接触不良或瞬时过载、检测器不稳定、流动相含有气泡或色谱柱被污染所致。

➢漂移(drift)——基线随时间的缓缓变化。主要由于操作条件如电压、温度、流动相及流量的不稳定所引起,柱内的污染物或固定相不断被洗脱下来也会产生漂移。

不对称色谱峰有两种:前延峰(leading peak)和拖尾峰(tailing peak)。前者少见。

➢拖尾因子(tailing factor,T)——$T = W_{0.05h}/2d_1$,式中 $W_{0.05h}$ 为 5% 峰高处的峰宽,d_1 为峰顶点至峰前沿之间的距离,用以衡量色谱峰的对称性。图 10-2 中,$T = CD/2CB$。也称为对称因子(symmetry factor)或不对称因子(asymmetry factor)。一般规定 T 应为 0.95～1.05。$T < 0.95$ 为前延峰,$T > 1.05$ 为拖尾峰。

(1) 色谱峰的位置(保留值)

色谱峰的位置用峰所对应组分的保留值来表示,反映了该组分迁移的速度,可用于定性分析,常有如下表示方法:

➢死时间(dead time,t_M)——不保留组分的保留时间,即流动相(溶剂)通过色谱柱的时间。

➢死体积(dead volume,V_M)——由进样器进样口到检测器流动池未被固定相所占据的空间。它包括 4 部分:进样器至色谱柱管路体积、柱内固定相颗粒间隙(被流动相占据,V_{m_0})、柱出口管路体积、检测器流动池体积。其中只有 V_{m_0} 参与色谱平衡过程,其他 3 部分只起峰扩展作用。为防止峰扩展,这 3 部分体积应尽量减小。

$$V_M = F \cdot t_M \text{ (}F\text{ 为流速)} \tag{10-1}$$

➢保留时间(retention time,t_R)——从进样开始到某个组分在柱后出现浓度极大值的时间。

➢保留体积(retention volume,V_R)——从进样开始到某组分在柱后出现浓度极大值时流出溶剂的体积。又称洗脱体积。

$$V_R = F \cdot t_R \tag{10-2}$$

➢调整保留时间(adjusted retention time,t'_R)——扣除死时间后的保留时间。也称折合保留时间(reduced retention time)。在实验条件(温度、固定相等)一定时,t'_R 只决定于组分的性质,因此,t'_R(或 t_R)可用于定性。

$$t'_R = t_R - t_M \tag{10-3}$$

➢调整保留体积(adjusted retention volume,V'_R)——扣除死体积后的保留体积。

$$V'_R = V_R - V_M \tag{10-4}$$

或

$$V'_R = F \cdot t'_R \tag{10-5}$$

(2) 峰高

峰高(peak height,h)指峰的最高点至峰底的距离。图中用 h 表示峰高,与组分的浓度有关,分析条件一定时峰高是定量分析的依据。

(3) 峰宽

峰宽反映了组分在色谱系统中扩散的程度,有三种表达方式:

➢峰宽(peak width,W_b)——峰两侧拐点处所作两条切线与基线的两个交点间的距离。

$$W_b = 4\sigma \tag{10-6}$$

➢半峰宽(peak width at half-height,$W_{1/2}$)——峰高一半处的峰宽。

$$W_{1/2} = 2.355\sigma \tag{10-7}$$

➢标准偏差(standard deviation,σ)——正态分布曲线 $x = \pm 1$ 时(拐点)的峰宽之半。正常峰的拐点在峰高的 0.607 倍处。标准偏差的大小说明组分在流出色谱柱过程中的分散程度。σ 小,分散程度小、极点浓度高、峰形瘦、柱效高;反之,σ 大,峰形胖、柱效低。

(4) 峰面积(peak area,A)——峰与峰底所包围的面积。

$$A = 2.507\sigma h = 1.064 W_{1/2} h \tag{10-8}$$

10.2.2 柱效参数

(1) 理论塔板数(theoretical plate number,n)——用于定量表示色谱柱的分离效率(简称柱效)。

n 取决于固定相的种类、性质(粒度、粒径分布等)、填充状况、柱长、流动相的种类和流速及测定柱效所用物质的性质。如果峰形对称并符合正态分布,n 可近似表示为:

$$n = 5.54 \left(\frac{t_R}{W_{1/2}}\right)^2 = 16 \left(\frac{t_R}{W_b}\right)^2 \tag{10-9}$$

n 为常量时,W 随 t_R 成正比例变化。在一张多组分色谱图上,如果各组分含量相当,则后洗脱的峰比前面的峰要逐渐加宽,峰高则逐渐降低。

用半峰宽计算理论塔数比用峰宽计算更为方便和常用,因为半峰宽更易准确测定,尤其是对稍有拖尾的峰。

n 与柱长成正比,柱越长,n 越大。用 n 表示柱效时应注明柱长,如果未注明,则表示柱长为 1 m 时的理论塔板数。

若用调整保留时间(t'_R)计算理论塔板数,所得值称为有效理论塔板数($N_{有效}$ 或 N_{eff})。

$$n_{有效} = 5.54 \left(\frac{t'_R}{W_{1/2}}\right)^2 = 16 \left(\frac{t'_R}{W_b}\right)^2 \tag{10-10}$$

(2) 理论塔板高度(theoretical plate height,H)——每单位柱长的方差。实际应用时往往用柱长 L 和理论塔板数计算:

$$H = \frac{L}{n} \tag{10-11}$$

$$H_{有效} = \frac{L}{n_{有效}} \tag{10-12}$$

10.2.3 相平衡参数

(1) 分配系数(distribution coefficient,K)——在一定温度下,化合物在两相间达到分配平衡时,在固定相与流动相中的浓度之比。

$$K = \frac{c_s}{c_m} \tag{10-13}$$

式中　K——分配系数;

　　　c_s——组分在固定相中的浓度;

　　　c_m——组分在流动相中的浓度。

分配系数与组分、流动相和固定相的热力学性质有关,也与温度、压力有关。在不同的色谱分离机制中,K 有不同的概念:吸附色谱法为吸附系数,离子交换色谱法为选择性系数(或称交换系数),凝胶色谱法为渗透参数。但一般情况可用分配系数来表示。

在条件(流动相、固定相、温度和压力等)一定,样品浓度很低时(c_s、c_m 很小)时,K 只取决于组分的性质,而与浓度无关。这只是理想状态下的色谱条件,在这种条件下,得到的色谱峰为正常峰;在许多情况下,随着浓度增大,K 减小,这时色谱峰为拖尾峰;而有时随着溶质浓度增大,K 也增大,这时色谱峰为前延峰。因此,只有尽可能减少进样量,使组分在柱内浓度降低,K 恒定时,才能获得正常峰。

在同一色谱条件下,样品中 K 值大的组分在固定相中滞留时间长,后流出色谱柱;K 值小的组分则滞留时间短,先流出色谱柱。混合物中各组分的分配系数相差越大,越容易分离,因此混合物中各组分的分配系数不同是色谱分离的前提。

(2) 容量因子(capacity factor,k')——化合物在两相间达到分配平衡时,在固定相与流动相中的量之比。

$$k' = \frac{N_s}{N_m} = \frac{c_s V_s}{c_m V_m} = K \frac{V_s}{V_m} \tag{10-14}$$

式中:N_s 为固定相中组分的质量;N_m 为流动相中组分的质量;c_s 为组分在固定相中的浓度;c_m 为组分在流动相中的浓度;V_s 为色谱柱中固定相的体积;V_m 为色谱柱中流动相的体积。因此容量因子也称质量分配系数。

相比是指色谱柱中流动相和固定相体积的比值。β 值与 K、k' 有如下关系:

$$\beta = \frac{V_m}{V_s} = \frac{K}{k'} \tag{10-15}$$

由物料平衡可知:

$$V_R C_m = V_m C_m + V_s C_s \tag{10-16}$$

由于 $V_m \approx V_M$,所以

$$K = \frac{C_s}{C_m} = \frac{V_R - V_m}{V_s} = \frac{V_R - V_M}{V_s} \tag{10-17}$$

$$k' = \frac{V_R - V_M}{V_s} \cdot \frac{V_s}{V_M} = \frac{V_R - V_M}{V_M} \tag{10-18}$$

$$k' = \frac{V'_R}{V_M} = \frac{t'_R}{t_M} = \frac{t_R - t_M}{t_M} \tag{10-19}$$

上式说明容量因子的物理意义:表示一个组分在固定相中停留的时间 (t'_R) 是不保留组分保留时间 (t_M) 的几倍。$k' = 0$ 时,化合物全部存于流动相中,在固定相中不保留,$t'_R = 0$;k' 越大,说明固定相对此组分的容量越大,出柱慢,保留时间越长。

容量因子与分配系数的不同点是:K 取决于组分、流动相、固定相的性质及温度,而与体积 V_s、V_M 无关;k' 除了与性质及温度有关外,还与 V_s、V_M 有关。由于 t'_R、t_M 较 V_s、V_M 易于测定,所以容量因子比分配系数应用更广泛。

(3) 选择性因子(selectivity factor,α)——相邻两组分的分配系数或容量因子之比。

$$\alpha = \frac{t'_{R_2}}{t'_{R_1}} = \frac{k'_2}{k'_1} = \frac{K_2}{K_1} \tag{10-20}$$

所以 α 又称为相对保留值。

要使两组分得到分离,必须使 $\alpha \neq 1$。α 与化合物在固定相和流动相中的分配性质、柱温有关,与柱尺寸、流速、填充情况无关。从本质上来说,α 的大小表示两组分在两相间的平衡分配热力学性质的差异,即分子间相互作用力的差异。

10.2.4 分离参数

分离度(resolution,R)——相邻两峰的保留时间之差与平均峰宽的比值。也叫分辨率,表示相邻两峰的分离程度。

$$R = \frac{2(t_{R_2} - t_{R_1})}{W_1 + W_2} = \frac{\Delta t_R}{\overline{W}_{1,2}} \tag{10-21}$$

R 值越大,表示两个峰分开的程度越大。当 $R = 1$ 时,称为 4σ 分离,两峰基本分离,裸露峰面积为 95.4%,内侧峰基重叠约 2%。$R = 1.5$ 时,称为 6σ 分离,裸露峰面积为 99.7%。$R \geqslant 1.5$ 称为完全分离。规定 R 应大于 1.5。

➤基本分离方程——分离度与三个色谱基本参数有如下关系:

$$R = \frac{\sqrt{n}}{4} \left(\frac{\alpha - 1}{\alpha} \right) \left(\frac{k'_2}{1 + k'_2} \right) \tag{10-22}$$

其中称为 $\dfrac{\sqrt{n}}{4}$ 柱效项，$\left(\dfrac{\alpha-1}{\alpha}\right)$ 为柱选择性项，$\left(\dfrac{k'_2}{1+k'_2}\right)$ 为柱容量项。柱效项与色谱过程动力学特性有关，后两项与色谱过程热力学因素有关。

从基本分离方程可看出，提高分离度有三种途径：① 增加塔板数。方法之一是增加柱长，但这样会延长保留时间、增加柱压。更好的方法是降低塔板高度，提高柱效。② 增加选择性。当 $\alpha=1$ 时，$R=0$，无论柱效有多高，组分也不可能分离。一般可以采取以下措施来改变选择性：改变流动相的组成及 pH；改变柱温；改变固定相。③ 改变容量因子。这常常是提高分离度的最容易方法，可以通过调节流动相的组成来实现。k'_2 趋于 0 时，R 也趋于 0；k'_2 增大，R 也增大。但 k'_2 不能太大，否则不但分离时间延长，而且峰形变宽，会影响分离度和检测灵敏度。一般 k'_2 在 1～10 范围内，最好为 2～5，窄径柱可更小些。

10.3　塔 板 理 论

10.3.1　塔板理论的基本假设

塔板理论是马丁和辛格首先提出的色谱热力学平衡理论。它把色谱柱看作分馏塔，把组分在色谱柱内的分离过程看成在分馏塔中的分馏过程，即组分在塔板间隔内的分配平衡过程。塔板理论的基本假设为：

(1) 色谱柱内存在许多塔板，组分在塔板间隔（即塔板高度）内完全服从分配定律，并很快达到分配平衡。

(2) 样品加在第 0 号塔板上，样品沿色谱柱轴方向的扩散可以忽略。

(3) 流动相在色谱柱内间歇式流动，每次进入一个塔板体积。

(4) 在所有塔板上分配系数相等，与组分的量无关。

虽然以上假设与实际色谱过程不符，如色谱过程是一个动态过程，很难达到分配平衡；组分沿色谱柱轴方向的扩散是不可避免的。但是塔板理论导出了色谱流出曲线方程，成功地解释了流出曲线的形状、浓度极大点的位置，能够评价色谱柱柱效。

10.3.2　色谱流出曲线方程及定量参数

根据塔板理论，流出曲线可用下述正态分布方程来描述：

$$c = \frac{c_0}{\sigma \sqrt{2\pi}}\, e^{\frac{(t-t_R)^2}{2\sigma^2}} \tag{10-23}$$

式中 c_0 为进样浓度，t_R 为保留时间，σ 为标准偏差，c 为时间 t 在柱出口的浓度，此式称为流出曲线方程式。

由色谱流出曲线方程可知：当 $t=t_R$ 时，浓度 c 有极大值。c_{max} 就是色谱峰的峰高。因此上式说明：① 当实验条件一定时（即 σ 一定），峰高 h 与组分的量（进样量）成正比，所以正常峰的峰高可用于定量分析。② 当进样量一定时，σ 越小（柱效越高），峰高越高，因此提高柱效能提高色谱分析的灵敏度。

由流出曲线方程对 $V(0\sim\infty)$ 求积分，即得出色谱峰面积。A 相当于组分进样量 C_0，因此是常用的定量参数。把 $C_{max}=h$ 和 $W_{1/2}=2.355\sigma$ 代入，即得 $A=1.064\times W_{1/2}\times h$，此为正常峰的峰面积计算公式。

10.4 速率理论

1956年荷兰学者范·迪姆特(Van Deemter)等人吸收了塔板理论的概念,并把影响塔板高度的动力学因素结合起来,提出了色谱过程的动力学理论——速率理论。它把色谱过程看作一个动态非平衡过程,研究过程中的动力学因素对峰展宽(即柱效)的影响,从而在动力学基础上较好地解释了影响板高的各种因素。该理论模型对气相、液相色谱都适用。范·迪姆特方程的数学简化式为:

$$H = A + \frac{B}{\bar{u}} + C\bar{u} \tag{10-24}$$

式中:$\bar{u}$ 为流动相的线速;A、B、C 为常数,分别代表涡流扩散项系数、分子扩散项系数和传质阻力项系数。图 10-3 为色谱的板高流速曲线。

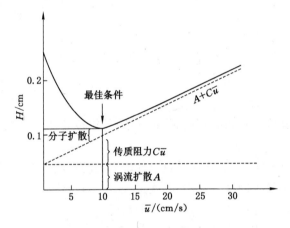

图 10-3　色谱的板高流速曲线

10.4.1　涡流扩散项 A

在填充色谱柱中,当组分随流动相向柱出口迁移时,流动相由于受到固定相颗粒阻碍,不断改变流动方向,使组分分子在前进中形成紊乱的类似"涡流"的流动,故称涡流扩散,如图 10-4 所示。

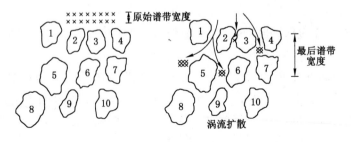

图 10-4　色谱柱中的涡流扩散

由于填充物颗粒大小的不同及填充物的不均匀性,使组分在色谱柱中路径长短不一,因而同时进色谱柱的相同组分到达柱出口的时间并不一致,引起了色谱峰的变宽。色谱峰变宽的程度由下式决定：

$$A = 2\lambda d_p \tag{10-25}$$

上式表明，A 与填充物的平均直径 d_p 的大小和填充不规则因子 λ 有关，与流动相的性质、线速度和组分性质无关。为了减少涡流扩散，提高柱效，使用细而均匀的颗粒，并且填充均匀是十分必要的。对于空心毛细管柱，不存在涡流扩散，因此 $A = 0$。

10.4.2　分子扩散项 $\dfrac{B}{u}$（纵向扩散项）

纵向分子扩散是由浓度梯度造成的。组分从柱入口加入。其浓度分布的构型呈"塞子"状扩散，造成谱带展宽，如图 10-5 所示。分子扩散项系数为

$$B = 2\gamma D_g \tag{10-26}$$

式中　　γ——填充柱内流动相扩散路径弯曲的因素，也称弯曲因子，它反映了固定相颗粒的几何形状对自由分子扩散的阻碍情况；

　　　　D_g——组分在流动相的扩散系数，cm^2/s。

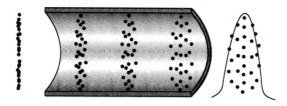

图 10-5　分子扩散示意图

分子扩散项与组分在流动相中扩散系数 D_g 呈正比，而 D_g 与流动相及组分性质有关：相对分子质量大的组分 D_g 小，D_g 反比于流动相相对分子质量的平方根，所以采用相对分子质量较大的流动相，可使 B 项降低。D_g 随柱温增高而增加，但反比于柱压。另外，纵向扩散与组分在色谱柱内停留时间有关，流动相流速小，组分停留时间长，纵向扩散就大。因此，为降低纵向扩散影响，要加大流动相流速。对于液相色谱，组分在流动相中的纵向扩散可以忽略。

10.4.3　传质阻力项 $C\bar{u}$

溶质分子在流动相和固定相中的扩散、分配、转移的过程并不是瞬间达到平衡，实际传质速度是有限的，这一时间上的滞后使色谱柱总是在非平衡状态下工作，从而产生峰展宽（图 10-6）。由于气相色谱以气体为流动相，液相色谱以液体为流动相，它们的传质过程不完全相同现分别讨论之。

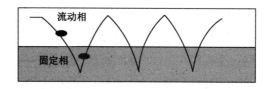

图 10-6　传质阻力图

（1）气相色谱

对于气液色谱，传质阻力系数 C 包括气相传质阻力系数 C_g 和液相传质阻力系数 C_l 两项，即：

$$C = C_g + C_l \tag{10-27}$$

气相传质过程是指试样组分从气相移动到固定相表面的过程。这一过程中试样组分将在两相间进行质量交换，即进行浓度分配，有的分子还来不及进入两相界面，就被气相带走；有的则进入两相界面又来不及返回气相。这样，使得试样在两相界面上不能瞬间达到分配平衡，引起滞后现象，从而使色谱峰变宽。对于填充柱，气相传质阻力系数 Cg 为

$$C_g = \frac{0.01k'^2}{(1+k')^2} \cdot \frac{d_p^2}{D_g} \tag{10-28}$$

式中：k' 为容量因子。由上式看出，气相传质阻力与填充物粒度 d_P 的平方呈正比、与组分在载气流中的扩散系数 D_g 呈反比。因此，采用粒度小的填充物和相对分子质量小的气体（如氢气）做载气，可使 D_g 减小，提高柱效。

液相传质过程是指试样组分从固定相的气-液界面移动到液相内部，并发生质量交换，达到分配平衡，然后又返回气-液界面的传质过程。这个过程也需要一定的时间，此时，气相中组分的其他分子仍随载气不断向柱出口运动，于是造成峰形扩张。液相传质阻力系数 C_l 为

$$C_l = \frac{2}{3} \frac{k'}{(1+k')^2} \frac{d_f^2}{D_l} \tag{10-29}$$

由上式看出，固定相的液膜厚度 d_f 薄，组分在液相的扩散系数 D_l 大，则液相传质阻力就小。降低固定液的含量，可以降低液膜厚度，但 k' 值随之变小，又会使 C_l 增大。当固定液含量一定时，液膜厚度随载体的比表面积增加而降低，因此，一般采用比表面积较大的载体来降低液膜厚度。但比表面积太大，由于吸附造成拖尾峰，也不利分离。虽然提高柱温可增大 D_l，但 k' 值减小。为了保持适当的 C_l 值，应控制适宜的柱温。

由上式可得范·迪姆特的气液色谱板高方程为：

$$H = 2\lambda d_p + \frac{2\gamma D_g}{\bar{u}} + \left[\frac{0.01 k'^2}{(1+k')^2}\frac{d_p^2}{D_g} + \frac{2k' d_f^2}{3(1+k')^2 D_l}\right]\bar{u} \tag{10-30}$$

这一方程对选择色谱分离条件具有实际指导意义，它指出了色谱柱填充的均匀程度、填料颗粒度的大小、流动相的种类及流速、固定相的液膜厚度等对柱效的影响。

（2）液相色谱

对于液液分配色谱，传质阻力系数 (C) 包含流动相传质阻力系数 (C_m) 和固定相传质阻力系数 (C_s)，即

$$C = C_m + C_s \tag{10-31}$$

其中 C_m 又包括流动的流动相中的传质阻力和滞留的流动相中的传质阻力，即

$$C_m = \frac{\omega_m d_p^2}{D_m} + \frac{\omega_{sm} d_p^2}{D_m} \tag{10-32}$$

式中：右边第一项为流动的流动相中的传质阻力。当流动相流过色谱柱内的填充物时，靠近填充物颗粒的流动相流速比在流路中间的稍慢一些，故柱内流动相的流速是不均匀的。这种传质阻力对板高的影响是与固定相粒度 d_p 的平方呈正比，与试样分子在流动相中的扩散系数 D_m 呈反比。ω_m 是由柱和填充的性质决定的因子。中右边第二项为滞留的流动相中

的传质阻力。这是由于固定相的多孔性,会造成某部分流动相滞留在一个局部。滞留在固定相微孔内的流动相一般是停滞不动的。流动相中的试样分子要与固定相进行质量交换,必须首先扩散到滞留区。如果固定相的微孔既小又深,传质速率就慢,对峰的扩展影响就大。式 ω_{sm} 是一系数,它与颗粒微孔中被流动相所占据部分的分数及容量因子有关。显然,固定相的粒度愈小,微孔孔径愈大,传质速率就愈快,柱效就愈高。对高效液相色谱固定相的设计就是基于这一考虑。

液液色谱中固定相传质阻力系数(C_s)可用下式表示

$$C_s = \frac{\omega_s \, d_p^2}{D_s} \tag{10-33}$$

说明试样分子从流动相进入到固定液内进行质量交换的传质过程与液膜厚度 d_f 平方呈正比,与试样分子在固定液的扩散系数 D_s 呈反比。式中 ω_s 是与容量因子有关的系数。

综上所述,对液液色谱的范·迪姆特方程式可表达为

$$H = 2\lambda \, d_p + \frac{2\gamma D_g}{\bar{u}} + \left(\frac{\omega_m \, d_p^2}{D_m} + \frac{\omega_{sm} \, d_p^2}{D_m} + \frac{\omega_s \, d_p^2}{D_s} \right) \bar{u} \tag{10-34}$$

该式与气液色谱速率方程式的形式基本一致,主要区别在液液色谱中纵向扩散项可忽略不计,影响校效的主要因素是传质阻力项。

从速率方程式可以看出,要获得高效能的色谱分析,一般可采用以下措施:① 进样时间要短;② 填料粒度要小;③ 改善传质过程,过高的吸附作用力可导致严重的峰展宽和拖尾,甚至不可逆吸附;④ 适当的流速,以 H 对 u 作图(图 10-7),则有一最佳线速度,在此线速度时,H 最小;⑤较小的检测器死体积。

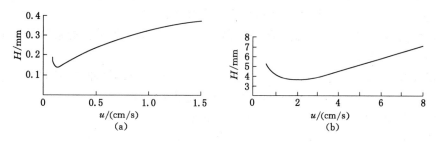

图 10-7　LC 和 GC 的 H-u 图
(a) LC;(b) GC

10.4.4　柱外效应

速率理论研究的是柱内峰展宽因素,实际在柱外还存在引起峰展宽的因素,即柱外效应(色谱峰在柱外死空间里的扩展效应)。

柱外效应主要由低劣的进样技术、从进样点到检测池之间除柱子本身以外的所有死体积所引起。为了减少柱外效应,首先应尽可能减少柱外死体积,如使用"零死体积接头"连接各部件,管道对接宜呈流线型,检测器的内腔体积应尽可能小。

柱外效应的直观标志是容量因子 k' 小的组分(如 $k' < 2$),其峰形拖尾和峰宽增加得更为明显;k' 大的组分影响不显著。由于 HPLC 的特殊条件,当柱子本身效率越高(n 越大),柱尺寸越小时,柱外效应越显得突出。而在经典 LC 中则影响相对较小。

第 11 章　气相色谱法

色谱法是一种物理或物理化学的分离分析方法。色谱法的分离原理:基于流动相中的各组分经过固定相时,由于与固定相发生作用(吸附、分配、离子吸引、排阻、亲和等能力)的大小、强弱不同,在固定相中滞留时间不同,从而产生差速迁移,先后从固定相中流出,实现分离。

色谱主要用于物质的分离,其中,气相色谱法原理简单、操作方便,在全部的色谱分析对象中,可以使用气相色谱法进行分析的大约占 20%。在仪器允许的气化条件下,凡是能够气化且热稳定、不具腐蚀性的液体或气体,都可以用气相色谱法分析。如果某些化合物不稳定或者沸点太高,也可以通过衍生化的方法,进行结构转换变成可以使用气相色谱法检测的物质。

11.1　概　　述

气相色谱法是一种以气体为流动相的柱色谱分离分析方法,它又可分为气液色谱法和气固色谱法。气相色谱法的特点主要有以下几个方面:

① 灵敏度高,可检出 10^{-10} g 的物质,可做超纯气体、单分子单体的痕量杂质分析和空气中微量毒物的分析;

② 高选择性:可有效地分离性质极为相近的各种同分异构体和各种同位素,它的分离能力主要是通过高选择性的固定相和增加理论塔板数来达到;

③ 高效能:可把组分复杂的样品分离成单组分;

④ 速度快:一般分析,只需几分钟即可完成,有利于指导和控制生产;

⑤ 应用范围广:既可分析低含量的气体、液体,亦可分析高含量的气、液体,可不受组分含量的限制;

⑥ 所需试样量少:一般气体样用几毫升,液体样用几微升或几十微升。

色谱法的原理是利用混合物中各组分在流动相和固定相中具有不同的溶解和解析能力,或不同的吸附和脱附能力,或其他亲和性能作用的差异。当两相做相对运动时,样品各组分在两相中反复多次(1 000~1 000 000 次)受到上述作用力的作用,从而使混合物中的组分获得分离。也就是说每种物质在固定相中的溶解和解析或吸附和脱附能力有差异,各物质在色谱柱中的滞留时间也就不同,即它们在色谱柱中的运行速度不同。随着载气的不断流过,各物质在柱中两相间经过了反复多次的分配与平衡过程,当运行一定的柱长以后,样品中的各物质得到了分离。流动相是指携带样品流过整个系统的流体,常用氮气、氢气、氦气。固定相是指静止不动的一相,即色谱柱内的担体、固定液(填料)。

11.2　气相色谱仪

气相色谱仪是一种多组分混合物的分离分析仪器。它是以气体为流动相的柱色谱技术。从结构上看,它又是一个载气连续运行,自动分离、检测(鉴定)和记录的体系。一般简化流程如图 11-1 所示。

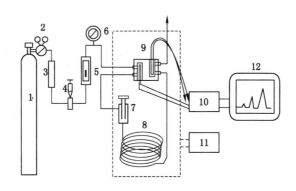

图 11-1　气相色谱流程示意图

1——载气钢瓶;2——减压阀;3——净化干燥管;4——针形阀;5——流量计;
6——压力表;7——进样器;8——色谱柱;9——热导池检测器;10——放大器;
11——温度控制器(虚线内);12——记录仪

由图 11-1 可见,载气由高压瓶供给,经减压阀、流速计控制流量后,以稳定的压力,精确的流速连续流过汽化室、色谱柱、检测器,最后放空。其中汽化室的作用是使液体或固体样品(先用溶剂溶解)瞬间汽化,被载气带入色谱柱内进行分离。色谱柱为一根金属或玻璃管子,内装固定相,起分离作用。检测器是一种检测的装置,它能把经色谱柱分离后载气中的组分浓度(或质量)转换为电信号。放大器是把检测器传来的微弱电信号放大,以带动二次仪表。记录器是把放大器的电信号自动记录下来。恒温箱又称色谱柱箱,是为色谱柱提供一个恒定的或程序改变的温度环境。

试样通常是用微量注射器以打针的方式注入汽化室,瞬间汽化后被载气带入色谱柱中进行分离。分离后各组分按顺序进入检测器,产生的电信号经放大后,由记录器自动记录下来,或直接连接色谱数据处理机或色谱数据工作站,自动打印分析结果。

气相色谱仪通常由下列五个部分组成:

① 流量控制系统(包括气源和流量的调节与测量元件等);
② 进样系统(包括进样装置和汽化室两部分);
③ 分离系统(主要是色谱柱系统);
④ 检测、记录系统(包括检测器和记录器);
⑤ 辅助系统(包括温控系统、数据处理系统等)。

11.2.1　流量控制系统

气相色谱仪的流量控制系统是一个载气连续运行、管路密闭的系统。它的气密性、载气流速的稳定性以及流量测量的准确性都对色谱分析结果有影响,需要严格控制。

(1)载气

气相色谱中常用的载气有氢、氮、氦、氩气等。这些气体一般都由高压钢瓶供给,通常都要经过净化、稳压和测量流量。目前高纯氢发生器应用较为普遍。高纯氮发生器也逐步在应用中。

在恒温色谱中,色谱柱的渗透性并不改变。因此用一个稳压阀,就可使柱的进口压恒定、流速稳定。这样在一定的温度下,恒定的流速将在特定时间内把组分冲洗出来。

至于选用何种载气,主要取决于选用的检测器和其他因素。最广泛应用的是氢和氮,氦气有比氢气更好的特点,但成本高,使用受到限制。

氢气,由于分子量小,导热系数大,黏度系数小,常用作热导池检测器的载气,也用作氢焰检测器的载气和可燃气。氢气的缺点主要是易燃、易爆,操作时要注意安全。氢气瓶要远离火种,不能与空气瓶或空压机混放。

氮气,扩散系数小,常用作氢焰检测器的载气。对热导池检测器来说,由于氮气导热系数小,灵敏度低,在白酒气相色谱分析中,常用作氢焰检测器的载气。用作载气时,必须用高纯氮(纯度为 99.99%)

对载气和氢焰用的 H_2 和空气都要进行净化。一般可用变色硅胶、分子筛和活性炭干燥管(先经水洗干燥,以除去细粉)即可满足分析要求。

用氢焰时要注意除去光源中的烃类等有机杂质,可用活性炭除去。用电子捕获检测器时,要把电负性较强的组分如水、氧气通过装有 $60\sim80$ 目紫铜末的净化器和 5A 型分子筛净化除去。火焰光度检测器用的载气,要用 5A 型分子筛除去硫磷等化合物。痕量分析或毛细管色谱用的载气纯化程度,要高于常规分析。

(2)气体的流量控制和测量

这是气相色谱的重要操作条件之一。载气流量对提高柱的分离效能,保证分析的准确度,缩短分析时间等,都有重要意义。要求载气流量变化要小于 1%,否则将影响组分的定性和定量。流量的稳定,一般采用减压阀(氧气表),使压力减到 $0.2\sim0.4$ MPa,然后串联一个针形阀或波纹管式稳压阀,以稳定载气流量。

气体流量的测量一般用转子流量计、皂膜流量计及毛细管流速计等方法,常用的为前两种。转子流量计结构简单,操作方便。它是利用气体由下而上流动时所产生的浮力,使转子重力的平衡位置和气流流量成正比例的关系。在使用中可作转子高度和流量的校正曲线。皂膜流量计是利用气流顶着皂膜沿刻度管移动,用秒表测定单位时间内移动的距离即气体流量,测量精度可达 1%。

(3)气体流量比例的选择

假如以氮气为载气,氢气为燃气,空气为助燃气时,这三种气体的流量比例取决于不同的气相色谱仪并通过实验确定。一般可参照以下参数(流量比值)进行选择:$N_2:H_2=1:(1\sim1.5)$;$H_2:$空气$=1:10$。

(4)气路

气相色谱的气路有单柱气路和双柱气路两种。前者简单,适用于恒温分析。后者适用于程序升温,以参比柱补偿固定液流失,使基线稳定。

11.2.2 进样系统

进样就是把气体或液体样品,快速定量地加到色谱柱头上进行色谱分离。进样量的大小、进样时间的长短、试样汽化速度和试样量等对色谱分离效率有较大影响。并对分析结果的准确度和重复性也有影响。常见的进样系统有以下几种：

（1）填充柱进样系统

① 常压气体进样

医用注射器（100 μL～5 mL）进样：简单、灵活，但误差大，偏差在 5%左右（图 11-2）。

六通阀定体积进样：操作方便、进样迅速、结果准确、偏差较小，只有 0.5%。六通阀的结构见图 11-3。

如图 11-3（a）所示，六通阀处于取样位置时，载气经 1,2 两通道直接进入色谱柱，无样品进入色谱仪，气体样品经通道 5 流入接在通道 3,6 上的定量管 7 中，经通道 4 流出，使定量管充满样品。

如图 11-3（b）所示，把六通阀从取样位置旋转 60°后到进样位置，载气经 1,6 通道和定量管 8 相连，把定量管中的样品经 3,2 两通道带到色谱柱中，定量管的体积可根据需要进行调解。

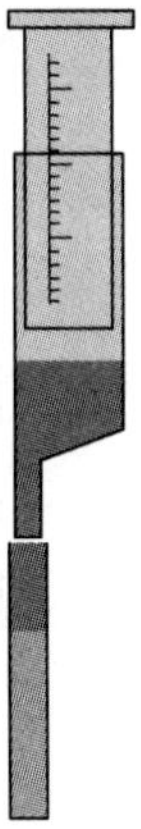

图 11-2　注射器

② 液体进样

液体进样一般是通过注射器进样，在汽化室内把溶剂和样品转化为蒸气进入色谱柱中。图 11-4 是一种典型的填充色谱用汽化室。

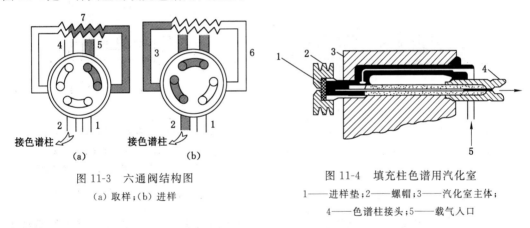

图 11-3　六通阀结构图
(a) 取样；(b) 进样

图 11-4　填充柱色谱用汽化室
1——进样垫；2——螺帽；3——汽化室主体；
4——色谱柱接头；5——载气入口

（2）填充柱和毛细管均可使用的进样系统

① 顶空进样分析（head space analysis）

一些样品中既含有挥发性组分又含有不挥发组分，如油漆、食品、塑料等，常可用这种方式进样分析其中可挥发的组分，顶空进样可以用最简单的静态手工方式，也可以用吹扫-捕集动态顶空自动进样方式。简单的静态手工进样瓶如图 11-5 所示。

而吹扫-捕集顶空进样见图 11-6，目前 HP 公司和 PE 公司都有专门用于顶空进样的微机控制的自动顶空进样设备。

② 裂解进样器（pyrolyzer）

裂解进样器是进行裂解气相色谱的进样设备，在利用气相色谱分析不挥发的大分子和高聚物时就要用这种进样器，目前使用较多的裂解器有：管式炉裂解器、热丝（带）裂解器、居里点裂解器和激光裂解器。这些裂解器的功能都是使大分子或高分子化合物裂解为低分子可挥发的化合物，能用气相色谱仪进行分析。这四种裂解器的结构见图 11-7～图 11-10。

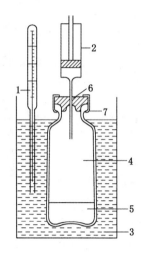

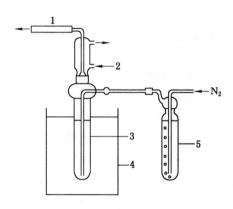

图 11-5　静态顶空进样瓶示意图

1——温度计；2——注射器；3——恒温浴；4——容器；

5——样品；6——隔膜；7——螺帽

图 11-6　吹扫—捕集顶空进样示意图

1——捕集管；2——冷却水；3——样品管；

4——水浴；5——洗气瓶

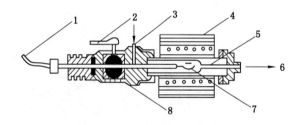

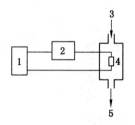

图 11-7　管式裂解器示意图

1——热电偶；2——手柄；3——载气；4——管式炉；

5——石英管；6——色谱柱；7——铂舟；8——球闸

图 11-8　热丝(带)裂解示意器

1——电源；2——定时器；3——载气；

4——铂丝线圈(样品)；5——接色谱柱

（3）毛细管柱进样系统

毛细管气相色谱仪的进展与进样系统的不断改进有很大的关系,近几年来进样系统得到很大进步,其目的主要是解决进样的歧视现象,以提高分析的精密度和准确度。

① 分流进样系统

分流进样器的示意图如图 11-11 所示,经预热的载气分两路,一路向上冲洗注射隔膜,另一路以较快的速度进入气化室,使样品与载气混合,并在毛细管柱入口处进行分流。常规毛细管柱分流比一般为 $1:50\sim1:500$;对大内径厚液膜毛细管柱一般为 $1:5\sim1:50$。

② 不分流进样系统

与分流进样系统不同之处在于分流管和分流阀之间有一个缓冲空间(图 11-12)。在进样时分流电磁阀关闭。经过一段时间(一般为 $30\sim90$ s)大部分溶剂和溶质进入色谱柱,电磁阀打开,把气化室中剩余溶剂和溶质通过分流阀吹走。

③ 柱头进样系统

格罗布(Grob)在 1978 年设计的一种用注射器进样的柱头进样器(图 11-13),可用于毛细管内径小于或等于 0.3 mm 情况下的柱头进样,使用的注射器外径为 0.23 mm,内径为

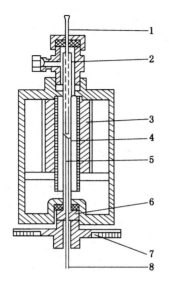

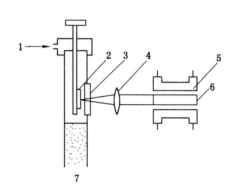

图 11-9　居里点裂解器示意图

1——铁磁丝；2——石英管；3——高频线圈；4——样品；

5——锥形连接管；6——密封圈；7——连接环；8——接色谱柱

图 11-10　激光裂解器示意图

1——载气入口；2——样品；3——窗片；4——透镜；

5——氙灯；6——红宝石；7——色谱柱

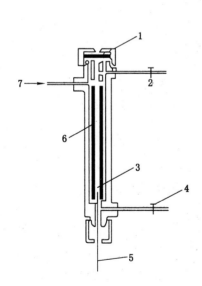

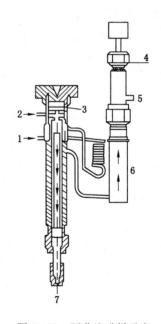

图 11-11　分流进样示意图

1——隔膜；2,4——针形阀；3——分流点；

5——毛细管柱；6——汽化室；7——载气入口

图 11-12　不分流进样示意

1——载气入口；2——清扫气出口；3——垫圈；4——分流阀；

5——分流气出口；6——缓冲器；7——毛细管柱

0.1 mm，长度为 85 mm。

11.2.3　分离系统

色谱柱是色谱仪的分离系统的核心部分。试样中各组分的分离在色谱柱中进行分离，色谱柱主要有填充柱和毛细管柱两类，现分别叙述如下：

（1）填充柱

填充柱由柱管和固定相组成，柱管材料为不锈钢或玻璃，内径为 $2\sim4$ mm，长为 $1\sim3$ m。往内装有固定相，固定相又分为固体固定相和液体固定相两种。

（2）毛细管柱

毛细管柱又叫空心柱，空心柱分涂壁空心柱、多孔层空心柱和涂载体空心柱。涂壁空心柱是将固定液均匀地涂在内径为 $0.1\sim0.5$ mm 的毛细管内壁而成。毛细管的材料可以是不锈钢、玻璃或石英。这种色谱柱具有渗透性好、传质阻力小等特点，因此柱子可以做得很长（一般几十米，最长可到 300 m）。与填充柱相比，其分离效率高，分析速度快，样品用量小。其缺点是样品负荷量小，因此经常需要采用分流技术。柱的制备方法也比较复杂；多孔层空心柱是在毛细管内壁适当沉积上一层多孔性物质，然后涂上固定液。这种柱容量比较大，渗透性好，故有稳定、高效、快速等优点。

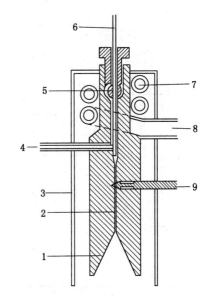

图 11-13　Grob 柱头进样器示意图

1——锥形孔；2——0.3 mm 通道；3——钢杯；
4——载气入口；5——石墨垫；6——毛细管柱；
7——冷却空气出口；8——冷却空气入口；9——停止阀

填充柱／毛细管柱两用色谱仪，与填充柱的主要差别是柱前多一个分流／不分流进样器，柱后加一个尾吹气路。

色谱柱是气相色谱仪的心脏，样品中的各个组分在色谱柱中经过反复多次分配后得到分离，从而达到分析的目的，柱箱的作用就是安装色谱柱。由于色谱柱的两端分别连接进样器和检测器，因此进样器和检测器的下端（接头）均插入柱箱。柱箱能够安装各种填充柱和毛细管柱，并且操作方便。

11.2.4　检测系统

被测组分经色谱柱分离后，是以气态分子与载气分子相混状态从柱后流出的，人的肉眼是看不见的。因此必须要有一个方法将混合气体中组分的真实浓度变成可测量的电信号，而且信号大小与组分的量要成正比。气相色谱检测器的作用就是将色谱柱分离后的各组分的浓度信号转变成电信号。检测器是用来连续检测经色谱柱分离后的流出物的组成和含量变化的装置。它利用溶质（被测物）的某一物理或化学性质与流动相有差异的原理，当溶质从色谱柱流出时，会导致流动相背景值发生变化，并将这种变化转变成可检测的信号，从而在色谱图上以色谱峰的形式记录下来。

气相色谱的检测系统主要由检测器、放大器和记录器等部件组成。气相色谱检测器的性能要求是通用性强或专用性好；响应范围宽，可用于常量和痕量分析；稳定性好，噪声低；死体积小，响应快；线性范围宽，便于定量；操作简便耐用。

气相色谱检测器按其原理与检测特性可分为浓度型检测器、质量型检测器、通用型检测器、选择性检测器、破坏性检测器、非破坏性检测器等（表 11-1）。

表 11-1　　　　　　　　　　　　　　　　气相色谱检测器

检测方法	工作原理	检测器	应用范围
物理常数法	热导系数差异	热导池检测器 TCD	所有化合物
气相电离法	火焰电离	火焰电离检测器 FID	有机物
	热表面电离	氮磷检测器 NPD	氮、磷化合物
	化学电离	电子捕获检测器 ECD	电负性化合物
	光电离	光电离检测器 PID	所有化合物
光度法	原子发射	原子发射检测器 AED	多元素
	分子发射	火焰光度检测器 FPD	硫、磷化合物
	分子吸收	傅里叶变换红外光谱 FTIR	红外吸收化合物
	分子吸收	紫外检测器 UVD	紫外吸收化合物
电化学法	电导变化	电导检测器 ELCD	卤、硫、氮化合物
质谱法	电离和质量色散	质量选择检测器 MSD	所有化合物

（1）浓度型检测器（concentration detector）

在一定浓度范围（线性范围）内,响应值 R（检测信号）大小与流动相中被测组分浓度成正比（$R \propto C$）。浓度型检测器当进样量一定时,瞬间响应值（峰高）与流动相流速无关,而积分响应值（峰面积）与流动相流速成反比,峰面积与流动相流速的乘积为一常数。绝大部分检测器都是浓度型检测器,如:热导池检测器（TCD）、电子捕获检测器（ECD）、液相色谱法中的紫外-可见光检测器（UVD）、电导检测器与荧光检测器也是浓度型检测器。凡非破坏性检测器均为浓度型检测器。

（2）质量型检测器（mass detector）

在一定浓度范围（线性范围）内,响应值 R（检测信号）大小与单位时间内通过检测器的溶质的量（被测溶质质量流速）成正比,即响应值 R 与单位时间内进入检测器中的某组分质量成正比 $R \propto dm/dt$。质量型检测器其峰高响应值与流动相流速成正比,而积分响应值（峰面积）与流速无关。这类检测器较少,常见的有氢火焰离子化检测器（FID）、火焰光度检测器（FPD）、氮磷检测器（NPD）、质量选择检测器（MSD）等。

（3）通用型检测器（common detector）

它是对所有溶质或含有溶质的柱流出物都有响应的检测器。所谓通用也只是相对的,不可能存在一种对任何物质都有响应,且具有一定响应强度的检测器。最常见的通用型检测器有 TCD、窗式光电离检测器（PID）、液相色谱中的示差折光检测器。通用型检测器容易受共存非被测组分的干扰。

（4）选择性检测器（selective detector）

只对某类溶质或含有该类溶质的柱流出物有响应,而对其他物质无响应或响应很小的检测器。常用的选择性检测器有 PND、ECD、FPD 等。还有液相色谱中的紫外-可见光检测器、电导检测器、荧光检测器、化学发光检测器、安培检测器和光散射检测器等。

（5）非破坏性检测器（non-destructive detector）

检测过程中不改变样品化学结构和存在形态的检测器。如:热导池检测器（TCD）、光电离检测器（PID）,还有液相色谱中紫外-可见光检测器、红外检测器、电导检测器和示差折光检测器都不破坏样品。

对于电离式检测器,在外加电场作用下形成的离子流,是缓慢变化的微弱直流电信号。这种信号只有经过放大器后,才能带动二次仪表,由记录器记录。通常离子化检测器的信号测量范围为 $10^{-6} \sim 10^{-12}$ A。由于离子流太弱,讯号源内阻又高,故需用高灵敏度和高输入阻抗和响应时间小的直流放大信号。其次,由于待测电流变化较大,又具有连续变化的性质,因此还要求放大器有大的量程、线性响应和足够大的功率输出,以能带动记录器。另外,要求放大器稳定性能好,结构简单等。

11.2.5 辅助系统

11.2.5.1 温度控制

(1) 温度

温度直接影响色谱柱的选择性、分离效率与检测器的灵敏度和稳定性等,因此要严格控制色谱柱与检测器的温度,使柱温不仅要稳定而且不高于固定液的最高使用温度。提高柱温,虽能使气相和液相传质速度加快,各组分出峰也快,但使柱子选择性变坏,分离效能下降。柱温过低,分析时间长,峰形扁平,效果不好。对恒温箱的温度要求,分布均匀,上下或不同位置的温度应不超过 1 ℃。控制点温度要求控制精度为 ±0.5 ℃内。

恒温箱普遍采用空气浴加热方法,即由鼓风马达强制空气对流,减少热辐射,使温度均匀。这种装置升温快,温度范围广,便于变温与自动控制,还易于获得高温,也便于程序升温分析时快速升温。

(2) 温度选择

① 柱箱温度:恒温操作最简单,重现性也好,适宜用于常规产品质量检查和生产控制分析。对于沸点范围很宽(大于 80 ℃)的混合物,可采用程序升温,就是在一个分析周期内,柱温随时间由低向高温线性或非线性的变化,使沸点不同的组分各自在其最佳柱温下流出,从而改善分离效果,缩短分析时间。

② 汽化室的温度:要求在此温度上,试样能瞬间汽化而不分解。检查汽化室温度是否恰当的方法是升高汽化室温度。如果柱效和峰形有所改变,则说明原温度太低。如果积极保留时间、峰面积和峰形激烈变化,则说明温度太高,出现了分解。所以,准确地选择与控制汽化室温度,对高沸点与易分解样品尤为重要。汽化室温度一般比柱温高 50 ～ 100 ℃即可。

③ 检测室温度:除氢焰检测器外,所有检测器都对温度的变化敏感,尤其是热导池检测器温度变化直接影响灵敏度和稳定性。大多数仪器都把检测器单放在检测室单独进行温度控制。一般控制在 ±0.1 ℃使用,并由直读温度表指示温度,检测室温度在恒温操作时,一般选择与柱温相同或略高于柱温的温度。对于程序升温操作,一般选择最高柱温为检测室温度,即使柱温程序变更,而检测器温可保持不变。另外,检测器与柱出口连接管路也要加热,防止样品与固定液冷凝。通常峰形扩张或组分丢失,就是冷凝的表现。氢焰检测器温度要高于 100 ℃,以免积水。

11.2.5.2 色谱数据处理机

色谱数据处理机是一种新型的数据处理仪器。它的工作要点:首先把数据处理程序输入计算机中,然后启动计算机,进样待色谱峰出来时,通过数据放大器和模数转换装置,把色谱仪输出的模拟量(mV)信号转换成相应的数字时,再经接口输入计算机。计算机便对色谱峰进行自动鉴别、求积和计算,在出峰完毕时,立即算出各组分含量,并由电传打印机自动打印出分析结果。

目前色谱分析已普遍应用色谱数据处理机,还出现了色谱数据工作台。它比专用的色谱数据处理机更先进,充分发挥了当今计算机高速度、大容量、多媒体的优势,使色谱分析在仪器装备上走向现代化。

11.3　气相色谱的应用

11.3.1　定性鉴定方法

11.3.1.1　利用纯物质定性的方法

利用保留值定性:通过对比试样中具有与纯物质相同保留值的色谱峰,来确定试样中是否含有该物质及在色谱图中的位置。不适用于不同仪器上获得的数据之间的对比。

利用加入法定性:将纯物质加入到试样中,观察各组分色谱峰的相对变化。

11.3.1.2　利用文献保留值定性

利用相对保留值定性:相对保留值仅与柱温和固定液性质有关。在色谱手册中都列有各种物质在不同固定液上的保留数据,可以用来进行定性鉴定。

11.3.1.3　保留指数

又称 Kovats 指数(I),是一种重现性较好的定性参数。测定方法:将正构烷烃作为标准,规定其保留指数为分子中碳原子个数乘以 100(如正己烷的保留指数为 600)。

其他物质的保留指数(I_X)是通过选定两个相邻的正构烷烃,其分别具有 Z 和 $Z+1$ 个碳原子。被测物质 X 的调整保留时间应在相邻两个正构烷烃的调整保留值之间。

保留指数计算方法:

$$t'_{R(Z+1)} > t'_{R(X)} > t'_{R(Z)}$$

$$I_X = 100(\frac{\lg t'_{R(X)} - \lg t'_{R(Z)}}{\lg t'_{R(Z+1)} - \lg t'_{R(Z)}} + Z) \tag{11-1}$$

11.3.2　定量分析方法

11.3.2.1　归一化法

归一化法是常用的一种简便、准确的定量方法。使用这种方法的条件是样品中所有组分都出峰,将所有出峰组分的含量之和按 100% 计,当测量参数为面积时,计算式如下:

$$x_i = \frac{f_i A_i}{\sum (f_i A_i)} \times 100 \tag{11-2}$$

式中　x_i——试样中组分 i 的百分含量;

　　　f_i——组分 i 的校正因子;

　　　A_i——组分 i 的峰面积。

如果测量参数为峰高,计算式如下:

$$x_i = \frac{f_i^h h_i}{\sum (f_i^h h_i)} \times 100 \tag{11-3}$$

式中　f_i^h——组分 i 的峰高校正因子;

　　　h_i——组分 i 的峰高。

如果样品中组分是同分异构体或同系物，若已知校正因子近似相等，就可以不用校正因子，将面积直接归一化，即可按下式计算：

$$x_i = \frac{A_i}{\sum A_i} \times 100 \tag{11-4}$$

或
$$x_i = \frac{h_i}{\sum h_i} \times 100 \tag{11-5}$$

归一化定量的优点是方法准确，进样量的多少与结果无关，仪器与操作条件对结果影响小。缺点是某些组分在所用检测器上可能不出峰，如 H_2O 在氢焰离子化检测器上等；样品中含有沸点高，出峰很慢的组分（如果用其他定量方法，可用反吹法除去），不需定量的个别组分可能分离不好，重叠在一起，影响面积的测量，使其应用受到一定程度的限制。在使用选择性检测器时，一般不用该法定量。

11.3.2.2　内标法

当分析样品不能全部出峰，不能用归一化法定量时，可考虑用内标法定量。

方法：准确称取样品，选择适宜的组分作为欲测组分的参比物，在此称为内标物。加入一定量的内标物，根据被测物和内标物的质量及在色谱图上相应的峰面积比按下式求组分的含量。

$$x_i(\%) = \frac{m_s A_i \cdot f_{si}}{m \cdot A_s} \tag{11-6}$$

式中　x_i——试样中组分 i 的含量；

m_s——加入内标物的质量；

A_s——内标物的峰面积；

m——试样的质量；

A_i——组分 i 的峰面积；

f_{si}——f_i/f_s 的值。

对内标物的要求：不能与样品或固定相发生反应；能与样品完全互溶；与样品组分很好的分离，又比较接近；加入内标的量要接近被测组分的含量；要准确称量。

如果用峰高作为测量参数，上式也可将面积改为峰高，将面积校正因子改为峰高校正因子进行定量。

内标法定量也比较准确，而且不像归一化法有使用上的限制。主要缺点：每次需要用分析天平准确称量内标和样品，日常分析使用很不方便，样品中多了一个内标物，显然对分离的要求更高些。

11.3.2.3　外标法

外标法又称校正曲线法。用已知纯样品配成不同浓度的标准样进行试验，测量各种浓度下对应的峰高或峰面积，绘制响应信号-百分含量标准曲线。分析时，进入同样体积的分析样品，从色谱图上测出面积或峰高，从校正曲线上查出其百分含量。

在一些工厂的常规分析中，样品中各组分中的浓度一般变化不大，在检量线通过原点（O 点）时可不必做校正曲线，而用单点校正法来分析。即配制一个与被测组分含量十分接近的标准样，定量进样，由被测组分与外标组分峰面积或峰高比来求被测组分百分含量。

$$x_i = E_i \cdot \frac{A_i}{A_E} \tag{11-7}$$

式中　x_i——试样中组分 i 的含量;

　　　E_i——标准样中组分 i 的含量;

　　　A_E——标准样中组分 i 的峰面积。

该方法的优点是操作简单和计算方便。缺点是仪器和操作条件对分析结果影响很大,不像归一化和内标法定量操作中可以互相抵消。因此,标准曲线使用一段时间后应当校正。

11.3.2.4　叠加法

叠加法又叫内加法,是以样品中已有的组分作内标,比较该组分加入前后面积的改变,计算被测组分含量。其步骤如下:先做样品色谱图,然后在原样品中定量加入原样品中含量较小组分的纯样品,同样条件下,再进一色谱样得一色谱图。

$$\frac{A_i}{A_j} = \frac{a}{A'_j}$$

$$a = A_i \cdot \frac{A'_j}{A_j}$$

$$a' = A'_i - a = A'_i - A_i \frac{A'_j}{A_j}$$

式中 A_i、A_j 是原样品中组分 i、j 的峰面积,A'_i、A'_j 是原样品中加组分 i 后,组分 i、j 的峰面积。设 $A'_i = a + a'$,a 是原样品组分 i 的实际峰面积,a' 是原样品加入纯样品后组分 i 增加的峰面积。

同一样品,虽进样量不同,但仪器灵敏度不变,其峰面积比保持不变。

对于组分 i:

$$x_i(\%) = \frac{am_i}{a'm} \times 100 = \frac{A_i A'_j \cdot m_i}{m(A'_j A_j - A_i A'_i)} \times 100 \tag{11-8}$$

式中　m_i——加入组分 i 的质量;

　　　m——试样的质量。

11.3.2.5　转化定量法

转化定量法是气相色谱中使用的一种定量方法,将被测组分在进入检测器前利用催化剂转化为同一组分,一般常转化为 CO_2 和 CH_4,使定量工作简化。

设某组分进样量为 m_i(mg)、相对分子质量为 M_i 分子中含碳原子数为 N_i、转化为 CO_2 后所得峰面积为 A_i、每毫升 CO_2 的峰面积为 A_{CO_2}',则组分 i 的绝对量 m_i 为

$$m_i = \frac{M_i}{N_i} \times \frac{A_i}{A_{CO_2}}/22.4 \tag{11-9}$$

如果样品中所有组分都出峰,可用归一化法定量。

$$x_i(\%) = \frac{A_i \dfrac{M_i}{N_i}}{\sum A_i \dfrac{M_i}{N_i}} \times 100 \tag{11-10}$$

11.3.3　应用实例

采用微电解——Fenton 试剂法对吉林市某双苯厂含硝基苯等的化工废水预处理进行了试验,为了考察废水中硝基苯等污染物质变化情况,对原水、微电解、Fenton 试剂、碱中和

处理后每个过程的水样进行气相色谱跟踪分析,结果见图 11-14。

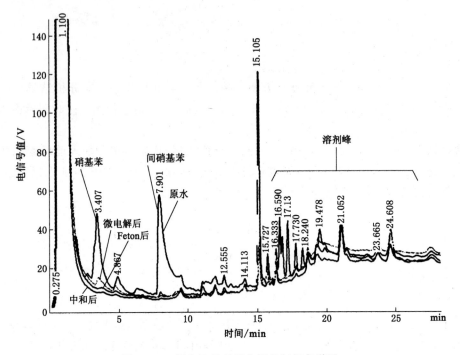

图 11-14　原水及处理后水样的气相色谱图

由图 11-14 可见,经微电解后硝基苯已基本除去,其他有机化合物也有所减少。根据各色谱峰的峰面积计算出经过铁碳微电解处理后其中有机物去除率为 73.5%,再经过 Fenton 试剂处理后,废水中有机物去除率为 81.0%;最后经过碱中和后,废水中有机物去除率为 83.6%。

第 12 章　高效液相色谱法

高效液相色谱以液体为流动相,高效分离有机物。高效液相色谱适合于分析那些用气相色谱难以分析的物质,如挥发性差、极性强、具有生物活性、热稳定性差的物质。现在,高效液相色谱的应用范围已经远远超过气相色谱,位居色谱法之首。

12.1　概　　述

12.1.1　发展史

在所有色谱技术中,液相色谱法(liquid chromatography,LC)是最早(1903 年)发明的,但其初期发展比较慢,在液相色谱普及之前,纸色谱法、气相色谱法和薄层色谱法是色谱分析法的主流。

液相色谱法开始阶段是用大直径的玻璃管柱在室温和常压下用液位差输送流动相,称为经典液相色谱法,此方法柱效低、时间长(常有几个小时)。高效液相色谱法(high performance liquid chromatography,HPLC)是在经典液相色谱法的基础上,于 20 世纪 60 年代后期引入了气相色谱理论而迅速发展起来的。特别是填料制备技术、检测技术和高压输液泵性能的不断改进,使液相色谱分析实现了高效化和高速化。具有这些优良性能的液相色谱仪于 1969 年商品化。它与经典液相色谱法的区别是填料颗粒小而均匀,小颗粒具有高柱效,但会引起高阻力,需用高压输送流动相,故又称高压液相色谱法(high pressure liquid chromatography,HPLC)。又因分析速度快而称为高速液相色谱法(high speed liquid chromatography,HSLP),也称现代液相色谱。

12.1.2　高效液相色谱法的特点

HPLC 有以下特点:

(1) 高压。压力可达 14.71~29.42 MPa。色谱柱每米降压为 7.355 MPa 以上。

(2) 高速。流速为 0.1~10.0 mL/min。

(3) 高效。可达 5 000 塔板每米。在一根柱中同时分离成分可达 100 种。

(4) 高灵敏度。紫外检测器灵敏度可达 0.01 ng。同时消耗样品少。

HPLC 与经典液相色谱相比有以下优点:

(1) 速度快。通常分析一个样品在 15~30 min,有些样品甚至在 5 min 内即可完成。

(2) 分辨率高。可选择固定相和流动相以达到最佳分离效果。

(3) 灵敏度高。紫外检测器可达 0.01 ng,荧光和电化学检测器可达 0.1 pg。

(4) 柱子可反复使用。用一根色谱柱可分离不同的化合物。

(5) 样品量少,容易回收。样品经过色谱柱后不被破坏,可以收集单一组分或做制备。

12.1.3 高效液相色谱法分类

高效液相色谱法按分离机制的不同分为液固吸附色谱法、液液分配色谱法（正相与反相）、离子交换色谱法、离子对色谱法和分子排阻色谱法。

（1）液固色谱法。使用固体吸附剂，被分离组分在色谱柱上分离原理是根据固定相对组分吸附力大小不同而分离。分离过程是一个吸附—解吸附的平衡过程。常用的吸附剂为硅胶或氧化铝，粒度 $5\sim10~\mu m$。适用于分离分子量 $200\sim1~000$ 的组分，大多数用于非离子型化合物，离子型化合物易产生拖尾。常用于分离同分异构体。

（2）液液色谱法。使用将特定的液态物质涂于担体表面，或化学键合于担体表面而形成的固定相，分离原理是根据被分离的组分在流动相和固定相中溶解度不同而分离。分离过程是一个分配平衡过程。

涂布式固定相应具有良好的惰性；流动相必须预先用固定相饱和，以减少固定相从担体表面流失；温度的变化和不同批号流动相的区别常引起柱子的变化；另外在流动相中存在的固定相也使样品的分离和收集复杂化。由于涂布式固定相很难避免固定液流失，现在已很少采用。现在多采用的是化学键合固定相，如 C_{18}、C_8、氨基柱、氰基柱和苯基柱。

液液色谱法按固定相和流动相的极性不同可分为正相色谱法（NPC）和反相色谱法（RPC）。

正相色谱法采用极性固定相（如聚乙二醇、氨基与腈基键合相）；流动相为相对非极性的疏水性溶剂（烷烃类如正己烷、环己烷），常加入乙醇、异丙醇、四氢呋喃、三氯甲烷等以调节组分的保留时间。常用于分离中等极性和极性较强的化合物（如酚类、胺类、羰基类及氨基酸类等）。

反相色谱法一般用非极性固定相（如 C_{18}、C_8）；流动相为水或缓冲液，常加入甲醇、乙腈、异丙醇、丙酮、四氢呋喃等与水互溶的有机溶剂以调节保留时间。适用于分离非极性和极性较弱的化合物。它在现代液相色谱中应用最为广泛，据统计，它占整个 HPLC 应用的 80% 左右。

随着柱填料的快速发展，反相色谱法的应用范围逐渐扩大，现已应用于某些无机样品或易解离样品的分析。为控制样品在分析过程的解离，常用缓冲液控制流动相的 pH。但需要注意的是，C_{18} 和 C_8 使用的 pH 通常为 $2.5\sim7.5（2\sim8）$，太高的 pH 会使硅胶溶解，太低的 pH 会使键合的烷基脱落。有报告新商品柱可在 pH 值为 $1.5\sim10$ 范围操作。

从表 12-1 可看出，当极性为中等时正相色谱法与反相色谱法没有明显的界线（如氨基键合固定相）。

表 12-1 　　　　　　　　　　　　正相色谱法与反相色谱法比较

	正相色谱法	反相色谱法
固定相极性	高～中	中～低
流动相极性	低～中	中～高
组分洗脱次序	极性小先洗出	极性大先洗出

（3）离子交换色谱法。固定相是离子交换树脂，常用苯乙烯与二乙烯交联形成的聚合物骨架，在表面末端芳环上接上羧基、磺酸基（称阳离子交换树脂）或季氨基（阴离子交换树

脂)。被分离组分在色谱柱上分离原理是树脂上可电离离子与流动相中具有相同电荷的离子及被测组分的离子进行可逆交换,根据各离子与离子交换基团具有不同的电荷吸引力而分离。

　　缓冲液常用作离子交换色谱的流动相。被分离组分在离子交换柱中的保留时间除跟组分离子与树脂上的离子交换基团作用强弱有关外,它还受流动相的 pH 和离子强度影响。pH 可改变化合物的解离程度,进而影响其与固定相的作用。流动相的盐浓度大,则离子强度高,不利于样品的解离,导致样品较快流出。

　　离子交换色谱法主要用于分析有机酸、氨基酸、多肽及核酸。

　　(4) 离子对色谱法。又称偶离子色谱法,是液液色谱法的分支。它是根据被测组分离子与离子对试剂离子形成中性的离子对化合物后,在非极性固定相中溶解度增大,从而使其分离效果改善。主要用于分析离子强度大的酸碱物质。

　　分析碱性物质常用的离子对试剂为烷基磺酸盐,如戊烷磺酸钠、辛烷磺酸钠等。另外高氯酸、三氟乙酸也可与多种碱性样品形成很强的离子对。

　　分析酸性物质常用四丁基季铵盐,如四丁基溴化铵、四丁基铵磷酸盐。

　　离子对色谱法常用 ODS 柱(即 C_{18}),流动相为甲醇-水或乙腈-水,水中加入 $3\sim10$ mmol/L 的离子对试剂,在一定的 pH 范围内进行分离。被测组分保留时间与离子对性质、浓度、流动相组成及其 pH、离子强度有关。

　　(5) 排阻色谱法。固定相是有一定孔径的多孔性填料,流动相是可以溶解样品的溶剂。小分子量的化合物可以进入孔中,滞留时间长;大分子量的化合物不能进入孔中,直接随流动相流出。它利用分子筛对分子量大小不同的各组分排阻能力的差异而完成分离。常用于分离高分子化合物,如组织提取物、多肽、蛋白质、核酸等。各种类型的液相色谱见表 12-2。

表 12-2　　　　　　　主要为液相色谱的种类及其原理和相对应的应用

类　　型	主要分离机理	主要分析对象或应用领域
吸附色谱	吸附能,氢键	异构体分离、族分离、制备
分配色谱	疏水分配作用	各种有机化合物的分离、分析与制备
凝胶色谱	溶质分子大小	高分子分离,分子量及其分布的测定
离子交换色谱	库仑力	无机离子、有机离子分析
离子排斥色谱	Donnan 膜平衡	有机酸、氨基酸、醇、醛分析
离子对色谱	疏水分配作用	离子性物质分析
疏水作用色谱	疏水分配作用	蛋白质分离与纯化
手性色谱	立体效应	手性异构体分离,药物纯化
亲和色谱	生化特异亲和力	蛋白、酶、抗体分离,生物和医药分析

12.2　高效液相色谱仪

　　高效液相色谱(HPLC)仪一般由输液泵、进样器、色谱柱、检测器、数据记录及处理装置等组成(图 12-1)。其中输液泵、色谱柱、检测器是关键部件。有的仪器还有梯度洗脱装置、在线脱气机、自动进样器、预柱或保护柱、柱温控制器等，现代 HPLC 仪还有微机控制系统，进行自动化仪器控制和数据处理。

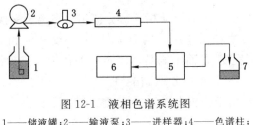

图 12-1　液相色谱系统图

1——储液罐；2——输液泵；3——进样器；4——色谱柱；

5——检测器；6——工作站；7——废液灌

12.2.1　输液泵

（1）泵的构造和性能

输液泵是 HPLC 系统中最重要的部件之一。泵的性能好坏直接影响整个系统的质量和分析结果的可靠性。输液泵应具备如下性能：① 流量稳定，其 RSD 应小于 0.5%，这对定性定量的准确性至关重要；② 流量范围宽，分析型应在 0.1~10 mL/min 范围内连续可调，制备型应能达到 100 mL/min；③ 输出压力高，一般应能达到 14.71~29.42 MPa；④ 液缸容积小；⑤ 密封性能好，耐腐蚀。

泵的种类很多，按输液性质可分为恒压泵和恒流泵。恒流泵按结构又可分为螺旋注射泵、柱塞往复泵和隔膜往复泵。恒压泵受柱阻影响，流量不稳定；螺旋泵缸体太大，这两种泵已被淘汰。目前应用最多的是柱塞往复泵。

柱塞往复泵的液缸容积小，可至 0.1 mL，因此易于清洗和更换流动相，特别适合于再循环和梯度洗脱；改变电机转速能方便地调节流量，流量不受柱阻影响；泵压可达 39.2 MPa。其主要缺点是输出的脉冲性较大，现多采用双泵系统来克服。双泵按连接方式可分为并联式和串联式，一般说来并联泵的流量重现性较好（RSD 为 0.1% 左右，串联泵为 0.2%~0.3%），但出故障的机会较多（因多了一个单向阀），价格也较贵。

（2）泵的使用和维护注意事项

为了延长泵的使用寿命和维持其输液的稳定性，必须按照下列注意事项进行操作：

① 防止任何固体微粒进入泵体，因为尘埃或其他任何杂质微粒都会磨损柱塞、密封环、缸体和单向阀，因此应预先除去流动相中的任何固体微粒。流动相最好在玻璃容器内蒸馏，而常用的方法是滤过，可采用 Millipore 滤膜（0.2 μm 或 0.45 μm）等滤器。泵的入口都应连接砂滤棒（或片）。输液泵的滤器应经常清洗或更换。

② 流动相不应含有任何腐蚀性物质，含有缓冲液的流动相不应保留在泵内，尤其是在停泵过夜或更长时间的情况下。如果将含缓冲液的流动相留在泵内，由于蒸发或泄漏，甚至只是由于溶液的静置，就可能析出盐的微细晶体，这些晶体将与上述固体微粒一样损坏密封环和柱塞等。因此，必须泵入纯水将泵充分清洗后，再换成适合于色谱柱保存和有利于泵维护的溶剂（对于反相键合硅胶固定相，可以是甲醇或甲醇-水）。

③ 泵工作时要留心防止溶剂瓶内的流动相被用完，否则空泵运转也会磨损柱塞、缸体或密封环，最终产生漏液。

④ 输液泵的工作压力决不要超过规定的最高压力,否则会使高压密封环变形,产生漏液。

⑤ 流动相应该先脱气,以免在泵内产生气泡,影响流量的稳定性,如果有大量气泡,泵就无法正常工作。

如果输液泵产生故障,须查明原因,采取相应措施排除故障:

① 没有流动相流出,又无压力指示。原因可能是泵内有大量气体,这时可打开泄压阀,使泵在较大流量(如 5 mL/min)下运转,将气泡排尽,也可用一个 50 mL 针筒在泵出口处帮助抽出气体。另一个可能原因是密封环磨损,需更换。

② 压力和流量不稳。原因可能是气泡,需要排除;或者是单向阀内有异物,可卸下单向阀,浸入丙酮内超声清洗。有时可能是砂滤棒内有气泡,或被盐的微细晶粒或滋生的微生物部分堵塞,这时,可卸下砂滤棒浸入流动相内超声除气泡,或将砂滤棒浸入稀酸(如 4 mol/L 硝酸)内迅速除去微生物,或将盐溶解,再立即清洗。

③ 压力过高的原因是管路被堵塞,需要清除和清洗。压力降低的原因则可能是管路有泄漏。检查堵塞或泄漏时应逐段进行。

(3) 梯度洗脱

HPLC 有等强度(isocratic)和梯度(gradient)洗脱两种方式。等度洗脱是在同一分析周期内流动相组成保持恒定,适合于组分数目较少,性质差别不大的样品。梯度洗脱是在一个分析周期内程序控制流动相的组成,如溶剂的极性、离子强度和 pH 值等,用于分析组分数目多、性质差异较大的复杂样品。采用梯度洗脱可以缩短分析时间,提高分离度,改善峰形,提高检测灵敏度,但是常常引起基线漂移和降低重现性。

梯度洗脱有两种实现方式:低压梯度(外梯度)和高压梯度(内梯度)。

两种溶剂组成的梯度洗脱可按任意程度混合,即有多种洗脱曲线:线性梯度、凹形梯度、凸形梯度和阶梯形梯度。线性梯度最常用,尤其适合于在反相柱上进行梯度洗脱。

在进行梯度洗脱时,由于多种溶剂混合,而且组成不断变化,因此带来一些特殊问题,必须充分重视:

① 要注意溶剂的互溶性,不相混溶的溶剂不能用作梯度洗脱的流动相。有些溶剂在一定比例内混溶,超出范围后就不互溶,使用时更要引起注意。当有机溶剂和缓冲液混合时,还可能析出盐的晶体,尤其使用磷酸盐时需特别小心。

② 梯度洗脱所用的溶剂纯度要求更高,以保证良好的重现性。进行样品分析前必须进行空白梯度洗脱,以辨认溶剂杂质峰,因为弱溶剂中的杂质富集在色谱柱头后会被强溶剂洗脱下来。用于梯度洗脱的溶剂需彻底脱气,以防止混合时产生气泡。

③ 混合溶剂的黏度常随组成而变化,因而在梯度洗脱时常出现压力的变化。例如甲醇和水黏度都较小,当二者以相近比例混合时黏度增大很多,此时的柱压大约是甲醇或水为流动相时的两倍。因此要注意防止梯度洗脱过程中压力超过输液泵或色谱柱能承受的最大压力。

④ 每次梯度洗脱之后必须对色谱柱进行再生处理,使其恢复到初始状态。需让 10~30 倍柱容积的初始流动相流经色谱柱,使固定相与初始流动相达到完全平衡。

12.2.2　进样器

早期使用隔膜和停流进样器,装在色谱柱入口处。现在大都使用六通进样阀或自动进样器。进样装置要求:密封性好,死体积小,重复性好,保证中心进样,进样时对色谱系统的压力、流量影响小。HPLC进样方式可分为隔膜进样、停流进样、阀进样和自动进样。

(1)隔膜进样。用微量注射器将样品注入专门设计的与色谱柱相连的进样头内,可把样品直接送到柱头填充床的中心,死体积几乎等于零,可以获得最佳的柱效,且价格便宜,操作方便。但不能在高压下使用(如10 MPa以上);此外隔膜容易吸附样品产生记忆效应,使进样重复性只能达到1%~2%;加之能耐各种溶剂的橡皮不易找到,常规分析使用受到限制。

(2)停流进样。可避免在高压下进样。但在HPLC中由于隔膜的污染,停泵或重新启动时往往会出现"鬼峰";另一缺点是保留时间不准。在以峰的始末信号控制馏分收集的制备色谱中,效果较好。

(3)阀进样。一般HPLC分析常用六通进样阀(以美国Rheodyne公司的7725型和7725i型最常见),其关键部件由圆形密封垫(转子)和固定底座(定子)组成。由于阀接头和连接管死体积的存在,柱效率低于隔膜进样(约下降5%~10%),但耐高压(35~40 MPa),进样量准确,重复性好(0.5%),操作方便。

六通阀的进样方式有部分装液法和完全装液法两种。① 用部分装液法进样时,进样量应不大于定量环体积的50%(最多75%),并要求每次进样体积准确、相同。此法进样的准确度和重复性决定于注射器取样的熟练程度,而且易产生由进样引起的峰展宽。② 用完全装液法进样时,进样量应不小于定量环体积的5~10倍(最少3倍),这样才能完全置换定量环内的流动相,消除管壁效应,确保进样的准确度及重复性。

六通阀使用和维护注意事项:① 样品溶液进样前必须用0.45 μm滤膜过滤,以减少微粒对进样阀的磨损。② 转动阀芯时不能太慢,更不能停留在中间位置,否则流动相受阻,使泵内压力剧增,甚至超过泵的最大压力;再转到进样位时,过高的压力将使柱头损坏。③ 为防止缓冲盐和样品残留在进样阀中,每次分析结束后应冲洗进样阀。通常可用水冲洗,或先用能溶解样品的溶剂冲洗,再用水冲洗。

(4)自动进样。用于大量样品的常规分析。

12.2.3 色谱柱

色谱是一种分离分析手段,分离是核心,因此担负分离作用的色谱柱是色谱系统的心脏。对色谱柱的要求是柱效高、选择性好,分析速度快等。市售的用于HPLC的各种微粒填料如多孔硅胶以及以硅胶为基质的键合相、氧化铝、有机聚合物微球(包括离子交换树脂)、多孔碳等,其粒度一般为3 μm、5 μm、7 μm、10 μm等,柱效理论值可达50 000~160 000/m。对于一般的分析只需5 000塔板数的柱效;对于同系物分析,只要500塔板数的柱效即可;对于较难分离物质则可采用高达20 000的柱子,因此一般10~30 cm左右的柱长就能满足复杂混合物分析的需要。

柱效受柱内外因素影响,为使色谱柱达到最佳效率,除柱外死体积要小外,还要有合理的柱结构(尽可能减少填充床以外的死体积)及装填技术。即使最好的装填技术,在柱中心部位和沿管壁部位的填充情况总是不一样的,靠近管壁的部位比较疏松,易产生沟流,流速较快,影响冲洗剂的流形,使谱带加宽,这就是管壁效应。这种管壁区大约是从管壁向内算起30倍粒径的厚度。在一般的液相色谱系统中,柱外效应对柱效的影响远远大于管壁效应。

（1）柱的构造

色谱柱由柱管、压帽、卡套（密封环）、筛板（滤片）、接头、螺丝等组成。柱管多用不锈钢制成，压力不高于 6.86 MPa 时，也可采用厚壁玻璃或石英管，管内壁要求有很高的光洁度。为提高柱效，减小管壁效应，不锈钢柱内壁多经过抛光。也有人在不锈钢柱内壁涂敷氟塑料以提高内壁的光洁度，其效果与抛光相同。还有使用熔融硅或玻璃衬里的，用于细管柱。色谱柱两端的柱接头内装有筛板，是烧结不锈钢或钛合金，孔径 0.2~20 μm（5~10 μm），取决于填料粒度，目的是防止填料漏出。

色谱柱按用途可分为分析型和制备型两类，尺寸规格也不同：① 常规分析柱（常量柱），内径 2~5 mm（常用 4.6 mm，国内有 4 mm 和 5 mm），柱长 10~30 cm；② 窄径柱［narrow bore，又称细管径柱、半微柱（semi-microcolumn）］，内径 1~2 mm，柱长 10~20 cm；③ 毛细管柱［又称微柱（microcolumn）］，内径 0.2~0.5 mm；④ 半制备柱，内径大于 5 mm；⑤ 实验室制备柱，内径 20~40 mm，柱长 10~30 cm；⑥ 生产制备柱内径可达几十厘米。柱内径一般是根据柱长、填料粒径和折合流速来确定，目的是为了避免管壁效应。

（2）柱的发展方向

因强调分析速度而发展出短柱，柱长 3~10 cm，填料粒径 2~3 μm。为提高分析灵敏度，与质谱（MS）联结，而发展出窄径柱、毛细管柱和内径小于 0.2 mm 的微径柱（micro-bore）。细管径柱的优点：① 节省流动相；② 灵敏度增加；③ 样品量少；④ 能使用长柱达到高分离度；⑤ 容易控制柱温；⑥ 易于实现 LC-MS 联用。

但由于柱体积越来越小，柱外效应的影响就更加显著，需要更小池体积的检测器（甚至采用柱上检测），更小死体积的柱接头和连接部件。配套使用的设备应具备如下性能：输液泵能精密输出 1~100 $\mu L/min$ 的低流量，进样阀能准确、重复地进样微小体积的样品。且因上样量小，要求高灵敏度的检测器，电化学检测器和质谱仪在这方面具有突出优点。

（3）柱的填充和性能评价

色谱柱的性能除了与固定相性能有关外，还与填充技术有关。在正常条件下，填料粒度大于 20 μm 时，干法填充制备柱较为合适；颗粒小于 20 μm 时，湿法填充较为理想。填充方法一般有 4 种：① 高压匀浆法，多用于分析柱和小规模制备柱的填充；② 径向加压法，Waters 专利；③ 轴向加压法，主要用于装填大直径柱；④ 干法。柱填充的技术性很强，大多数实验室使用已填充好的商品柱。

必须指出，高效液相色谱柱的获得，装填技术是重要环节，但根本问题还在于填料本身性能的优劣，以及配套的色谱仪系统的结构是否合理。

无论是自己装填的还是购买的色谱柱，使用前都要对其性能进行考察，使用期间或放置一段时间后也要重新检查。柱性能指标包括在一定实验条件下（样品、流动相、流速、温度）下的柱压、理论塔板高度和塔板数、对称因子、容量因子和选择性因子的重复性，或分离度。一般说来容量因子和选择性因子的重复性在±5%或±10%以内。进行柱效比较时，还要注意柱外效应是否有变化。

一份合格的色谱柱评价报告应给出柱的基本参数，如柱长、内径、填料的种类、粒度、色谱柱的柱效、不对称度和柱压降等。

（4）柱的使用和维护注意事项

色谱柱的正确使用和维护十分重要，稍有不慎就会降低柱效、缩短使用寿命甚至损坏。

在色谱操作过程中,需要注意下列问题,以维护色谱柱。

① 避免压力和温度的急剧变化及任何机械震动。温度的突然变化或者使色谱柱从高处掉下都会影响柱内的填充状况;柱压的突然升高或降低也会冲动柱内填料,因此在调节流速时应该缓慢进行,在阀进样时阀的转动不能过缓(如前所述)。

② 应逐渐改变溶剂的组成,特别是反相色谱中,不应直接从有机溶剂改变为全部是水,反之亦然。

③ 一般说来色谱柱不能反冲,只有生产者指明该柱可以反冲时,才可以反冲除去留在柱头的杂质。否则反冲会迅速降低柱效。

④ 选择使用适宜的流动相(尤其是 pH),以避免固定相被破坏。有时可以在进样器前面连接一预柱,分析柱是键合硅胶时,预柱为硅胶,可使流动相在进入分析柱之前预先被硅胶"饱和",避免分析柱中的硅胶基质被溶解。

⑤ 避免将基质复杂的样品尤其是生物样品直接注入柱内,需要对样品进行预处理或者在进样器和色谱柱之间连接一保护柱。保护柱一般是填有相似固定相的短柱。保护柱可以而且应经常更换。

⑥ 经常用强溶剂冲洗色谱柱,清除保留在柱内的杂质。在进行清洗时,对流路系统中流动相的置换应以相混溶的溶剂逐渐过渡,每种流动相的体积应是柱体积的 20 倍左右,即常规分析需要 50~75 mL。

下面列举一些色谱柱的清洗溶剂及顺序,作为参考:硅胶柱以正己烷(或庚烷)、二氯甲烷和甲醇依次冲洗,然后再以相反顺序依次冲洗,所有溶剂都必须严格脱水。甲醇能洗去残留的强极性杂质,己烷使硅胶表面重新活化。反相柱以水、甲醇、乙腈、一氯甲烷(或氯仿)依次冲洗,再以相反顺序依次冲洗。如果下一步分析用的流动相不含缓冲液,那么可以省略最后用水冲洗这一步。一氯甲烷能洗去残留的非极性杂质,在甲醇(乙腈)冲洗时重复注射100~200 μL 四氢呋喃数次有助于除去强疏水性杂质。四氢呋喃与乙腈或甲醇的混合溶液能除去类脂。有时也注射二甲亚砜数次。此外,用乙腈、丙酮和三氟醋酸(0.1%)梯度洗脱能除去蛋白质污染。

阳离子交换柱可用稀酸缓冲液冲洗,阴离子交换柱可用稀碱缓冲液冲洗,除去交换性能强的盐,然后用水、甲醇、二氯甲烷(除去吸附在固定相表面的有机物)、甲醇、水依次冲洗。

⑦ 保存色谱柱时应将柱内充满乙腈或甲醇,柱接头要拧紧,防止溶剂挥发干燥。绝对禁止将缓冲溶液留在柱内静置过夜或更长时间。

⑧ 色谱柱使用过程中,如果压力升高,一种可能是烧结滤片被堵塞,这时应更换滤片或将其取出进行清洗;另一种可能是大分子进入柱内,使柱头被污染;如果柱效降低或色谱峰变形,则可能柱头出现塌陷,死体积增大。

在后两种情况发生时,小心拧开柱接头,用洁净小钢片将柱头填料取出 1~2 mm 高度(注意把被污染填料取净)再把柱内填料整平。然后用适当溶剂湿润的固定相(与柱内相同)填满色谱柱,压平,再拧紧柱接头。处理后柱效能得到改善,但是很难恢复到新柱的水平。

柱子失效通常是柱端部分,在分析柱前装一根与分析柱相同固定相的短柱(5~30 mm),可以起到保护、延长柱寿命的作用。采用保护柱会损失一定的柱效,这是值得的。

通常色谱柱寿命在正确使用时可达 2 年以上。以硅胶为基质的填料,只能在 pH 为2~9 范围内使用。柱子使用一段时间后,可能有一些吸附作用强的物质保留于柱顶,特别是一些有色物质更易看清被吸着在柱顶的填料上。新的色谱柱在使用一段时间后柱顶填料可能塌陷,使柱效下降,这时也可补加填料使柱效恢复。

每次工作完后,最好用洗脱能力强的洗脱液冲洗,例如 ODS 柱宜用甲醇冲洗至基线平衡。当采用盐缓冲溶液作流动相时,使用完后应用无盐流动相冲洗。含卤族元素(氟、氯、溴)的化合物可能会腐蚀不锈钢管道,不宜长期与之接触。装在 HPLC 仪上柱子如不经常使用,应每隔 4~5 d 开机冲洗 15 min。

12.2.4 检测器

检测器是 HPLC 仪的三大关键部件之一。其作用是把洗脱液中组分的量转变为电信号。HPLC 的检测器要求灵敏度高、噪声低(即对温度、流量等外界变化不敏感)、线性范围宽、重复性好和适用范围广。

(1) 分类

常见的几种检测器的主要性能见表 12-3。

表 12-3 　　　　　　　　　　几种检测器的主要性能

检测器 性能	UV	荧光	安培	质谱	蒸发光散射
信号	吸光度	荧光强度	电流	离子流强度	散射光强
噪声	10^{-5}	10^{-3}	10^{-9}		
线性范围	10^5	10^4	10^5	宽	
选择性	是	是	是	否	否
流速影响	无	无	有	无	
温度影响	小	小	大		小
检测限/(g/mL)	10^{-10}	10^{-13}	10^{-13}	$<10^{-9}$ g/s	10^{-9}
池体积/μL	2~10	~7	<1	—	—
梯度洗脱	适宜	适宜	不宜	适宜	适宜
细管径柱	难	难	适宜	适宜	适宜
样品破坏	无	无	无	有	无

① 按原理可分为光学检测器(如紫外、荧光、示差折光、蒸发光散射)、热学检测器(如吸附热)、电化学检测器(如极谱、库仑、安培)、电学检测器(电导、介电常数、压电石英频率)、放射性检测器(闪烁计数、电子捕获、氩离子化)以及氢火焰离子化检测器。

② 按测量性质可分为通用型和专属型(又称选择性)。通用型检测器测量的是一般物质均具有的性质,它对溶剂和溶质组分均有反应,如示差折光、蒸发光散射检测器。通用型的灵敏度一般比专属型的低。专属型检测器只能检测某些组分的某一性质,如紫外、荧光检测器,它们只对有紫外吸收或荧光发射的组分有响应。

③ 按检测方式分为浓度型和质量型。浓度型检测器的响应与流动相中组分的浓度有关,质量型检测器的响应与单位时间内通过检测器的组分的量有关。

④ 检测器还可分为破坏样品和不破坏样品的两种。

⑤ 池体积:除制备色谱外,大多数 HPLC 检测器的池体积都小于 10 μL。在使用细管

径柱时,池体积应减少到 $1\sim2~\mu L$ 甚至更低,不然检测系统带来的峰扩张问题就会很严重。而且这时池体、检测器与色谱柱的连接、接头等都要精心设计,否则会严重影响柱效和灵敏度。

（2）紫外检测器（ultraviolet detector）

UV 检测器是 HPLC 中应用最广泛的检测器,当检测波长范围包括可见光时,又称为紫外-可见检测器。它灵敏度高,噪声低,线性范围宽,对流速和温度均不敏感,可于制备色谱。由于灵敏高,因此即使是那些光吸收小、消光系数低的物质也可用 UV 检测器进行微量分析。但要注意流动相中各种溶剂的紫外吸收截止波长。如果溶剂中含有吸光杂质,则会提高背景噪声,降低灵敏度（实际是提高检测限）。此外,梯度洗脱时,还会产生漂移。

UV 检测器的工作原理是 Lambert-Beer 定律,即当一束单色光透过流动池时,若流动相不吸收光,则吸收度 A 与吸光组分的浓度 c 和流动池的光径长度 L 成正比,式中 E 为吸收系数：

$$A=EcL \tag{12-1}$$

UV 检测器分为固定波长检测器、可变波长检测器和光电二极管阵列检测器（photodiode array detector,PDAD）。按光路系统来分,UV 检测器可分为单光路和双光路两种。可变波长检测器又可分单波长（单通道）检测器和双波长（双通道）检测器。PDAD 是 20 世纪 80 年代出现的一种光学多通道检测器,它可以对每个洗脱组分进行光谱扫描,经计算机处理后,得到光谱和色谱结合的三维图谱。其中吸收光谱用于定性（确证是否是单一纯物质）,色谱用于定量。常用于复杂样品（如生物样品、中草药）的定性定量分析。

（3）与检测器有关的故障及其排除

① 流动池内有气泡。如果有气泡连续不断地通过流动池,将使噪声增大,如果气泡较大,则会在基线上出现许多线状"峰",这是由于系统内有气泡,需要对流动相进行充分的除气,检查整个色谱系统是否漏气,再加大流量驱除系统内的气泡。如果气泡停留在流动池内,也可能使噪声增大,可采用突然增大流量的办法除去气泡（最好不连接色谱柱）;或者启动输液泵的同时,用手指紧压流动池出口,使池内增压,然后放开。可反复操作数次,但要注意不使压力增加太多,以免流动池破裂。

② 流动池被污染。无论参比池或样品池被污染,都可能产生噪声或基线漂移。可以使用适当溶剂清洗检测池,要注意溶剂的互溶性;如果污染严重,就需要依次采用 1 mol/L 硝酸、水和新鲜溶剂冲洗,或者取出池体进行清洗、更换窗口。

③ 光源灯出现故障。紫外或荧光检测器的光源灯使用到极限或者不能正常工作时,可能产生严重噪声,基线漂移,出现平头峰等异常峰,甚至使基线没有回零。这时需要更换光源灯。

④ 倒峰。倒峰的出现可能是检测器的极性接反了,改正后即可变成正峰。用示差折光检测器时,如果组分的折光指数低于流动相的折光指数,也会出现倒峰,这就需要选择合适的流动相。如果流动相中含有紫外吸收的杂质,使用紫外检测器时,无吸收的组分就会产生倒峰,因此必须用高纯度的溶剂作流动相。在死时间附近的尖锐峰往往是由于进样时的压力变化,或者由于样品溶剂与流动相不同所引起的。

12.2.5 数据处理和计算机控制系统

早期的 HPLC 仪器是用记录仪记录检测信号,再手工测量计算。其后,使用积分仪计算并打印出峰高、峰面积和保留时间等参数。20 世纪 80 年代后,计算机技术的广泛应用使 HPLC 操作更加快速、简便、准确、精密和自动化,现在已可在互联网上远程处理数据。计算机的用途包括三个方面:① 采集、处理和分析数据;② 控制仪器;③ 色谱系统优化和专家系统。

12.2.6　恒温装置

在 HPLC 仪中色谱柱及某些检测器都要求能准确地控制工作环境温度,柱子的恒温精度要求在 $\pm 0.5\ ℃$ 内,检测器的恒温要求则更高。

温度对溶剂的溶解能力、色谱柱的性能、流动相的黏度都有影响。一般来说,温度升高,可提高溶质在流动相中的溶解度,从而降低其分配系数 K,但对分离选择性影响不大;还可使流动相的黏度降低,从而改善传质过程并降低柱压。但温度太高易使流动相产生气泡。

色谱柱的不同工作温度对保留时间、相对保留时间都有影响。在凝胶色谱中使用软填料时温度会引起填料结构的变化,对分离有影响;但如使用硬质填料则影响不大。

总的说来,在液固吸附色谱法和化学键合相色谱法中,温度对分离的影响并不显著,通常实验在室温下进行操作。在液固色谱中有时将极性物质(如缓冲剂)加入流动相中以调节其分配系数,这时温度对保留值的影响很大。

不同的检测器对温度的敏感度不一样。紫外检测器一般在温度波动超过 $\pm 0.5\ ℃$ 时,就会造成基线漂移起伏。示差折光检测器的灵敏度和最小检出量常取决于温度控制精度,因此需控制在 $\pm 0.001\ ℃$ 左右,微吸附热检测器也要求在 $\pm 0.001\ ℃$ 以内。

12.3　固定相和流动相

在色谱分析中,如何选择最佳的色谱条件以实现最理想分离,是色谱工作者的重要工作,也是用计算机实现 HPLC 分析方法建立和优化的任务之一。本章着重讨论填料基质、化学键合固定相和流动相的性质及其选择。

12.3.1　基质(担体)

HPLC 填料可以是陶瓷性质的无机物基质,也可以是有机聚合物基质。无机物基质主要是硅胶和氧化铝。无机物基质刚性大,在溶剂中不容易膨胀。有机聚合物基质主要有交联苯乙烯-二乙烯苯、聚甲基丙烯酸酯。有机聚合物基质刚性小、易压缩,溶剂或溶质容易渗入有机基质中,导致填料颗粒膨胀,结果减少传质,最终使柱效降低。

12.3.1.1　基质的种类

(1)硅胶

硅胶是 HPLC 填料中最普遍的基质。除具有高强度外,还提供一个表面,可以通过成熟的硅烷化技术键合上各种配基,制成反相、离子交换、疏水作用、亲水作用或分子排阻色谱用填料。硅胶基质填料适用于广泛的极性和非极性溶剂。缺点是在碱性水溶性流动相中不稳定。通常,硅胶基质的填料推荐的常规分析 pH 范围为 $2\sim 8$。

硅胶的主要性能参数有:

① 平均粒度及其分布。

② 平均孔径及其分布。与比表面积成反比。

③ 比表面积。在液固吸附色谱法中,硅胶的比表面积越大,溶质的分配系数 K 值越大。

④ 含碳量及表面覆盖度(率)。在反相色谱法中,含碳量越大,溶质的分配系数 K 值越大。

⑤ 含水量及表面活性。在液固吸附色谱法中,硅胶的含水量越小,其表面硅醇基的活性越强,对溶质的吸附作用越大。

⑥ 端基封尾。在反相色谱法中,主要影响碱性化合物的峰形。

⑦ 几何形状。硅胶可分为无定形全多孔硅胶和球形全多孔硅胶,前者价格较便宜,缺点是涡流扩散项及柱渗透性差;后者无此缺点。

⑧ 硅胶纯度。对称柱填料使用高纯度硅胶,柱效高,寿命长,碱性成分不拖尾。

(2) 氧化铝

具有与硅胶相同的良好物理性质,也能耐较大的 pH 范围。它也是刚性的,不会在溶剂中收缩或膨胀。但与硅胶不同的是,氧化铝键合相在水性流动相中不稳定。不过现在已经出现了在水相中稳定的氧化铝键合相,并显示出优秀的 pH 稳定性。

(3) 聚合物

以高交联度的苯乙烯-二乙烯苯或聚甲基丙烯酸酯为基质的填料是用于普通压力下的HPLC,它们的压力限度比无机填料低。苯乙烯-二乙烯苯基质疏水性强,适用任何流动相,在整个 pH 范围内稳定,可以用 NaOH 或强碱来清洗色谱柱。聚甲基丙烯酸酯基质本质上比苯乙烯-二乙烯苯疏水性更强,但它可以通过适当的功能基修饰变成亲水性的。这种基质不如苯乙烯-二乙烯苯那样耐酸碱,但也可以承受在 pH 为 13 下反复冲洗。

所有聚合物基质在流动相发生变化时都会出现膨胀或收缩。用于 HPLC 的高交联度聚合物填料,其膨胀和收缩要有限制。溶剂或小分子容易渗入聚合物基质中,因为小分子在聚合物基质中的传质比在陶瓷性基质中慢,所以造成小分子在这种基质中柱效低。对于大分子像蛋白质或合成的高聚物,聚合物基质的效能比得上陶瓷性基质。因此,聚合物基质广泛用于分离大分子物质。

12.3.1.2 基质的选择

硅胶基质的填料被用于大部分的 HPLC 分析,尤其是小分子量的被分析物,聚合物填料用于大分子量的被分析物质,主要用来制成分子排阻和离子交换柱。基质的选择见表12-4。

表 12-4　　　　　　　　　　　　　　基质的选择

基质 性能	硅胶	氧化铝	苯乙烯-二乙烯苯	甲基丙烯酸酯
耐有机溶剂	+++	+++	++	++
适用 pH 范围	+	++	+++	++
抗膨胀/收缩	+++	+++	+	+
耐压	+++	+++	++	+
表面化学性质	+++	+	++	+++
效能	+++	++	+	+

注:+++为好;++为一般;+为差。

12.3.2　化学键合固定相

将有机官能团通过化学反应共价键合到硅胶表面的游离羟基上而形成的固定相称为化学键合相。这类固定相的突出特点是耐溶剂冲洗,并且可以通过改变键合相有机官能团的类型来改变分离的选择性。

(1) 键合相的性质

目前,化学键合相广泛采用微粒多孔硅胶为基体,用烷烃二甲基氯硅烷或烷氧基硅烷与硅胶表面的游离硅醇基反应,形成 Si—O—Si—C 键形的单分子膜而制得。硅胶表面的硅醇基密度约为 5 个/nm²,由于空间位阻效应(不可能将较大的有机官能团键合到全部硅醇基上)和其他因素的影响,使得大约有 40%～50% 的硅醇基未反应。

残余的硅醇基对键合相的性能有很大影响,特别是对非极性键合相,它可以减小键合相表面的疏水性,对极性溶质(特别是碱性化合物)产生次级化学吸附,从而使保留机制复杂化(使溶质在两相间的平衡速度减慢,降低了键合相填料的稳定性。结果使碱性组分的峰形拖尾)。为尽量减少残余硅醇基,一般在键合反应后,要用三甲基氯硅烷(TMCS)等进行钝化处理,称封端(或称封尾、封顶,end-capping),以提高键合相的稳定性。另一方面,也有些 ODS 填料是不封尾的,以使其与水系流动相有更好的“湿润”性能。

由于不同生产厂家所用的硅胶、硅烷化试剂和反应条件不同,因此具有相同键合基团的键合相,其表面有机官能团的键合量往往差别很大,使其产品性能有很大的不同。键合相的键合量常用含碳量(C%)来表示,也可以用覆盖度来表示。所谓覆盖度是指参与反应的硅醇基数目占硅胶表面硅醇基总数的比例。

pH 对以硅胶为基质的键合相的稳定性有很大的影响,一般来说,硅胶键合相应在 pH＝2～8 的介质中使用。

(2) 键合相的种类

化学键合相按键合官能团的极性分为极性和非极性键合相两种。

常用的极性键合相主要有氰基(—CN)、氨基(—NH₂)和二醇基(DIOL)键合相。极性键合相常用作正相色谱,混合物在极性键合相上的分离主要是基于极性键合基团与溶质分子间的氢键作用,极性强的组分保留值较大。极性键合相有时也可作反相色谱的固定相。

常用的非极性键合相主要有各种烷基(C₁～C₁₈)和苯基、苯甲基等,以 C₁₈ 应用最广。非极性键合相的烷基链长对样品容量、溶质的保留值和分离选择性都有影响,一般来说,样品容量随烷基链长增加而增大,且长链烷基可使溶质的保留值增大,并常常可改善分离的选择性;但短链烷基键合相具有较高的覆盖度,分离极性化合物时可得到对称性较好的色谱峰。苯基键合相与短链烷基键合相的性质相似。

另外 C₁₈ 柱稳定性较高,这是由于长的烷基链保护了硅胶基质的缘故,但 C₁₈ 基团空间体积较大,使有效孔径变小,分离大分子化合物时柱效较低。

(3) 固定相的选择

分离中等极性和极性较强的化合物可选择极性键合相。氰基键合相对双键异构体或含双键数不等的环状化合物的分离有较好的选择性。氨基键合相具有较强的氢键结合能力,对某些多官能团化合物如甾体、强心苷等有较好的分离能力;氨基键合相上的氨基能与糖类分子中的羟基产生选择性相互作用,故被广泛用于糖类的分析,但它不能用于分离羰基化合物,如甾酮、还原糖等,因为它们之间会发生反应生成 Schiff 碱。二醇基键合相适用于分离有机酸、甾体和蛋白质。

分离非极性和极性较弱的化合物可选择非极性键合相。利用特殊的反相色谱技术,例如反相离子抑制技术和反相离子对色谱法等,非极性键合相也可用于分离离子型或可离子化的化合物。ODS(octadecyl silane)是应用最为广泛的非极性键合相,它对各种类型的化合物都有很强的适应能力。短链烷基键合相能用于极性化合物的分离,而苯基键合相适用于分离芳香化合物。

12.3.3 流动相

(1)流动相的性质要求

一个理想的液相色谱流动相溶剂应具有低黏度、与检测器兼容性好、易于得到纯品和低毒性等特征。

选好填料(固定相)后,强溶剂使溶质在填料表面的吸附减少,相应的容量因子 k' 降低;而较弱的溶剂使溶质在填料表面吸附增加,相应的容量因子 k' 升高。因此,k' 值是流动相组成的函数。塔板数 n 一般与流动相的黏度成反比。所以选择流动相时应考虑以下几个方面:

① 流动相应不改变填料的任何性质。低交联度的离子交换树脂和排阻色谱填料有时遇到某些有机相会溶胀或收缩,从而改变色谱柱填床的性质。碱性流动相不能用于硅胶柱系统。酸性流动相不能用于氧化铝、氧化镁等吸附剂的柱系统。

② 纯度。色谱柱的寿命与大量流动相通过有关,特别是当溶剂所含杂质在柱上积累时。

③ 必须与检测器匹配。使用 UV 检测器时,所用流动相在检测波长下应没有吸收,或吸收很小。当使用示差折光检测器时,应选择折光系数与样品差别较大的溶剂作流动相,以提高灵敏度。

④ 黏度要低(应小于 0.002 Pa·s)。高黏度溶剂会影响溶质的扩散、传质,降低柱效,还会使柱压降增加,使分离时间延长。最好选择沸点在 100 ℃以下的流动相。

⑤ 对样品的溶解度要适宜。如果溶解度欠佳,样品会在柱头沉淀,不但影响了纯化分离,且会使柱子恶化。

⑥ 样品易于回收。应选用挥发性溶剂。

(2)流动相的选择

在化学键合相色谱法中,溶剂的洗脱能力直接与它的极性相关。在正相色谱中,溶剂的强度随极性的增强而增加;在反相色谱中,溶剂的强度随极性的增强而减弱。

正相色谱的流动相通常采用烷烃加适量极性调整剂。

反相色谱的流动相通常以水作基础溶剂,再加入一定量的能与水互溶的极性调整剂,如甲醇、乙腈、四氢呋喃等。极性调整剂的性质及其所占比例对溶质的保留值和分离选择性有显著影响。一般情况下,甲醇-水系统已能满足多数样品的分离要求,且流动相黏度小、价格低,是反相色谱最常用的流动相。但 Snyder 则推荐采用乙腈-水系统做初始实验,因为与甲醇相比,乙腈的溶剂强度较高且黏度较小,并可满足在紫外 185~205 nm 处检测的要求。因此,综合来看,乙腈-水系统要优于甲醇-水系统。

在分离含极性差别较大的多组分样品时,为了使各组分均有合适的 k 值并分离良好,也需采用梯度洗脱技术。

（3）流动相的 pH

采用反相色谱法分离弱酸（3≤pKa≤7）或弱碱（7≤pKa≤8）样品时,通过调节流动相的 pH,以抑制样品组分的解离,增加组分在固定相上的保留,并改善峰形的技术称为反相离子抑制技术。对于弱酸,流动相的 pH 越小,组分的 k' 值越大,当 pH 远远小于弱酸的 pKa 时,弱酸主要以分子形式存在;对弱碱,情况相反。分析弱酸样品时,通常在流动相中加入少量弱酸,常用 50 mmol/L 磷酸盐缓冲液和 1‰ 醋酸溶液;分析弱碱样品时,通常在流动相中加入少量弱碱,常用 50 mmol/L 磷酸盐缓冲液和 30 mmol/L 三乙胺溶液。

（4）流动相的脱气

HPLC 所用流动相必须预先脱气,否则容易在系统内逸出气泡,影响泵的工作。气泡还会影响柱的分离效率,影响检测器的灵敏度、基线稳定性,甚至使其无法检测（噪声增大,基线不稳,突然跳动）。此外,溶解在流动相中的氧还可能与样品、流动相甚至固定相（如烷基胺）反应。溶解气体还会引起溶剂 pH 的变化,对分离或分析结果带来误差。

溶解氧能与某些溶剂（如甲醇、四氢呋喃）形成有紫外吸收的络合物,此络合物会提高背景吸收（特别是在 260 nm 以下）,并导致检测灵敏度的轻微降低,但更重要的是,会在梯度淋洗时造成基线漂移或形成鬼峰（假峰）。在荧光检测中,溶解氧在一定条件下还会引起淬灭现象,特别是对芳香烃、脂肪醛、酮等。在某些情况下,荧光响应可降低达 95%。在电化学检测中（特别是还原电化学法）,氧的影响更大。

除去流动相中的溶解氧将大大提高 UV 检测器的性能,也将改善在一些荧光检测应用中的灵敏度。常用的脱气方法有:加热煮沸、抽真空、超声、吹氦等。对混合溶剂,若采用抽气或煮沸法,则需要考虑低沸点溶剂挥发造成的组成变化。超声脱气比较好,10～20 min 的超声处理对许多有机溶剂或有机溶剂/水混合液的脱气是足够了（一般 500 mL 溶液需超声 20～30 min 方可）,此法不影响溶剂组成。超声时应注意避免溶剂瓶与超声槽底部或壁接触,以免玻璃瓶破裂,容器内液面不要高出水面太多。

离线（系统外）脱气法不能维持溶剂的脱气状态,在停止脱气后,气体立即开始回到溶剂中。在 1～4 h 内,溶剂又将被环境气体所饱和。

在线（系统内）脱气法无此缺点。最常用的在线脱气法为鼓泡,即在色谱操作前和进行时,将惰性气体喷入溶剂中。严格来说,此方法不能将溶剂脱气,它只是用一种低溶解度的惰性气体（通常是氦）将空气替换出来。此外还有在线脱气机。

一般说来有机溶剂中的气体易脱除,而水溶液中的气体较顽固。在溶液中吹氦是相当有效的脱气方法,这种连续脱气法在电化学检测时经常使用。但氦气昂贵,难于普及。

（5）流动相的滤过

所有溶剂使用前都必须经 0.45 μm（或 0.22 μm）滤过,以除去杂质微粒,色谱纯试剂也不例外（除非在标签上标明"已滤过"）。

用滤膜过滤时,特别要注意分清有机相（脂溶性）滤膜和水相（水溶性）滤膜。有机相滤膜一般用于过滤有机溶剂,过滤水溶液时流速低或滤不动。水相滤膜只能用于过滤水溶液,严禁用于有机溶剂,否则滤膜会被溶解。溶有滤膜的溶剂不得用于 HPLC。对于混合流动相,可在混合前分别滤过,如需混合后滤过,首选有机相滤膜。现在已有混合型滤膜出售。

（6）流动相的贮存

流动相一般贮存于玻璃、聚四氟乙烯或不锈钢容器内,不能贮存在塑料容器中。因许多有机溶剂如甲醇、乙酸等可浸出塑料表面的增塑剂,导致溶剂受污染。这种被污染的溶剂如用于 HPLC 系统,可能造成柱效降低。贮存容器一定要盖严,防止溶剂挥发引起组成变化,也防止氧和二氧化碳溶入流动相。

磷酸盐、乙酸盐缓冲液很易长霉,应尽量新鲜配制使用,不要贮存。如确需贮存,可在冰箱内冷藏,并在 3 d 内使用,用前应重新滤过。容器应定期清洗,特别是盛水、缓冲液和混合溶液的瓶子,以除去底部的杂质沉淀和可能生长的微生物。因甲醇有防腐作用,所以盛甲醇的瓶子无此现象。

(7)卤代有机溶剂应特别注意的问题

卤代溶剂可能含有微量的酸性杂质,能与 HPLC 系统中的不锈钢反应。卤代溶剂与水的混合物比较容易分解,不能存放太久。卤代溶剂(如 CCl_4、$CHCl_3$ 等)与各种醚类(如乙醚、二异丙醚、四氢呋喃等)混合后,可能会反应生成一些对不锈钢有较大腐蚀性的产物,这种混合流动相应尽量不采用,或新鲜配制。此外,卤代溶剂(如 CH_2Cl_2)与一些反应性有机溶剂(如乙腈)混合静置时,还会产生结晶。总之,卤代溶剂最好新鲜配制使用。如果是与干燥的饱和烷烃混合,则不会产生类似问题。

(8)HPLC 用水

HPLC 应用中要求超纯水,如检测器基线的校正和反相柱的洗脱。

12.4 高效液相色谱的应用

12.4.1 实验技术

(1)流动相比例调整:由于我国药品标准中没有规定柱的长度及填料的粒度,因此每次新开检新品种时几乎都须调整流动相(按经验,主峰一般应调至保留时间为 6~15 min 为宜)。所以建议第一次检验时请少配流动相,以免浪费。弱电解质的流动相其重现性更不容易达到,请注意充分平衡柱。

(2)样品配制:① 溶剂;② 容器:塑料容器常含有高沸点的增塑剂,可能释放到样品液中造成污染,而且还会吸留某些药物,引起分析误差。某些药物特别是碱性药物会被玻璃容器表面吸附,影响样品中药物的定量回收,因此必要时应将玻璃容器进行硅烷化处理。

(3)记录时间:第一次测定时,应先将空白溶剂、对照品溶液及供试品溶液各进一针,并尽量收集较长时间的图谱(如 30 min 以上),以便确定样品中被分析组分峰的位置、分离度、理论板数及是否还有杂质峰在较长时间内才洗脱出来,确定是否会影响主峰的测定。

(4)进样量:药品标准中常标明注入 10 μL,而目前多数 HPLC 系统采用定量环(10 μL、20 μL 和 50 μL),因此应注意进样量是否一致。(可改变样液浓度)

(5)计算:由于有些对照品标示含量的方式与样品标示量不同,有些是复合盐、有些含水量不同、有些是盐基不同或有些是采用有效部位标示,检验时请注意。

(6)仪器的使用:

① 流动相滤过后,注意观察有无肉眼能看到的微粒、纤维。有请重新滤过。

② 柱在线时,增加流速应以 0.1 mL/min 的增量逐步进行,一般不超过 1 mL/min,反之亦然。否则会使柱床下塌,叉峰。柱不在线时,要加快流速也需以每次 0.5 mL/min 的速率递增上去(或下来),勿急升(降),以免泵损坏。

③ 安装柱时,请注意流向,接口处不要留有空隙。

④ 样品液请注意滤过(注射液可不需滤过)后进样,注意样品溶剂的挥发性。

⑤ 测定完毕请用水冲柱 1 h,甲醇 30 min。如果第二天仍使用,可用水以低流速(0.1～0.3 mL/min)冲洗过夜(注意水要够量),不需冲洗甲醇。另外需要特别注意的是:对于含碳量高、封尾充分的柱,应先用含 5%～10%甲醇的水冲洗,再用甲醇冲洗。

⑥ 冲水的同时请用水充分冲洗柱头(如有自动清洗装置系统,则应更换水)。

12.4.2　定性分析

由于液相色谱过程中影响组分迁移的因素较多,同一组分在不同色谱条件下的保留值相差很大,即便在相同的操作条件下,同一组分在不同色谱柱上的保留也可能有很大差别,因此液相色谱与气相色谱相比,定性的难度更大。常用的定性方法有如下几种:

12.4.2.1　利用标准品对照定性

利用标准样品对未知化合物定性是最常用的液相色谱定性方法,该方法的原理与气相色谱法中相同。

(1)利用保留时间的一致性定性:由于每一种化合物在特定的色谱条件下(流动相组成、色谱柱、柱温等相同),其保留值具有特征性,因此可以利用保留值进行定性。如果在相同的色谱条件下被测化合物与标样的保留值一致,就可以初步认为被测化合物与标样相同。若流动相组成经多次改变后,被测化合物的保留值仍与标样的保留值一致,就能进一步证实被测化合物与标样相同。

(2)利用加入标准品增加峰高法定性:与气相色谱中的方法一样,将适量的已知标准物质加入样品中,混匀,进样。对比加入前后的色谱图,若加入后某色谱峰相对增高,则该色谱组分与已知标准物质可能为同一物质。

12.4.2.2　利用检测器的选择性定性

同一种检测器对不同种类的化合物的响应值是不同的,而不同的检测器对同一种化合物的响应也是不同的。所以当某一被测化合物同时被两种或两种以上检测器检测时,两个检测器或几个检测器对被测化合物检测灵敏度比值是与被测化合物的性质密切相关的,可以用来对被测化合物进行定性分析,这就是双检测器定性的基本原理。

12.4.2.3　利用色谱-光谱联用技术定性

DAD 检测器可得到三维色谱-光谱图(HPLC-UV 联用),可以对比待测组分及标准物质的光谱图结合保留时间进行定性鉴别。此外还可利用 HPLC-MS、HPLC-NMR、HPLC-FTIR 等联用技术进行定性分析。

12.4.3　定量分析

高效液相色谱的定量方法与气相色谱定量方法类似,主要有面积归一化法、外标法和内标法,简述如下。

(1)归一化法

归一化法要求所有组分都能流出色谱柱并能被检测。其基本方法与气相色谱中的归一化法类似。由于液相色谱所用检测器为选择性检测器,对很多组分没有响应,因此液相色谱法较少使用归一化法。

(2)外标法

外标法是以待测组分纯品配制标准试样和待测试样同时作色谱分析来进行比较而定量

的,可分为标准曲线法、外标一点法和外标两点法。具体方法可参阅气相色谱的外标法定量。

（3）内标法

内标法是比较精确的一种定量方法。它是将一定量的内标物加入到样品中,再经色谱分析,根据样品的质量和内标物质量以及待测组分峰面积和内标物的峰面积,就可求出待测组分的含量。内标法可分为标准曲线法、内标一点法（内标对比法）、内标两点法和校正因子法。所用的内标物的要求同气相色谱。内标法的优点是可抵消仪器稳定性差,进样量不准确等原因带来的定量分析误差。缺点是样品配制比较麻烦,不易寻找内标物。

12.4.4 应用实例

邻苯二甲酸酯(PAEs)是危害性严重的一类持久性有害污染物,含量极微,测定难度大。采用液相色谱进行测定,建立分析方法。

液相色谱的分析条件:岛津液相色谱仪;紫外检测器;浙江大学智达 N2000 色谱数据处理工作站;IRREGULE.X C18 色谱柱(4.6 mm,250 mm,ID:4.6 mm);甲醇-水作为流动相(比例:甲醇/水＝85%);紫外检测器波长 226 nm;柱温 25 ℃;进样体积 20 μL;流速 1 mL/min。

由图 12-2 可知,四种峰代表了四种物质,出峰时间分别是 3.232 min、3.757 min、4.573 min 和 7.465 min,代表的物质分别是 DEP、DBP、DCHP 和 DOP。

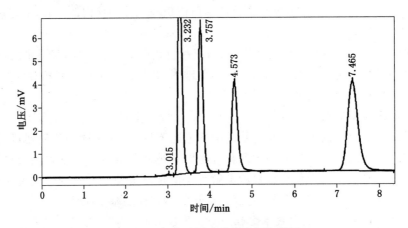

图 12-2　邻苯二甲酸酯类液相色谱图

用移液管或微量进样器吸取混标标准储备液用色谱甲醇配制 0.5 mg/L、1 mg/L、5 mg/L、10 mg/L、20 mg/L 混标溶液,然后在最佳试验条件下用液相色谱测定,绘制标准曲线,进行回归分析。得出回归方程、线性范围及仪器检出限,见表 12-5。

表 12-5　　HPLC 法分析 PAEs 的回归方程、相关系数、线性范围和检出限

目标物	回归方程	相关系数 R^2	线性范围/(mg/L)	仪器检出限/(μg/L)
DEP	$y=1\,440.5x-608.1$	0.995 3	0.5～20	5
DBP	$y=1\,021x+3\,674.8$	0.998 2	0.5～5	10
DCHP	$y=1\,073.2x-840.46$	0.996 4	0.5～20	3
DOP	$y=983.18x+379.55$	0.998 3	0.5～5	10

　　由表 12-5 可知,HPLC 法测定 PAEs 相关系数 R^2 均大于 0.995,DBP 和 DOP 的线性范围为 0.5～5 mg/L,DEP 和 DCHP 的线性范围为 0.5～20 mg/L。仪器检出限均大于 0.010 mg/L,可用于水中 PAEs 的定量分析。但紫外检测器对多种有机物有响应,在实际测定中易引起色谱峰的累加,造成测定误差。

第4篇　表面分析技术

利用电子、光子、离子、原子、强电场、热能等与固体表面的相互作用,测量从表面散射或发射的电子、光子、离子、原子、分子的能谱、光谱、质谱、空间分布或衍射图像,得到表面形态、表面成分、表面结构、表面电子态、表面物理化学过程等信息的各种技术,统称为表面分析技术。表面分析技术主要分为表面形貌分析、表面组分分析和表面结构分析等几大部分,其中表面形貌分析技术有扫描电镜、透射电镜、扫描隧道显微镜、原子力显微镜等;表面组分分析技术主要有俄歇电子能谱、光电子能谱、X射线能谱、二次离子质谱、电子探针显微分析、离子探针显微分析等;表面结构分析技术主要有X射线衍射、电子衍射和中子衍射等。

本篇主要介绍在环境测试中常用的扫描电子显微镜及X射线能谱法、原子力显微镜法和X射线衍射法。

第 13 章　扫描电子显微镜法

扫描电子显微镜(SEM)因具有操作简便且得到的显微结构信息直观的特点,成为目前试样微区显微结构观察与成分分析最常用的工具。它主要是利用二次电子信号成像来观察样品的表面形态,即用极狭窄的电子束去扫描样品,通过电子束与样品的相互作用产生各种效应,其中主要是样品的二次电子发射。二次电子能够产生样品表面放大的形貌像,这个像是在样品被扫描时按时序建立起来的,即使用逐点成像的方法获得放大像。SEM 在材料、生物、医学、地质、环境等领域都有广泛应用,比如 SEM 常用来分析废水生物处理中微生物群落结构。SEM 在分析试样的显微形貌、孔隙大小、团聚程度等方面十分有效。

13.1　概　　述

由于可见光波长对分辨率的限制,光学显微镜的放大倍数不能满足科学家探索微观世界的需要。1931 年,德国物理学家诺尔(Knoll)及鲁什卡(Ruska)根据磁场可以会聚电子束这一原理发明了世界上第一台穿透式电子显微镜。电子显微镜的原理同光学显微镜相同。光学显微镜通常是利用电灯作为光源。电灯发出的光波被聚光器汇聚到透明物体上,然后经过物镜等一系列透镜形成放大的图像。而电子显微镜是用电子束而非可见光来成像的。简单说电子的行为同光波相似,但是其波长较光波的波长小几百倍,这就使电子显微镜的分辨率大大提高。普通光学显微镜只能看清长 20 nm 的结构,而电镜则能看清长 0.5 nm 的结构。前者放大倍数最高不超过 2 000 倍,后者则可以放大十万倍以上。在电子显微镜中,磁场的作用类似于光学显微镜中的透镜。1938 年,冯·阿登纳(Von Ardenne)发明了扫描电子显微镜。它主要是用来研究固体表面形貌的,它可以得到固体表面的三维效果图像。1982 年,宾尼格和罗勒发明了扫描隧道显微镜。扫描隧道显微镜是另一种研究物质微观结构的全新技术,其放大倍数可达上亿倍,它采用尖端只有一个原子的特殊探针对物质表面进行逐行扫描来获得原子尺度的图像,它也可以用探针对单个原子和分子进行操纵,对材料表面进行微加工。因此,扫描电镜与透射电镜、扫描隧道显微镜的发展是分不开的。

扫描电镜是介于透射电镜和光学显微镜之间的一种微观形貌观察手段,可直接利用样品表面材料的物质性能进行微观成像。扫描电镜的优点:① 有较高的放大倍数,20~20 万倍之间连续可调。② 有很大的景深,视野大,成像富有立体感,可直接观察各种试样凹凸不平表面的细微结构,特别适用于观测样品的断裂表面。③ 无损分析。对大部分材料,只要尺寸能够放入样品室,就可采用合适的条件,无需对试样进行任何处理,直接进行观察分析。④ 试样制备简单。试样可以是自然表面、断口、块体、反光片及透光光片。⑤ 在观察形貌的同时,还可利用从样品发出的其他信号作微区成分分析。目前的扫描电镜都配有 X 射线能谱仪装置,这样可以同时进行显微组织形貌的观察和微区成分分析,因此它是当今十分有用的科学研究仪器。

13.2 扫描电子显微镜的基本原理

扫描电子显微镜的制造依据是电子与物质的相互作用。从原理上讲,扫描电镜就是利用聚焦得非常细的高能电子束在试样上扫描,激发出各种物理信息。通过对这些信息的接受、放大和显示成像,获得测试试样表面形貌的信息。

13.2.1 电子束与样品的相互作用

当一束极细的高能入射电子轰击扫描样品表面时,被激发的区域将产生二次电子、俄歇电子、特征 X 射线和连续谱 X 射线、背散射电子、透射电子,具体见图 13-1。同时,还有在可见、紫外、红外光区域产生的电磁辐射,以及电子-空穴对、晶格振动(声子)、电子振荡(等离子体)等。

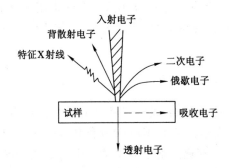

图 13-1　电子束与试样的相互作用

(1)背散射电子

背散射电子是指被固体样品原子反射回来的一部分入射电子,其中包括弹性背反射电子和非弹性背反射电子。弹性背反射电子是指被样品中原子和反弹回来的,散射角大于 90°的那些入射电子,其能量基本上没有变化(能量为几千到几万电子伏)。非弹性背反射电子是入射电子和核外电子撞击后产生非弹性散射,不仅能量变化,而且方向也发生变化。非弹性背反射电子的能量范围很宽,从数十电子伏到数千电子伏。从数量上看,弹性背反射电子远比非弹性背反射电子所占的份额多。背反射电子的产生范围在 100 nm～1 mm 深度。

背反射电子产额和二次电子产额与原子序数的关系:背反射电子束成像分辨率一般为 50～200 nm(与电子束斑直径相当)。背反射电子的产额随原子序数的增加而增加,因此利用背反射电子作为成像信号不仅能分析形貌特征,也可以用来显示原子序数衬度,定性进行成分分析。

(2)二次电子

二次电子是指背入射电子轰击出来的核外电子。由于原子核和外层价电子间的结合能很小,当原子的核外电子从入射电子获得了大于相应的结合能的能量后,可脱离原子成为自由电子。如果这种散射过程发生在比较接近样品表层处,那些能量大于材料逸出功的自由电子可从样品表面逸出,变成真空中的自由电子,即二次电子。

二次电子来自表面 5～10 nm 的区域,能量为 0～50 eV。它对试样表面状态非常敏感,能有效地显示试样表面的微观形貌。由于它发自试样表层,入射电子还没有被多次反射,因此产生二次电子的面积与入射电子的照射面积没有多大区别,所以二次电子的分辨率较高,一般可达到 $5\sim10$ nm。扫描电镜的分辨率一般就是二次电子分辨率。

二次电子产额随原子序数的变化不大,它主要取决于表面形貌。

（3）特征 X 射线

特征 X 射线是原子的内层电子受到激发以后在能级跃迁过程中直接释放的具有特征能量和波长的一种电磁波辐射。X 射线一般在试样的 500 nm～5 mm 深处发出。

当高能入射电子激发原子的某个能量的特征 X 射线时,其他所有能量低的特征 X 射线也同时产生。因为凡是临界激发能 E_c（电子从各自壳层激发电离出来的最小能量）小于高能电子能量的壳层都会被电离,电子跃迁过程使空位向外移动,均会产生不同能量的特征 X 射线,这就产生了一系列特征 X 射线,称为特征 X 射线系或族。例如重元素,原子有较多的壳层,在高能电子激发时,必然产生 K 系、L 系和 M 系谱线,每个线系都包括多条谱线。原子序数越大的元素,其特征 X 射线也越复杂。

特征 X 射线的命名一般是根据产生特征谱线的原子始态和终态来定义。例如:K 层出现空位,即 K 为始态,决定了谱线为 K 系谱线,如果 L 壳层电子跃迁填补空位,产生的谱线为 K_α,即 L 壳层为终态;若终态为 M 壳层,则谱线为 K_β。以此类推可以获得其他线系的命名,见图 13-2。

假定原子 K 壳层电子被激发电离出现一个空位,附近 L 壳层的一个电子跃迁到这个空位,使原子能态降低,这个过程就产生 K_α 辐射;如果一个 M 壳层电子填充 K 壳层的空位,就会产生 K_β 辐射,见图 13-3。同理,如果 L 壳层电子被激发留出空位,被 M 壳层电子填充,就会产生 L_α 辐射。这些 X 射线辐射以光子形式释放出来,它们的能量等于在跃迁过程中相关壳层间的 E_c 之差。由于 L 壳层和 K 壳层相距最近,所以从 L 壳层向 K 壳层发生跃迁的概率最大。因此 K_α 辐射的强度大于 K_β 辐射。又因为 M 与 K 壳层的能量差大于 L 与 K 壳层的能量差,所以 K_β 辐射的能量比 K_α 辐射高。高能电子能够激发出 K 辐射,肯定有足够的能量激发出 L 和 M 辐射。从原子核向外,相邻电子层的能量差越来越小,所以较外部相邻电子层的跃迁辐射能量要比内层跃迁辐射能量低,也就是说,对于某一原子,各谱线能量关系为:$M_\alpha<L_\alpha<K_\alpha$。

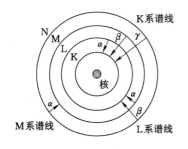

图 13-2　X 射线的命名

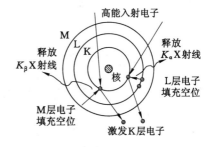

图 13-3　特征 X 射线产生示意图

（4）俄歇电子

如果原子内层电子能级跃迁过程中释放出来的能量不是以 X 射线的形式释放而是用

该能量将核外另一电子打出,脱离原子变为二次电子,这种二次电子叫做俄歇电子。因每一种原子都有自己特定的壳层能量,所以它们的俄歇电子能量也各有特征值,能量在 50～1 500 eV 范围内。俄歇电子是由试样表面极有限的几个原子层中发出的,这说明俄歇电子信号适用与表层化学成分分析。

产生的次级电子的多少与电子束入射角有关,也就是说与样品的表面结构有关,次级电子由探测体收集,并在那里被闪烁器转变为光信号,再经光电倍增管和放大器转变为电信号来控制荧光屏上电子束的强度,显示出与电子束同步的扫描图像。图像为立体形象,反映了标本的表面结构。

原则上讲,利用电子和物质的相互作用,可以获取被测样品本身的各种物理、化学性质的信息,如形貌、组成、晶体结构、电子结构和内部电场或磁场等等。扫描电子显微镜正是根据上述不同信息产生的机理,采用不同的信息检测器,使选择检测得以实现。如对二次电子、背散射电子的采集,可得到有关物质微观形貌的信息;对 X 射线的采集,可得到物质化学成分的信息。正因如此,根据不同需求,可制造出功能配置不同的扫描电子显微镜。

13.2.2　扫描电子显微镜的工作原理

扫描电子显微镜的工作原理如图 13-4 所示。具有由三极电子枪发出的电子束经栅极静电聚焦后成为直径为 20～50 μm 的电光源。在 2～30 kV 的加速电压下,经过 2～3 个电磁透镜所组成的电子光学系统,电子束会聚成孔径角较小,束斑为 5～200 nm 的电子束,并在试样表面聚焦。末级透镜上装有扫描线圈,在它的作用下,电子束在试样表面扫描。高能电子束与样品物质相互作用产生二次电子、背反射电子、X 射线等信号。这些信号分别被不同的接收器接收,经放大后用来调制荧光屏的亮度。由于经过扫描线圈上的电流与显像管相应偏转线圈上的电流同步,因此,试样表面任意点发射的信号与显像管荧光屏上相应的亮点一一对应。也就是说,电子束打到试样上一点时,在荧光屏上就有一亮点与之对应,其亮

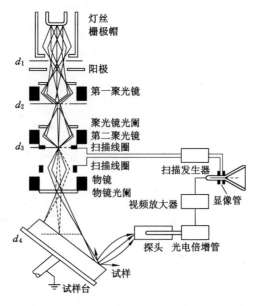

图 13-4　扫描电镜的结构原理图

度与激发后的电子能量成正比。换言之,扫描电镜是采用逐点成像的图像分解法进行的。光点成像的顺序是从左上方开始到右下方,直到最后一行右下方的像元扫描完毕就算完成一帧图像。这种扫描方式叫作光栅扫描。

在实际分析工作中,往往在获得形貌放大像后,希望能在同一台仪器上进行原位化学成分或晶体结构分析,提供包括形貌、成分、晶体结构或位向在内的丰富资料,以便能够更全面、客观地进行判断分析。为了适应不同分析目的的要求,在扫描电子显微镜上相继安装了许多附件,实现了一机多用,成为一种快速、直观、综合性分析仪器。把扫描电子显微镜应用范围扩大到各种显微或微区分析方面,充分显示了扫描电镜的多种性能及广泛的应用前景。

目前扫描电子显微镜的最主要组合分析功能有:X 射线显微分析系统(即能谱仪,EDS),主要用于元素的定性和定量分析,并可分析样品微区的化学成分等信息;电子背散射系统(即结晶学分析系统),主要用于晶体和矿物的研究。随着现代技术的发展,其他一些扫描电子显微镜组合分析功能也相继出现,例如显微热台和冷台系统,主要用于观察和分析材料在加热和冷冻过程中微观结构上的变化;拉伸台系统,主要用于观察和分析材料在受力过程中所发生的微观结构变化。扫描电子显微镜与其他设备组合而具有的新型分析功能为新材料、新工艺的探索和研究起到重要作用。

13.3　扫描电子显微镜的仪器结构

扫描电子显微镜由电子光学系统、信号检测放大系统、真空系统及电源系统组成,其结构可参照图 13-4 和图 13-5。

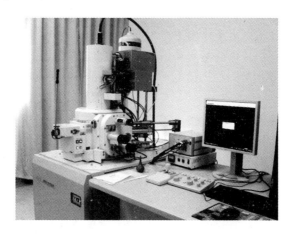

图 13-5　扫描电子显微镜实物图

13.3.1　电子光学系统

电子光学系统由电子枪、电磁透镜、扫描线圈和样品室等部件组成。前三者都安装在镜筒内,其作用是用来获得扫描电子束,作为产生物理信号的激发源。为了获得较高的信号强度和图像分辨率,扫描电子束应具有较高的亮度和尽可能小的束斑直径。

13.3.1.1　电子枪

电子枪是由阴极(灯丝)、栅极和阳极组成。它的主要作用是产生具有一定能量的细聚焦电子束。其作用是利用阴极与阳极灯丝间的高压产生高能量的电子束。目前大多数扫描电镜采用钨丝热阴极电子枪。其优点是钨丝价格较便宜,对真空度要求不高,缺点是其热电子发射效率低,发射源直径较大,即使经过二级或三级聚光镜,在样品表面上的电子束斑直径也在 5~7 nm,因此仪器分辨率受到限制。现在,高等级扫描电镜采用六硼化镧(LaB$_6$)或场发射电子枪,使二次电子像的分辨率达到 2 nm。但这种电子枪要求很高的真空度。

13.3.1.2 电磁透镜

其作用主要是把电子枪的束斑逐渐缩小,使原来直径约为 50 μm 的束斑缩小成一个只有数纳米的细小束斑。其工作原理与透射电镜中的电磁透镜相同。扫描电镜一般有三个聚光镜,前两个透镜是强透镜,用来缩小电子束光斑尺寸。第三个聚光镜是弱透镜,具有较长的焦距,在该透镜下方放置样品可避免磁场对二次电子轨迹的干扰。

13.3.1.3 扫描线圈

其作用是提供入射电子束在样品表面上以及阴极射线管内电子束在荧光屏上的同步扫描信号。改变入射电子束在样品表面扫描振幅,以获得所需放大倍率的扫描像。扫描线圈是扫描点晶的一个重要组件,它一般放在最后两透镜之间,也有的放在末级透镜的空间内。

13.3.1.4 样品室

样品室中主要部件是样品台。它能进行三维空间的移动,还能倾斜和转动,样品台移动范围一般可达 40 mm,倾斜范围至少在 50°左右,转动 360°。样品室中还要安置各种型号检测器。信号的收集效率和相应检测器的安放位置有很大关系。样品台还可以带有多种附件,例如样品在样品台上加热,冷却或拉伸,可进行动态观察。近年来,为适应断口实物等大零件的需要,还开发了可放置尺寸在 ϕ125 mm 以上的大样品台。

13.3.2 信号检测放大系统

其作用是检测样品在入射电子作用下产生的物理信号,然后经视频放大作为显像系统的调制信号。不同的物理信号需要不同类型的检测系统,大致可分为三类:电子检测器,应急荧光检测器和 X 射线检测器。在扫描电子显微镜中最普遍使用的是电子检测器,它由闪烁体、光导管和光电倍增器所组成。

当信号电子进入闪烁体时将引起电离;当离子与自由电子复合时产生可见光。光子沿着没有吸收的光导管传送到光电倍增器进行放大并转变成电流信号输出,电流信号经视频放大器放大后就成为调制信号。这种检测系统的特点是在很宽的信号范围内具有正比与原始信号的输出,具有很宽的频带(10 Hz~1 MHz)和高的增益(10^5~10^6),而且噪声很小。由于镜筒中的电子束和显像管中的电子束是同步扫描,荧光屏上的亮度是根据样品上被激发出来的信号强度来调制的,而由检测器接收的信号强度随样品表面状况不同而变化,那么由信号监测系统输出的反映样品表面状态的调制信号在图像显示和记录系统中就转换成一幅与样品表面特征一致的放大的扫描像。

13.3.3 真空系统和电源系统

真空系统的作用是建立能确保电子光学系统正常工作、防止样品污染所必需的真空度。通常情况下,钨灯丝电镜要求保持优于 10^{-4}~10^{-5} Pa 的真空度;场发射电子枪系统通常要求 10^{-7}~10^{-8} Pa 的真空度。

真空系统主要包括真空泵和真空柱两部分。真空柱是一个密封的柱形容器。真空泵用来在真空柱内产生真空。有机械泵、油扩散泵以及涡轮分子泵三大类,机械泵加油扩散泵的组合可以满足配置钨枪的 SEM 的真空要求,但对于装置了场发射电子枪或六硼化镧枪的 SEM,则需要机械泵加涡轮分子泵的组合。

　　成像系统和电子束系统均内置在真空柱中,真空柱底端用于放置样品。之所以要用真空,主要基于以下两点原因:① 电子束系统中的灯丝在普通大气中会迅速氧化而失效,所以除了在使用 SEM 时需要用真空以外,平时还需要以纯氮气或惰性气体充满整个真空柱。② 为了增大电子的平均自由程,从而使得用于成像的电子更多。

　　扫描电镜的电源系统由稳压、稳流及其相应的安全保护电路组成,为电镜各组成部分提供稳定可靠的电源,一般要求电压和电流的稳定度变化在 10^{-6} V 和 10^{-6} A 以下,以确保扫描电镜的正常工作。如果当地电网不稳,最好外接稳压电源或不间断电源。

13.4　扫描电子显微镜的应用

13.4.1　扫描电镜的操作使用

　　扫描电镜的操作步骤大部分由计算机控制,使用者把处理好的样品放入仪器,抽真空、加高压、调焦和变倍、图像亮度和衬度自动调节、拍照和记录图像,整个过程很简单。但是,为了获得满意的图像,在使用仪器前,应该根据研究课题的要求,选择仪器合适的工作条件,了解主要操作步骤对仪器性能发挥的影响,确定成像方式,这对于使用者是必要的。

13.4.1.1　样品的制备技术

　　扫描电子显微镜以观察样品的表面形态为主,因此扫描电子显微镜样品的制备,必须满足以下要求:① 样品表面要干净,充分暴露要观察的部位。② 样品要彻底干燥。③ 样品要有较好的导电性,若是不导电的样品,需表面镀金属膜。④ 样品的热稳定性要好,防止热漂移带来的图像不稳定。⑤ 样品的研究面不能受破坏。⑥ 样品要有合适的尺寸。现在的电镜对样品尺寸没有太多限制,仅受样品台容量和承重的约束。有的大样品室可以直接放入光盘、大齿轮和石英钟之类。对于一般小样品台,块状样品需要切割成合适尺寸。

　　(1) 非生物样品的制备

　　不同物理形态的样品,其制备方法不同,具体如下:

　　① 块状样品。若是导电性好的样品,用导电双面胶粘在样品台上即可;若是导电性不好的样品,先用导电胶粘牢在样品台上,再在样品上表面粘一条导电胶带与样品台连通,俗称"搭桥",以备镀膜后形成样品表面与样品台之间的导电通路。

　　② 粉状样品。颗粒或纤维样品多为粉状,制备样品时应该保证粉料与样品台粘牢,否则粉料会在真空中飞起污染电镜。另外粉料容易团聚,制备过程应该尽量使其分散。通常有两种制备方法:干法或湿法。干法适用于安装数微米的大颗粒。制备步骤为"撒、刮、吹"三项。首先将样品撒在样品台的双面胶带上,用手指轻弹样品台四周,粉料会均匀地向胶面四周移动,铺平一层,侧置样品台,把多余材料抖掉;第二步用纸边轻刮颗粒面,并轻压使其与胶面贴实;第三步用吸耳球从不同方向吹拂。经此过程,样品已牢固、均匀地粘在双面胶上。湿法适用于亚微米或纳米粉料,可显著改善样品的团聚程度。此类粉料常用超声法分散。将粉料放入酒精中超声分散,时间至少 10 min,用吸管取出。滴在清洁的玻片上,待干后将玻片粘在样品台上即可去镀导电膜。这里须注意,双面胶带尺寸要大于玻片。这样才能保证样品经镀膜后,通过玻片和胶带与样品台形成导电通路。有的样品分散不能用酒精,

可用蒸馏水加少量分散剂,例如稀释的洗洁精或六偏磷酸钠,然后超声分散。样品的分散程度取决于样品特性、分散液浓度和超声时间。请注意,不能把样品直接滴在样品台或双面胶上,台面的划痕或残留物以及胶带的结构使你不能辨认超细材料的形貌,使用玻片可以给样品提供一个干净的承载面。玻片是用生物显微镜载玻片割制而成的,清洗后可重复使用。

(2) 生物样品的制备

某些含水量低且不易变形的生物材料,可以不经固定和干燥而在较低加速电压下直接观察,如动物毛发、昆虫、植物种子、花粉等,但图像质量差,而且观察和拍摄照片时须尽可能迅速。对大多数的生物材料,则应首先采用化学或物理方法固定、脱水和干燥,然后喷镀碳与金属以提高材料的导电性和二次电子产额。化学方法制备样品的程序通常是:清洗→化学固定→干燥→喷镀金属。

① 清洗。某些生物材料表面常附血液、细胞碎片、消化道内的食物残渣、细菌、淋巴液及黏液等异物,掩盖着要观察的部位,因而,需要在固定之前用生理盐水或等渗缓冲液等把附着物清洗干净。亦可用 5％碳酸钠冲洗或酶消化法去除这些异物。

② 固定。通常采用醛类(主要是戊二醛和多聚甲醛)与四氧化锇双固定,也可用四氧化锇单固定。四氧化锇固定不仅可良好地保存组织细胞结构,而且能增加材料的导电性和二次电子产额,提高扫描电子显微图像的质量。这对高分辨扫描电子显微术是极端重要的。为增强这种效果,可用四氧化锇-单宁酸或是四氧化锇-珠叉二肼等反复处理材料,使其结合更多的重金属锇,这就是导电染色。

③ 干燥。对固定后生物样品,用 70％、90％、100％酒精进行脱水之后,放入无水丙酮中,然后进行自然干燥。另外,临界点干燥法也是常采用的方法,其原理是:适当选择温度和压力,使液体达到临界状态(液态和气相间界面消失),从而避免在干燥过程中由水的表面张力所造成的样品变形。对含水生物材料直接进行临界点干燥时,水的临界温度和压力不能过高($37.4\ ℃$,$218\ Pa$)。通常用乙醇或丙酮等使材料脱水,再用一种中间介质,如醋酸戊酯,置换脱水剂,然后在临界点干燥器中用液体或固体二氧化碳、氟利昂 13 以及一氧化二氮等置换剂置换中间介质,进行临界干燥。

④ 喷镀金属。将干燥的样品用导电性好的黏合剂或其他黏合剂粘在金属样品台上,然后放在真空蒸发器中喷镀一层 $50\sim300\ Å$ 厚的金属膜,以提高样品的导电性和二次电子产额,改善图像质量,并且防止样品受热和辐射损伤。如果采用离子溅射镀膜机喷镀金属,可获得均匀的细颗粒薄金属镀层,提高扫描电子图像的质量。

除了上述的一般的生物样品制备技术之外,为了更快、更详细、更好地反映生物样品的本来面目,目前作为特殊样品制备技术,很多人正进行积极的研究。目前比较成熟的三个重要的样品制备技术有:

① 冷冻切割技术。为了避免样品在固化、脱水、干燥过程中所产生的形变,而且为了尽量观察生物样品的"活"状态的组织内部情况,目前常采用冷冻切割技术。为了观察这种样品,扫描电镜附设低温样品台。

② 离子刻蚀技术。这是利用被加速的离子轰击生物样品的表面,把表面的原子或分子去掉几层而露出样品内部的组织结构,可以利用离子溅射设备进行离子刻蚀。

③ 导电染色技术。在制备生物样品的过程中,比如在样品的固化或脱水阶段中适当渗入具有导电性的特殊试剂来达到样品本身具有导电性的方法称为导电染色法。

④ 环境扫描电镜术(ESEM)。这是一种在 SEM 基础上改进的新型电子显微镜技术,是一种对生物样品无破坏性分析的技术。其采用多级压差光阑技术,形成梯度真空,即镜筒保持高真空的同时,样品室可维持高达 2.66×10^2 Pa 的气压。样品室的温度、气压和相对湿度可以调节。其次,采用气体二次电子探测器,通过二次电子对气体分子的电离作用,一方面使生物样品微弱的二次电子信号放大,另一方面所产生的正离子可消除生物样品表面的电荷积累,可高倍数观察含水量高、导电性差的样品。因 ESEM 的可变压力腔替代了传统 SEM 的高真空腔,因此可不必对样品进行包括脱水、临界点干燥、镀金等传统处理,避免破坏其完整性。

13.4.1.2　扫描电镜的操作步骤

(1) 电镜启动

接通电源→合上循环冷却水机开关→合上自动调压电源开关→打开显示器开关(接通机械泵、扩散泵电源),即开始抽真空。

(2) 样品的安装

按放气阀,空气进入样品室 1 min,样品室门即可拉开。把固定在样品台上的样品移到样品座上,将样品座缓慢推入镜筒并用手扶着(即关闭样品室),同时按下抽真空阀,待样品室门被吸住再松手。重新抽真空,待显示"READY",即可加高压(HT 红灯亮),加灯丝电流(缓慢转动"FIKAMENT"旋钮,一般控制在 100 μA 以下)。

(3) 观察条件的选择

观察条件包括加速电压、聚光镜电流、工作距离、物镜光栏以及倾斜角度等。

① 加速电压选择。普通扫描电镜加速电压一般为 0.5~30 kV(通常用 10~20 kV 左右)。应根据样品的性质、图像要求和观察倍率等来选择加速电压。加速电压愈大,电子探针愈容易聚焦得很细,入射电子探针的束流也愈大。二次电子波长短对提高图像的分辨率、信噪比和反差是有利的。在高倍观察时,因扫描区域小,二次电子的总发射量降低,因此采用较高的加速电压可提高二次电子发射率。但过高的加速电压使电子束对样品的穿透厚度增加,电子散射也相应增强,导致图像模糊,产生虚影、叠加等,反而降低分辨率,同时电子损伤相应增加,灯丝寿命缩短。一般来说,金相试样、断口试样、电子通道试样等尽可能用高的加速电压。如果观察的样品是凸凹的表面或深孔,为了减小入射电子探针的贯穿和散射体积,采用较低的加速电压可改善图像的清晰度。对于容易发生充电的非导体试样或容易烧伤的生物试样,也应该采用低的加速电压。加速电压对图像质量的影响见表 13-1。

表 13-1　　　　　　　　　　　　加速电压与图像质量的关系

加速电压/kV	0.5	2	5	10	15	25	30
分辨率	低←——————————————————————————→高						
边缘效应	小←——————————————————————————→大						
污染敏感	大←——————————————————————————→小						
干扰影响	容易←————————————————————————→不容易						
图像质量	柔和、自然、明亮←——————————————→粗糙、层次不丰富						

续表 13-1

加速电压/kV	0.5	2	5	10	15	25	30
未镀膜观察	易 ←——————————————————————→ 难						
电子束损伤	小 ←——————————————————————→ 大						
二次电子产率	大 ←——————————————————————→ 小						
X 射线分析	一般用 10～15 kV						

② 聚光镜电流的选择。聚光镜电流大小与电子束的束斑直径、图像亮度、分辨率紧密相关。聚光镜电流大,束斑缩小,分辨率提高,焦深增大,但亮度不足。亮度不足时激发的信号弱,信噪比降低,图像清晰度下降,分辨率也受到影响。因此,选择聚光镜电流对应兼顾亮度、反差,考虑综合效果。可先取中等水平的聚光镜电流,如果对观察试样所采用的观察倍数不高,并且图像质量的主要矛盾是由于信噪比不够,则可以采用较小的聚光镜电流。如果要求观察倍数较高并且图像质量的主要矛盾是在分辨率,则应逐步增加聚光镜电流。此时,如果信噪比发生问题,只要仍能用肉眼看清图像,可通过其他途径(如延长扫描时间等)去解决信噪比问题。

一般来说,观察的放大倍数增加,相应图像清晰度所要求的分辨率也要增加,故观察倍数越高,聚光镜电流越大。聚光镜电流与图像质量的相互关系见表 13-2。

表 13-2　　　　　　　　　　聚光镜电流与图像质量的关系

聚光镜电流/μA	小 ←——————————————————————→ 大
分辨率	低 ←——————————————————————→ 高
电子束流	大 ←——————————————————————→ 小
像颗粒	细 ←——————————————————————→ 粗
二次电子产率	大 ←——————————————————————→ 小
信号	强 ←——————————————————————→ 弱
噪声	少 ←——————————————————————→ 多
二次电子像	90～100 μA
背散射电子像	80～90 μA
吸收电子像	80～90 μA
X 射线分析	90～100 μA

③ 工作距离的选择。工作距离是指样品与物镜下端的距离,通常其变动范围为 5～48 mm。如果观察的试样是凹凸不平的表面,要获得较大的焦深,必须采用大的工作距离,但样品与物镜光阑的张角变小,使图像的分辨率降低。要获得高的图像分辨率,必须选择小的工作距离,通常选择 5～10 mm,以期获得小的束斑直径和减小球差。如果观察铁磁性试样,选择小的工作距离可以防止试样磁场和聚光镜磁场的相互干扰。形貌观察常用的工作距离一般为 25～35 mm,兼顾焦深和分辨率。工作距离与图像质量的关系见表 13-3。

表 13-3　　　　　　　　　　　　　　　　工作距离与图像质量的关系

工作距离/mm	8	48
分辨率	高←————————————————————————————————————→低	
焦深	浅←————————————————————————————————————→深	

④ 物镜光阑的选择。扫描电镜最末级的聚光镜靠近样品,称为物镜。多数扫描电镜在末级聚光镜上设有可动光阑,也称为物镜可动光阑。通过选用不同孔径的光阑可调整孔径角,吸收杂散电子,减少球差等,从而达到调整焦深、分辨率和图像亮度的目的。但是,物镜光阑孔径缩小使信号减弱,信噪比下降,噪声增大,而且孔径容易被污染,产生像散,造成扫描电镜性能下降。因此,必须根据需要选择最佳的物镜光阑孔径。一般观察 5 000 倍左右可用 300 μm 的光阑孔径,万倍以上用 200 μm 光阑孔径,要求高分辨率时用 100 μm 的光阑孔径。物镜光阑孔径对图像质量的影响见表 13-4。

表 13-4　　　　　　　　　　　　　　　物镜光阑孔径对图像质量的影响

光阑孔径(直径)/μm	400	300	200	30
分辨率	低←————————————————————————————————————→高			
焦深	浅←————————————————————————————————————→大			
电子束流	大←————————————————————————————————————→小			
噪声	少←————————————————————————————————————→多			

⑤ 扫描速度的选择。为了提高图像质量,通常用慢的扫描速度。但在实际应用中,扫描速度却受着试样可能发生表面污染这个问题的限制,因任何试样表面的污染(即扫描电子束和扩散泵油与蒸气的相互作用,造成油污沉积在试样表面上,扫描时间越长则在试样表面的油污沉积越严重)均会降低图像的清晰度。对于未经前处理的非导体试样,扫描速度宜快,以防试样表面充电,影响观察;对于金属试样,扫描速度宜慢,可改善信噪比。一般低倍观察的扫描时间常用50 s,高倍观察用 100 s,以免试样表面过分污染。

(4) 观察图像的操作方法

① 选择视野。一张高质量的扫描电镜图像首先应当是细节清晰,其次是图像富有立体感,层次丰富,反差与亮度适中。此外,还要求主题突出和构图美。因此,为了获得一幅优良的扫描电镜图像,除了正确地选择观察条件外,如何选择适当的被观察部位也是十分重要的。

a. 研究者必须清楚研究的内容以寻找所需的视野。注意观察部位应具有科学意义,即所观察到的形貌能说明某项研究问题的实质。

b. 所选择观察部位的画面和角度要符合美学的观点,具有良好的构图效果。

c. 如果满足上述条件的观察部位有多处视野可供选择,则应取白色区域的部位,以期图像具有较大的信噪比。

② 选择放大倍数。随着放大倍数增加,观察视野相应缩小,因此应根据观察要求选择合理的放大倍数,确保图像的整个画面既具有研究的内容,又没有遗漏或杂散景物的干扰。每提高一档放大倍率之后,须相应调整聚焦、消像散、亮度和反差。

③ 调整聚焦和消像散。消像散和聚焦是需要熟练掌握的操作,稍有不慎图像质量就会明显下降。出现像散的原因,主要是电子束难以聚集,使像散方向发生变化(图 13-6)。聚焦是通过粗、细聚焦按钮调节的。消像散是通过 X、Y 方向的消像散钮调整图像清晰度。聚焦与消像散相互交替进行,调整时,先从低倍开始,逐步提高倍率,直到图像最清晰为止。方法如下:观察 1 万倍以上时,要进行消像散。先粗聚焦,然后在焦点附近做欠焦→正焦→稍过焦操作。如果存在像散,就会出现图 13-6(a)、(b)、(c)所示的图像:在欠焦和过焦时像被拉长,而且欠焦与过焦时拉长方向是垂直的;在正焦时像不被拉长但不清晰。此时在正焦情况调节消像散器的方位和大小,直至图像最清晰为止。然后重做欠焦→正焦→过焦操作,如果图像没有被拉长说明像散已被消除。此时可进行聚焦,由于扫描电镜在改变放大倍率时焦点不变,因此聚焦时通常把放大倍数放在拍摄或观察时使用的倍数的 2～3 倍进行,这样更容易判断是否正焦。调节聚焦旋钮至图像最清晰就是正焦。移动样品后,样品高度将发生变化,此时必须重新聚焦。图 13-6(d)是消除像散后正焦的图像,显然比存在像散的图 13-6(b)清晰很多。

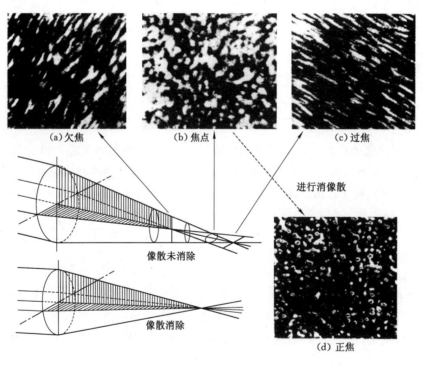

图 13-6　消除像散的原理

④ 反差和亮度的调整。图像的反差是指在图像中最大亮度和最小亮度的比值。在扫描电镜中,图像的反差不但取决于试样本身的性质和成像信息的性质,而且可以通过信号处理系统和显示系统进行人为控制,故扫描电子像的反差可以在较宽的范围内变化。如果图像的反差与亮度调整不当,层次少,就会使图像中细节丢失。通常扫描电镜图像的反差调整是靠改变光电倍增管的电压(300～600 V)来进行的,而亮度是靠改变电信号的直流成分来调节的,但是一般来说,增加反差也增加了直流成分,因而光亮度也会增高,所以操作时对比度和光亮度要交替进行。反差或亮度过大图像细节会丢失,过小图像模糊,只有当对比度、

光亮度合适时,才能保证图像细节清晰,明暗对比适宜。此外,在拍摄时应根据底片的型号和特性来调整反差与亮度。由于扫描电镜图像的最终成品是照片,那么就有个愿意反差大或小的问题、可随个人爱好或研究的目的,调节合适的对比度和光亮度(图 13-7)。

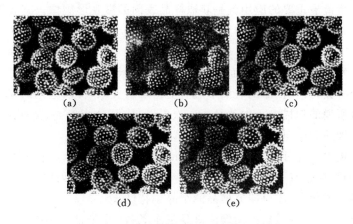

图 13-7　对比度和光亮度示意图(花粉粒)

(a) 对比度过大;(b) 光亮度过小;(c) 对比度、光亮度适中;(d) 光亮度过大;(e) 对比度过小

⑤ 调整倾斜角。倾斜角的大小因放大倍数和样品表面性质而异,一般放大倍数低,倾斜角度小;放大倍数高,倾斜角度大。样品凹凸明显,倾斜角度小;样品比较平坦,倾斜角度较大。倾斜角过大或过小拍摄效果都不好。样品倾斜后,会导致水平和垂直位移以及样品高度变化,可用 X 轴和 Y 轴调节钮调回到原来的视野,用高度调节钮调回到原来的高度,再进行聚焦。

⑥ 调节扫描速度。应根据样品的性质或研究目的的要求来选择扫描速度,通常观察 1 000 倍以上用慢速扫描,1 000 倍以下用快速扫描。如果记录图像要求像质高,必须采用慢速扫描,拍摄一幅图像要用 100 s;快速扫描,拍摄一幅图像要用 50 s。

⑦ 拍照。在比计划摄像高一档的倍率上调整聚焦、亮度和反差后,将倍率缩小一档,用选区扫描检查是否获得理想图像(要注意相片上缺少的部分,一般照相视野比观察视野稍为狭小),然后拍照并记录。拍照时,要避免振动及外界条件干扰。常用的底片为全色 120 胶卷。

在近代大型的扫描电镜中均有自动控制的曝光拍照系统,因此对于一般的图像实现正确的曝光条件并不困难。但如果图像各部分间的衬度很不均匀,存在成片白色区或黑色区,则为了获得最佳的画面效果,可以先粗略以白色区或黑色区的图像亮度作为曝光标准,进行试拍。一般来说,把白色区的图像亮度作为曝光标准,则所得画面的效果偏暗,带暗调色彩,并且在黑色区的宽容度可能丧失;反之,如以黑色区的图像亮度作为曝光标准,则所得的画面效果较明亮,但在白色区的宽容度可能丧失。因此,可先试拍一张照片,然后再根据个人爱好或研究目的再进行适当的调整。对于有经验的工作者,通常只需试拍一张照片,就可以确定最佳画面效果的拍摄条件。

(5) 关机

将放大倍数按钮调至最低倍数,灯丝电流钮调至 0 位;关高压开关,关显示器开关;关调压器开关,真空系统停止工作;待扩散泵冷却后(20～30 min)停止供水。工作中突然断水时,可采用强制方式(如用风扇吹扩散泵)冷却扩散泵,以防泵油挥发,污染镜筒。

13.4.2　扫描电子显微镜的微观形貌分析与微区成分分析

13.4.2.1　微观形貌分析

扫描电子显微镜最重要的应用就是获取样品表面的微观形貌像。其成像的信号电子主要是二次电子和背散射电子,前者的发射深度比后者浅 1～6 个数量级,前者更适合浅层表面分析。

二次电子的发射深度为样品表面几纳米到几十纳米的区域。从样品得到的二次电子产率既与样品成分有关,又与样品的表面形貌有更密切的关系,所以它是研究样品表面形貌最佳的工具。通常所说的扫描电子像就是指二次电子像,其分辨率高、无明显阴影效应、场深大、立体感强,特别适用于粗糙表面和断口的形貌观察。

背反射电子的产生范围在 100 nm～1 mm 深度。背散射电子像与样品的原子序数有关,与样品的表面形貌也有一定关系。可以用双探测器获得背散射电子的组分像和形貌像。利用这种电子的衍射信息,还可研究样品的结晶学特性。

在扫描电镜中,一幅高质量的图像应满足三个条件:首先是分辨率高,显微结构清晰可辨;第二是衬度适中,图像中无论在黑区还是在白区中的细节都能看清楚;第三是信噪比好,没有明显的雪花状噪声。三者之间有着必然的内在联系,其中分辨率是最重要指标。多年来为提高分辨率进行了不懈的努力,目前已达到小于 1 nm,图像质量也显著改善,为进入纳米尺度的研究提供了高水平仪器。

决定扫描电镜图像质量因素有多种,它们对图像质量的影响最终反映在图像分辨率、衬度和信噪比上。通过对电镜成像原理的了解和掌握仪器的使用要点,可获得高质量图像,具体见表 13-5。可知,为了提高图像的分辨率,仪器的基本操作应该首先进行仔细合轴对中调整,选用较高的加速电压和较短的工作距离,聚光镜激励应加强,以便减小束斑尺寸,消除高倍图像的像散。样品表面如果很光滑,也可以适当倾斜样品。如果图像亮度、衬度或噪声不满意,可以利用相应的信号处理功能进行调整。

表 13-5　　　　　　　　　　　　　　扫描电镜的操作要点

	加速电压	仪器合轴	工作距离		聚光镜激励		像散	样品位置	信号处理
调整方式	↑	对中	长	短	强	弱	消除	倾斜	γ 控制降噪
信噪比	↑	↑	—	↓	↑	—	—	↑	改善
衬度	改善	改善	改善	—	—	改善	改善	改善	改善
分辨率	↑	↑	↓	↑	↑	↓	↑	↓	—

13.4.2.2　微区成分分析

(1) 微区成分分析技术简介

扫描电镜的成分分析技术是 20 世纪 70 年代发展起来的,并在各个科学领域得到了广泛应用。该项技术打破了扫描电镜只作为形态结构观察仪器的局限性,使形态观察与样品的化学元素成分分析结合起来,从而大大地扩展了它的研究能力。与传统的化学和物理分析相比,它具有如下优点:

① 可以分析小于 $1\ \mu m$ 的样品中的元素。由于其分析区域相当小,所以绝对感量可高达 $10^{-15} \sim 10^{-18}$ g,这是其他分析方法难以实现的。因此,对于材料中的杂质和样品中的微量元素的分析,以及对难以获取的细小样品的成分鉴定,该技术都非常有效。

② 能在微观尺度范围内同时获得样品的形貌、组成分析及其分布形态等资料,为研究样品形态结构、组成元素与其生理功能的关系提供了便利。

③ 分析操作迅速简便,实验结果数据可靠,而且可用计算机进行处理。

④ 可对样品进行非破坏性分析。

微区成分分析(microanalysis)是指在物质的微小区域中进行元素鉴定和组成分析,被分析的体积通常小于 $1\ \mu m^3$,相应被分析物质的质量为 10^{-12} g 数量级。为了实现微区成分分析,通常采用一定能量的一次束如电子、离子、光子(电磁波)、质子等作为微探针去激发固体,从而获得有关被分析微区的元素组成、分子组成以及原子价状态等信息。根据入射电子和物质相互作用,可以用来进行物质分析的信息有 X 射线、阴极荧光、背反射电子和俄歇电子等。

由于这些信息同物质的原子序数有关,因此,对这些信息进行分析,就可以确定物质中元素含量或相关的成分,并且按不同信息的性质,其分析深度可以从几个原子层(如俄歇电子能谱分析)到几个微米(如 X 射线元素分析和阴极荧光谱分析等)。

应用从物质中所激发出的特征 X 射线来进行材料的元素分析的技术称为 X 射线分析技术,该技术可分为 X 射线能谱分析法(EDS)、X 射线波谱分析法(WDS)和 X 射线荧光分析法(XFS)三种,其中 EDS、WDS 的分析深度和尺寸均可达 $1\ \mu m$,适宜进行微区的元素分析,故这两种分析方法又称为 X 射线显微分析技术,其特点见表 13-6。比较可以发现,EDS 在微区元素的定性分析上方便快捷,虽定量分析不够灵敏,但其应用更普遍。下面重点介绍 EDS 的微区成分分析。

表 13-6　　　　　　　　　　两种 X 射线显微分析谱仪的特点

谱仪	元素范围	灵敏度	定性分析的速度	定量分析的灵敏度	对样品的影响	探测极限 $/(\mu g/g)$	对检测器设定样品位置	安装空间
EDS	^{11}Na$\sim^{92}$U	$10^{-10} \sim 10^{-12}$ A	快(元素同时显示)$2 \sim 3$ min	不良	污染少损伤少	750	不严格,几毫米以内	小
WDS	^{5}B$\sim^{92}$U	$10^{-7} \sim 10^{-8}$ A	慢(元素逐次扫描)$20 \sim 60$ min	良好	污染多损伤多	100	严格,$\pm 3\ \mu m$ 以内	大

(2) EDS 的工作原理及结构

EDS 的基本原理就是利用多道脉冲高度分析器把试样所产生的 X 射线谱按能量的大小顺序排列成特征峰谱,根据每一种特征峰所对应的能量鉴定化学元素。

X 射线能谱仪主要由探测器、放大器、脉冲处理器、显示系统和计算机构成。从样品出射的 X 射线进入探测器,转变成电脉冲,经过前置和主放大器放大,由脉冲处理器分类和累积计数,通过显示器展现 X 射线能谱图,利用计算机配备的专用软件对能谱进行定性和定量分析,打印或保存结果。图 13-8 为能谱仪的流程方框图,每个步骤的相应功能在方框下方标明。图 13-9 为硅锂探测器的能谱仪结构示意图,探测器插入样品室,检测样品出射的特征 X 射线,通过电缆馈送到电镜右侧的脉冲处理器和计算机,由显示器展现能谱图。探测器容易识别,它上面有一个长形液氮罐,液氮容量通常是 7 L 或 10 L。

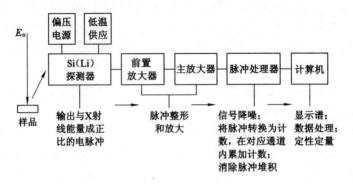

图 13-8　X 射线能谱仪的流程方框图

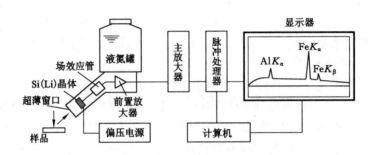

图 13-9　硅锂探测器能谱仪结构示意图

在操作中,探测器中的晶片场效应晶体管须保持在低温 100 K 左右,必须用液氮来冷冻,如果液氮中断,随着冷冻室内壁的温度上升,会同时放出有害气体,并集中沉积在晶片上,损坏探测器。为了保证分析系统的能量分辨率,所用液氮要求纯度高,不能含有杂质和冰块;发生液氮中断情况时应赶快加液氮。

(3) EDS 伪峰的识别

能谱分析中常见的几种伪峰及其识别方法如下:

① 和峰。如果在能谱分析系统中没有脉冲反堆积电路,或即使有这种电路,但对快甄别的阀电压调节不当,则当输入脉冲的计数率较高时,往往在等于两特征能峰的能量之和的位置上出现意外的能峰,这种伪峰称为和峰。为了从能谱中识别出和峰,可用以下方法来判断:a. 出现和峰的能量位置较高,约等于两个独立峰能量之和;b. 和峰的形状很不对称,峰的高能边下降很陡,而低能边被展宽成一个很明显的尾巴;c. 和峰的形状随输入脉冲速率变化而明显地改变,特征能峰则不存在这种现象。

② 逃逸峰。进入 Si(Li)检测器的 X 光量子,有一部分先在硅晶片中激发出硅的 K_α X 射线再在激活区中产生电子-空穴对。由于激发出硅的 K_α X 射线后会使原来 X 光量子的能量损失掉 1.74 keV(它相当于 Si 的 K_α X 射线的能量),在激活区中产生电子-空穴对的数目就会减少。又由于这种现象是一种随机过程,在能谱上除了出现该 X 光量子的能峰外,还会在低于 1.74 keV 的能量位置上出现一个新峰,这个新峰称为逃逸峰。由于逃逸峰的存在,也可能把它误认为另一种元素的能峰。从能谱中识别逃逸峰,可采用如下方法:a. 逃逸

峰的位置永远比主峰低 1.74 keV；b. 逃逸峰高度约为主峰高度的 1/100 到 1/1 000；c. 对于原子序数大于 30 以上的元素，其逃逸峰的影响可忽略。

③ 伪硅峰。有时在样品中本来不含有硅元素，但在能谱上却会出现一个硅的 $K_α$ 峰。引起伪硅峰出现的有如下几种原因：a. 当特征 X 光量子进入检测器的硅死层时，先激发出硅的 $K_α$ X 射线，而这个硅的 $K_α$ X 射线又在检测器的灵敏区产生电子-空穴对，相应产生硅的 K 能峰。b. 含有硅的油脂玷污了样品的表面。c. 检测器的铍窗口被污染，产生硅荧光。d. 样品支架等因素所造成的硅的 $K_α$ X 射线等。

对能谱进行定性分析时，除要注意伪峰的识别外，还必须对工作参数进行仔细的校正，以免在分析过程中任何引起变换增益的改变或零点漂移等因素的影响，造成对特征能峰的错误识别。

（4）EDS 的定性分析与定量分析

① 定性分析。所谓 X 射线能谱的定性分析是指从样品的全元素能谱（图 13-10）中标定出每一特征能峰所对应的元素，检测其元素的线分布和面分布，并确定元素在样品中的存在状态。

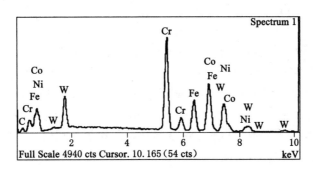

图 13-10　Cr-Co-Fe-W-Ni 五元合金能谱图

（采谱条件：加速电压 20 kV，计数率 1 800 cps，采谱时间 120 s）

定性分析就是要识别和标定能谱中出现的所有谱峰分别属于哪个元素，一个都不能遗漏。定性分析的依据就是识别元素的特征 X 射线能量，其方法已高度智能化，自动识别（Auto ID）。各种元素的 KLM 系标准谱线均已存储，在采谱过程中，不论谱峰多少和强度高低，这些标准谱线将自动与谱峰对齐，并标出元素符号，样品内含有的元素一目了然。另外，也可以利用周期表选取或去掉某个元素，手动识别，操作灵活方便。

EDS 定性分析的特点：在采谱过程中能自动识别（Auto ID）和标识元素谱峰，定性分析快速准确，也可以手动识别谱峰。为检验重叠峰剥离的准确性，提供谱峰重构功能。快速智能元素线扫描和面分布检测。利用自动标识谱峰，存储样品每一扫描位置 (x, y) 的能谱图。一次扫描过程完成全部数据采集，这些数据可以多次重复调用。用户可在离线状态下从图像上的任何位置创建谱图、线扫描和面分布图。可自动去除和峰与逃逸峰的干扰。

准确的定性分析是定量分析的第一步。如果定性分析时发生元素误识别，或者漏掉某个元素，后续的定量分析没有任何意义。

② 定量分析。依据能谱中各元素特征 X 射线的强度值，可确定样品中各元素的含量或浓度。这些强度值与元素的含量有关，谱峰高意味含量高。假设谱峰强度与含量成正比，定

量过程很简单,首先把谱图上的连续谱背底剪掉,第二步把各元素的谱峰剪下来,逐个放在天平上称重,每个谱峰的质量相对谱峰总重的比,应该等于样品各元素的百分含量。但实际谱峰强度与含量不是这种简单关系。样品产生的 X 射线,经探测器到最终形成谱峰是一个复杂过程。把这些检测出的谱峰强度通过各项修正转换为样品的出射强度,再经样品基体修正换算为元素的含量,这是通过能谱定量分析软件来完成的。各公司提供的软件已相当完善,配上功能强大的计算机,获得定量分析结果不需 1 min。

在 X 射线能谱的定量分析中,可采用标样法,也可采用无标样法;可应用于金相表面的试样,也可应用于粗糙表面试样和不同形状的颗粒试样;可提供多种常用的定量分析程序,可自动扣除背底和使用先进的基体修正方法(ZAF 法、Phi-rho-z 法等);保证定量结果的准确性和一致性。其分析方法如下:

a. 测量纯净峰值强度。首先是对重叠峰进行剥离,把各个峰彼此分开,其次是本底扣除,将谱峰与本底分开。

b. 金相表面试样的定量分析。采用标样法确定相对强度值。

c. 粗糙表面试样和颗粒试样的定量分析。用连续谱分析小颗粒和粗糙表面试样的绝对浓度,误差在 10% 左右。

13.4.3 应用实例

以壳聚糖(CS)为原料制备铅离子印迹螯合吸附剂 Pb-TMCS,分别以 CS 和 Pb-TMCS 为研究对象,利用日本日立公司 HITACHIS 520 扫描电镜(SEM)对样品的粒度及形貌进行分析,扫描电压为 20.0 kV;图 13-11 为 Pb-TMCS 和 CS 的 SEM 图像。从图13-11(a)可以看出,CS 呈现明显的片状结构,表面致密平整,比表面积较小。从图 13-11(b)可以看出,Pb-TMCS 为块状的固体颗粒结构,表面孔隙、褶皱较多,比表面积较大。此外,表面小颗粒为磁性物质,可以进行磁性回收,强化了分离效果。

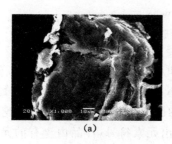 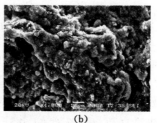

(a)　　　　　　　　　(b)

图 13-11　壳聚糖(CS)和印迹改性磁性交联壳聚糖
(a) CS;(b) Pb-TMCS

CS 和吸附饱和的 CS 的 EDS 图片如图 3-12 所示。

由图 3-12 可知,CS 和吸附饱和的 CS 中 C 和 O 的成分基本相同,而且在吸附饱和的 CS 中,没有发现铅的存在,可能原因是 CS 的吸附量少,在操作中不容易找到。

Pb-TMCS 和吸附饱和的 Pb-TMCS 的 EDS 图片如图 13-13 所示。

由图 13-13 可知,Pb-TMCS 中含有 25.65% 的铁,1.22% 的硫,说明硫脲对 CS 进行了改性;吸附饱和的 Pb-TMCS 中,含有 5.65% 的铁,9.73% 的硫,53.10% 的铅,说明 Pb-TMCS 在最佳的吸附条件下对铅离子具有一定的吸附作用。

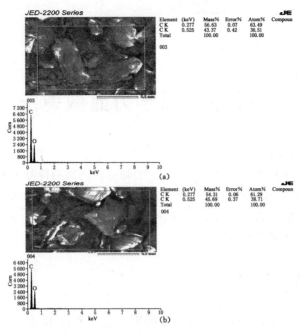

图 13-12　吸附前后 CS 的 EDS 图

（a）吸附前；（b）吸附后

（SEM 图的放大倍数为 200，长度 0.2 mm）

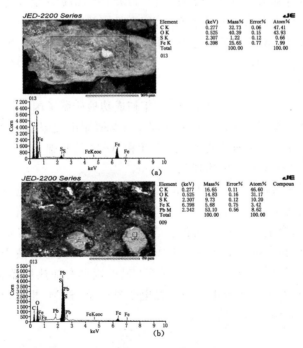

图 13-13　吸附前后的 Pb-TMCS 的 EDS 图

（a）吸附前；（b）吸附后

（SEM 的放大倍数为 500，长度分别为 100 μm、50 μm）

第14章 原子力显微镜法

原子力显微镜(atomic force microscope,AFM)是一种可用来研究导体、半导体,甚至绝缘体在内的固体材料表面结构的分析仪器。它是通过检测待测样品表面和一个微型力敏感元件之间的极微弱的原子间相互作用力来研究物质的表面结构及性质,可以纳米级分辨率获得表面形貌结构信息及表面粗糙度信息。此分析方法在物理、化学、生物学、材料学、医学、环境和微电子等领域应用广泛。

14.1 概　　述

1982年,盖德·宾尼格(Gerd Binnig)和海因里希·罗雷尔(Heinrich Rohrer)在 IBM 公司苏黎世实验室共同研制成功了第一台扫描隧道显微镜(scanning tunneling microscope,STM),使人们首次能够真正实时地观察到单个原子在物体表面的排列方式和与表面电子行为有关的物理、化学性质。但 STM 的工作原理是基于量子理论中的隧道效应,只能检测导电性良好的导体或半导体的表面结构。1986年,盖德·宾尼格、奎特(Quate)和戈博(Gerber)用微悬臂作为力信号的传播媒介,把微悬臂放在样品和 STM 的针尖之间,发明了原子力显微镜。AFM 是通过探针与被测样品之间微弱的相互作用力——原子力,来获得物质表面形貌的信息。因此,AFM 除导电样品外,还能够观测非导电样品的表面结构,具有更为广泛的适用性。

我国中国科学院化学所白春礼等在 1988 年初成功地研制了国内第一台集计算机控制、数据分析和图像处理系统于一体的 STM,在同年底又研制出我国第一台 AFM,其性能一下子就达到原子级分辨率。后来又在已有的 STM 和 AFM 的基础上,成功地研制出国内首台全自动 Laser-AFM,其横向分辨率达到 0.13 nm。

相对于扫描电子显微镜,原子力显微镜具有许多优点。不同于电子显微镜只能提供二维图像,AFM 提供真正的三维表面图。同时,AFM 不需要对样品的任何特殊处理,如镀铜或碳,这种处理对样品会造成不可逆转的伤害。第三,电子显微镜需要运行在高真空条件下,原子力显微镜可以在多种环境条件下工作,包括真空、大气和溶液中。因此可用来研究生物宏观分子,甚至活的生物组织。同时,原子力显微镜具有加热样品、冷却样品和对样品喷雾的功能,极大地拓宽了应用范围。与扫描电子显微镜(SEM)相比,AFM 的缺点在于成像范围太小,速度慢,受探头的影响太大。

14.2 原子力显微镜的基本原理

原子力显微镜用一个几微米长,直径小于 10 nm 的微小针尖来扫描样品表面获得图像。针尖被固定在悬臂的自由端。针尖与样品间作用力导致悬臂的弯曲偏转。当针尖与样品发生相对移动的时候。针尖与样品间的作用力会发生变化。样品或针尖的扫描由压电陶瓷的移动来实现。一个位置灵敏探测器测量悬臂的偏转程度,所测量的悬臂偏转被用来产生表面形貌图。

图 14-1 所示为 AFM 原理图。在 AFM 成像过程中,悬臂、针尖起探测样品表面起伏的作用。当针尖非常接近表面时,针尖和表面间出现相互作用力,悬臂在作用力的作用下发生偏转,而悬臂的偏转与针尖与样品间的作用力成正比,并遵守胡克定律:

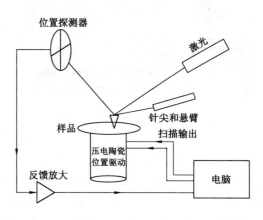

图 14-1　AFM 原理图

$$F = -kz \tag{14-1}$$

式中　z——悬臂的偏转;

　　　k——悬臂的弹性系数。

当针尖与样品间的作用力 F 变化时,z 也发生变化。通过光学方法测量悬臂的偏转,可以得到作用力 F,从而得到针尖与样品间的距离。当针尖在样品表面扫描时,形貌的起伏变化通过针尖导致悬臂偏转的变化,由计算机系统把变化量转化为形貌图。

14.3　原子力显微镜的仪器结构

原子力显微镜主要由带针尖的微悬臂、微悬臂运动检测装置、监控其运动的反馈回路、使样品进行扫描的压电陶瓷扫描器件、计算机控制的图像采集、显示及处理系统组成。微悬臂运动可用如隧道电流检测等电学方法或光束偏转法、干涉法等光学方法检测,当针尖与样品充分接近相互之间存在短程相互斥力时,检测该斥力可获得表面原子级分辨图像,一般情况下分辨率也在纳米级水平。AFM 测量对样品无特殊要求,可测量固体表面、吸附体系等。

14.3.1　仪器结构

在原子力显微镜的系统中,可分成三个部分:力检测部分、位置检测部分、反馈系统。具体可见图 14-1,实物图见图 14-2。

(1) 力检测部分

在原子力显微镜的系统中,所要检测的力是原子与原子之间的范德华力。所以在本系

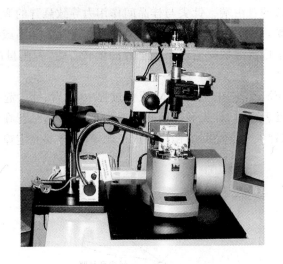

图 14-2　原子力显微镜实物图

统中是使用微小悬臂（cantilever）来检测原子之间力的变化量。微悬臂通常由一个一般 $100\sim500~\mu m$ 长和 $500~nm\sim5~\mu m$ 厚的硅片或氮化硅片制成。微悬臂顶端有一个尖锐针尖，用来检测样品-针尖间的相互作用力。这微小悬臂有一定的规格，例如：长度、宽度、弹性系数以及针尖的形状，而这些规格的选择是依照样品的特性，以及操作模式的不同，而选择不同类型的探针。

（2）位置检测部分

在原子力显微镜的系统中，当针尖与样品之间有了交互作用之后，会使得微小悬臂（cantilever）摆动，当激光照射在微悬臂的末端时，其反射光的位置也会因为悬臂摆动而有所改变，这就造成偏移量的产生。在整个系统中是依靠激光光斑位置检测器将偏移量记录下并转换成电的信号，以供 SPM 控制器作信号处理。

（3）反馈系统

在原子力显微镜的系统中，将信号经由激光检测器取出之后，在反馈系统中会将此信号当作反馈信号，作为内部的调整信号，并驱使通常由压电陶瓷管制作的扫描器做适当的移动，以保持样品与针尖保持一定的作用力。

AFM 系统使用压电陶瓷管制作的扫描器精确控制微小的扫描移动。压电陶瓷是一种性能奇特的材料，当在压电陶瓷对称的两个端面加上电压时，压电陶瓷会按特定的方向伸长或缩短。而伸长或缩短的尺寸与所加的电压的大小呈线性关系。也就是说，可以通过改变电压来控制压电陶瓷的微小伸缩。通常把三个分别代表 X,Y,Z 方向的压电陶瓷块组成三脚架的形状，通过控制 X,Y 方向伸缩达到驱动探针在样品表面扫描的目的；通过控制 Z 方向压电陶瓷的伸缩达到控制探针与样品之间距离的目的。

原子力显微镜（AFM）便是结合以上三个部分来将样品的表面特性呈现出来的：在 AFM 的系统中，使用微小悬臂来感测针尖与样品之间的相互作用，这作用力会使微悬臂摆动，再利用激光将光照射在悬臂的末端，当摆动形成时，会使反射光的位置改变而造成偏移量，此时激光检测器会记录此偏移量，也会把此时的信号给反馈系统，以利于系统做适当的调整，最后再将样品的表面特性以影像的方式给呈现出来。

14.3.2　工作模式

原子力显微镜的工作模式是以针尖与样品之间的作用力的形式来分类的。主要有以下 3 种操作模式:接触模式(contact mode)、非接触模式(non-contact mode)和敲击模式 (tapping mode)。

(1) 接触模式

从概念上来理解,接触模式是 AFM 最直接的成像模式。正如名字所描述的那样, AFM 在整个扫描成像过程中,探针针尖始终与样品表面保持紧密的接触,而相互作用力是排斥力。扫描时,悬臂施加在针尖上的力有可能破坏试样的表面结构,因此力的大小范围在 $10^{-10} \sim 10^{-6}$ N。若样品表面柔嫩而不能承受这样的力,便不宜选用接触模式对样品表面进行成像。

(2) 非接触模式

非接触模式探测试样表面时悬臂在距离试样表面上方 $5 \sim 10$ nm 的距离处振荡。这时,样品与针尖之间的相互作用由范德华力控制,通常为 10^{-12} N ,样品不会被破坏,而且针尖也不会被污染,特别适合于研究柔嫩物体的表面。这种操作模式的不利之处在于要在室温大气环境下实现这种模式十分困难。因为样品表面不可避免地会积聚薄薄的一层水,它会在样品与针尖之间搭起一小小的毛细桥,将针尖与表面吸在一起,从而增加尖端对表面的压力。

(3) 敲击模式

敲击模式介于接触模式和非接触模式之间,是一个杂化的概念。悬臂在试样表面上方以其共振频率振荡,针尖仅仅是周期性地短暂地接触/敲击样品表面。这就意味着针尖接触样品时所产生的侧向力被明显地减小了。因此当检测柔嫩的样品时,AFM 的敲击模式是最好的选择之一。一旦 AFM 开始对样品进行成像扫描,装置随即将有关数据输入系统,如表面粗糙度、平均高度、峰谷峰顶之间的最大距离等,用于物体表面分析。同时,AFM 还可以完成力的测量工作,测量悬臂的弯曲程度来确定针尖与样品之间的作用力大小。

AFM 的三种工作模式的比较见表 14-1。

表 14-1　　　　　　　　　　　　　**AFM 的三种工作模式的比较**

工作模式	优点	缺点
接触模式	扫描速度快,是唯一能够获得"原子分辨率"图像的 AFM 垂直方向上有明显变化的硬质样品,有时更适于用接触模式扫描成像	横向力影响图像质量。在空气中,因为样品表面吸附液层的毛细作用,使针尖与样品之间的黏着力很大。横向力与黏着力的合力导致图像空间分辨率降低,而且针尖刮擦样品会损坏软质样品(如生物样品、聚合体等)
非接触模式	没有力作用于样品表面	由于针尖与样品分离,横向分辨率低;为了避免接触吸附层而导致针尖胶粘,其扫描速度低于轻敲模式和接触模式。通常仅用于非常怕水的样品,吸附液层必须薄,如果太厚,针尖会陷入液层,引起反馈不稳,刮擦样品。由于上述缺点,非接触模式的使用受到限制
轻敲模式	很好地消除了横向力的影响。降低了由吸附液层引起的力,图像分辨率高,适于观测软、易碎或胶黏性样品,不会损伤其表面	比接触模式的扫描速度慢

14.4 原子力显微镜的应用

14.4.1 原子力显微镜的操作

图 14-3 为 AFM 的示意图。如图 14-3 所示,先使样品 A 离针尖 B 很远,这时杠杆位于不受力的静止位置,然后使针尖 C 靠近杠杆 D,直至观察到隧道结电流 I_{STM},使 I_{STM} 等于某一固定值 I_0,并开动反馈系统,使 I_{STM} 自动保持在 I_0 数值,这时由于 B 处在悬空状态,电流信号噪声很大。

然后,使样品 A 向针尖 B 靠近,当 B 感受到 A 的原子力时,B 将稳定下来,I_{STM} 噪声明显减小。样品表面势能和表面力的变化由图 14-4 可见,在距离样品表面较远时表面力是负的(负力表示吸引力),随着距离变近,吸引力先增加然后减小甚至为零。当进一步减小距离时,表面力变正(拒斥力),并且表面力随距离进一步减小而迅速增加。

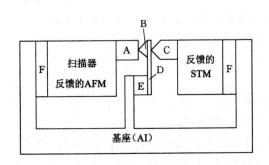

图 14-3 AFM 的示意图

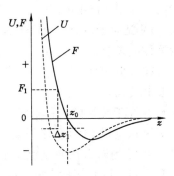

图 14-4 样品表面势能 U 及表面力 F
随表面距离 z 变化的曲线

如果被测样品和针尖均无须考虑在力的作用下的变形,则测量可不考虑样品的弹性或塑性变化。那么当样品 A 向针尖 B 靠近时,B 首先感到 A 的吸力,B 将向左倾,I_{STM} 将减小,反馈系统将使针尖向左移动 Δz 距离,以保持 I_{STM} 不变。从 P_z 所加电压的变化,即可知道 Δz。知道 Δz 后,根据虎克定律即知样品表面对杠杆针尖的吸力 $F = -k\Delta z$(k 是杠杆的弹性系数)。

样品继续右移,表面对针尖 B 的吸力增加,到吸力最大位时,杠杆 D 的针尖向左偏移亦达到最大值。样品进一步右移时,表面吸力减小,位移 Δz 减小,直至样品和针尖 B 的距离相当于 z_0 时,表面力 $F = 0$,杠杆回到原位(未受力的情况)。样品继续右移。针尖 B 感受到的将是排斥力,即杠杆 D 将后仰。据此可求出针尖 B 的顶端原子感受到的样品表面力随距离变化的曲线。

AFM 在测量样品的形貌或三维轮廓时,可使针尖 B 工作在斥力 F_1 状态,这时针尖相对零位向右移动 Δz_1 距离。此后保持 P_z 固定不变,使样品沿 x(或 y)方向移动。如果样品表面凹下,则杠杆向左方动,于是电流 I_{STM} 不变,即用 I_{STM} 反馈控制 P_z 以保持 I_{STM} 不变,这样,当样品相对针尖 B 作 (x, y) 方向光栅扫描时,记录 P_z 随位置的变化,即得样品表面——形貌的轮廓图。

14.4.2　应用实例

　　用纳滤膜过滤自来水,为了比较处理各水样后的膜和原膜的表面形态和粗糙程度,试验中对膜样的表面进行剪取较平整的一小块膜样放在载玻片上并将其固定,用滤纸从周边吸干样品中的水分,在轻敲模式下对膜样进行观察,并用 AFM 自带的分析软件对膜的表面粗糙度进行计算(图 14-5)。膜表面平均粗糙度测试 3 次,取平均值,可知原膜的粗糙度为 12.1,过滤完自来水后的膜的粗糙度是 30.5,说明自来水中的污染物被截留在膜上,引起膜污染。

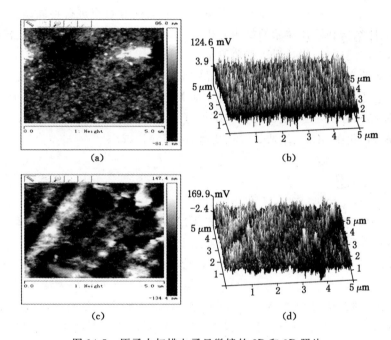

图 14-5　原子力扫描电子显微镜的 2D 和 3D 照片

(a) 原膜的 2D 照片;(b) 原膜的 3D 照片;

(c) 自来水污染后膜的 2D 照片;(d) 自来水污染后膜的 3D 照片

第15章　X射线衍射法

　　X射线衍射法是一种利用X射线在晶体物质中的衍射效应进行物质结构分析的技术，常用来测定晶体结构和固体样品的物相分析。其中，单晶结构分析能给出晶体的精确的晶胞参数，晶体中成键原子间的键长、键角等重要的结构信息。同时，它还可以进行单晶定向、双晶分析、晶格畸变、残余应力、薄膜厚度、晶粒大小和形状、聚合物的结晶度和取向度等的测定。此外，它还是研究化学成键、结构与性能关系等性质的重要手段。目前，X射线衍射法已成为物质结构分析，尤其是固态物质结构分析的最重要、最有效且普遍的方法之一，已广泛应用于材料、化工、冶金、地质、环境、机械、医药等领域。

15.1　概　　述

　　X射线是1895年德国物理学家伦琴（W. C. Rontgcn）发现的。由于当时对这种射线的本质还不了解，故称之为X射线。后人为了纪念X射线的发现者，也称之为伦琴射线。X射线被发现后不久，医学界就利用X射线进行诊断及医疗。后来把它用于金属材料及机械零件的探伤。

　　1912年德国物理学家劳埃（M. V. Laue）等人在前人研究的基础上，发现了X射线在晶体中的衍射现象，并建立了劳埃衍射方程组，从而揭示了X射线的本质是波长与原子间距同一量级的电磁波，并因此而获得了1914年度诺贝尔物理学奖。劳埃方程组为研究晶体的衍射提供了有效方法，因此产生了X射线衍射学。

　　在劳埃研究的基础上，英国物理学家布拉格父子（W. H. Bragg 和 W. L. Bragg）首次利用X射线测定了NaCl和KCl的晶体结构，提出了晶面"反射"X射线的新假设，由此导出简单实用的布拉格方程。该方程为X射线衍射和电子衍射奠定了理论基础。同时布拉格（W. H. Bragg）还发现了特征X射线，但并未给出合理的解释。布拉格方程的导出开创了X射线在晶体结构分析中应用的新纪元。1915年布拉格获得了诺贝尔物理学奖。

　　每一种结晶物质，都有其特定的晶体结构，包括点阵类型、晶面间距等参数。当用具有足够能量的X射线照射试样，试样中的物质受激发，会产生二次荧光X射线，同时晶体的晶面反射遵循布拉格定律。通过测定衍射角位置（峰位）可以进行化合物的定性分析，测定谱线的积分强度（峰强）可以进行定量分析，而测定谱线强度随角度的变化关系可进行晶粒的大小和形状的检测。

　　X射线的分析方法主要是照相法和衍射仪法。劳厄等人在1912年创立的劳厄法，利用固定的单晶试样和准直的多色X射线束进行实验；布罗格利（Broglie）于1913年首先应用的周转晶体法，利用旋转或回摆单晶试样和准直单色X射线束进行实验；德拜（Debye）、谢乐（Scherrer）和赫尔（Hull）在1916年首先使用粉末法，利用粉末多晶试样及准直单色X射线进行实验。在照相技术上做出重要贡献的有 Seemann 聚焦相机、带弯晶单色器的 Guinier 相机及 Straumanis 不对称装片法。1928 年盖革(Geiger)与米勒(Miller)首先应用盖革计数器制成衍射仪,但效率均较低。现代衍射仪是在 20 世纪 40 年代中期按弗里德曼(Friedman)设计制成的,包括高压发生器、测角仪和辐射计数器等的联合装置,由于目前广泛应用电子计算机进行控制和数据处理已达到全自动化的程度。

　　X 射线衍射新动向主要包括:① 高度计算机化,如实验设备及实验过程的全自动化,数据分析的计算程序化,衍射花样及衍衬像的计算机模拟等;② 瞬时及动态研究,由于高亮度及具有特定时间结构 X 射线源及高效探测系统的出现,使得某些瞬时现象的观察或研究成为可能,如化学反应过程、物质破坏过程、晶体生长过程、形变再结晶过程、相变过程、晶体缺陷运动和交互作用等;③ 极端条件下的衍射分析,例如研究物质在超高压、极低温、强电或磁场、冲击波等极端条件下组织与结构变化的衍射效应。

15.2　X 射线衍射法的基本原理

15.2.1　X 射线的衍射原理

　　X 射线入射晶体时,作用于束缚较紧的电子,电子发生晶格振动,向空间辐射与入射波频率相同的电磁波(散射波),该电子成了新的辐射源,所有电子的散射波均可看成是由原子中心发出的,这样每个原子就成了发射源,它们向空间发射与入射波频率相同的散射波,由于这些散射波的频率相同,在空间中将发生干涉,在某些固定方向得到增强或减弱甚至消失,产生衍射现象,形成了波的干涉图案,即衍射花样。因此,衍射花样的本质是相干散射波在空间发生干涉的结果。当相干散射波为一系列平行波时,形成增强的必要条件是这些散射波具有相同的相位,或光程差为零或光程差为波长的整数倍。这些具有相同相位的散射线的集合构成了衍射束。所以相干散射是衍射的基础,而衍射则是晶体对 X 射线散射的一种特殊表现形式,其必要条件是晶体中各原子散射波在某研究方向上均有固定的位相差关系。但想要得到晶体衍射的结果,必须满足适当的几何条件。这个几何条件可用布拉格方程表示,其表达式为:

$$2d\sin\theta = n\lambda(n=1,2\cdots)\tag{15-1}$$

　　其中,d 为晶面间距,θ 为入射 X 射线与相应晶面的夹角,λ 为 X 射线的波长,n 为衍射级数。其含义是:只有照射到相邻两晶面的光程差是 X 射线波长的整数倍时才产生衍射。布拉格方程是 X 射线在晶体产生衍射时的必要条件而非充分条件。有些情况下晶体虽然满足布拉格方程,但不一定出现衍射,即所谓系统消光。

15.2.2　X 射线衍射的分析方法

　　工程材料大多数是在多晶形式下使用的,故研究多晶体 X 射线衍射分析方法对于新材料的分析具有很大的实用价值。这种方法使用的试样一般为材料粉末,故也称之为"粉末法"。粉末法是由德国的德拜(Debye)和谢乐(Scherrer)于 1916 年提出的。粉末法是所有衍射方法中最为方便的分析方法,可以分为照相法和衍射仪法。

　　(1)照相法

　　照相法中根据试样和底片的相对位置不同可以分为三种:① 德拜-谢乐法(Debye-Scherrer method),底片位于圆筒内表面,试样位于中心轴上;② 聚焦照相法(focusing method)，底片、试样、射线源均位于圆筒上；③ 针孔法(pinhole method)，底片为平板形与 X 射线均垂直放置，试样放在二者之间适当位置。

其中，德拜照相法是将细长的照相底片围成圆筒，使试样(通常为细棒状)位于圆筒的轴心，入射 X 射线与圆筒轴相垂直地照射到试样上，衍射圆锥的母线与底片相交成圆弧，这些衍射环或弧线通常称为德拜环或德拜线。图 15-1 所示为纯铝多晶体经退火处理后的衍射照片，这种照片也叫德拜相，相应的相机叫做德拜相机。德拜相的花样在 $2\theta=90°$ 时为直线，其余角度下均为曲线且对称分布。根据在底片上测定的衍射线条的位置可以确定衍射角 θ，如果知道 λ 的数值就可以推算产生本衍射线条的反射面的晶面间距。反之，如果已知晶体的晶胞的形状和大小就可以预测可能产生的衍射线在底片上的位置。

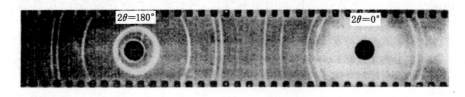

图 15-1　纯铝多晶体的德拜相

(2) 衍射仪法

衍射仪法因具有速度快、强度相对精确、信息量大、精度高、分析方便、试样制备简便等优点，是目前进行晶体结构分析的最主要设备。近年由于衍射仪与电子计算机结合，令其从操作、测量到数据处理实现了自动化，使衍射仪进一步发挥其方便、快捷的优势。

15.3　X 射线衍射仪

X 射线衍射仪是一种最常见、应用面最广的 X 射线衍射分析仪器。X 射线衍射仪的较确切的名称是多晶 X 射线衍射仪或称粉末 X 射线衍射仪。运用它可以获得分析对象的粉末 X 射线衍射图谱。只要样品是可以制成粉末的固态样品或者是能够加工出一处小平面的块状样品，都可以用它进行分析测定。这种方法主要应用于样品的物相定性或定量分析、晶体结构分析、材料的织构分析、宏观应力或微观应力的测定、晶粒大小测定、结晶度测定等等，因此，在材料科学、物理学、化学、化工、冶金、矿物、药物、塑料、建材、陶瓷等，以及考古、刑侦、商检等众多学科、相关的工业、行业中都有重要的应用。

X 射线衍射仪的形式多种多样，用途各异，但其基本构成很相似，见图 15-2。其基本构成主要包括高稳定度 X 射线发生器、精密测角台、X 射线强度测量系统和安装有专用软件的计算机系统等 4 大部分。① 高稳定度 X 射线发生器能提供测量所需的 X 射线，改变 X 射线管阳极靶材质可改变 X 射线的波长，调节阳极电压可控制 X 射线源的强度。② 精密测角台简称测角仪，是衍射仪的核心部件，其功能相当于粉末法中的相机，有立式测角仪(图 15-3)和卧式测角仪(图 15-3 的样品台区域)。③ X 射线强度测量系统即 X 射线检测器，一般是 NaI 闪烁检测器或正比检测器。现在，还有一些高性能的 X 射线检测器可供选择。如半导体制冷的高能量分辨率硅检测器、正比位敏检测器、固体硅阵列检测器、CCD 面积检测器等，都是高档衍射仪的可选配置。这些 X 射线检测器能同时检测衍射强度和衍射方向，通过仪器测量记录系统或计算机处理系统可以得到多晶衍射图谱数据。④ 计算机系统是现代 X 射线衍射仪的不可缺少的部分,系统中装备的专用软件成为了仪器的灵魂,使仪器智能化。它的基本功能是按照指令完成规定的控制操作、数据采集,并成为操作者的得力的数据处理、分析的助手。

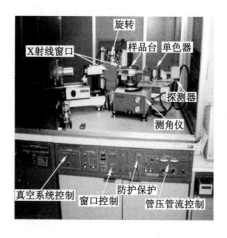

图 15-2　X 衍射仪的基本构成图

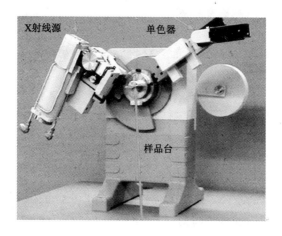

图 15-3　立式测角仪

15.4　X 射线衍射的应用

15.4.1　X 射线衍射仪的操作方法

重要的实验参数对衍射线的角分辨率、强度和角度测量的影响是互为矛盾而制约的。只有正确了解本实验所用仪器的结构及其性能,并善于根据分析要求,合理布置实验程序、选择突出一条、照顾其他的折中的实验条件,才能得到一张强度、角分辨率、峰形和角度测量全都满意的衍射图。

15.4.1.1　试样

选择衍射仪用的试样应从如下几方面考虑：① 晶粒（或粉末颗粒）大小；② 试样厚度；③ 择优取向；④ 冷加工应力；⑤ 试样表面的平整程度。

在衍射仪中的试样，由于 X 光的穿透能力有限，因此对衍射起作用的只是一定厚度的表层。考虑上述因素的影响，通常采用颗粒尺寸在 $5~\mu m$ 左右的粉末试样为宜。颗粒尺寸大于 $10~\mu m$，强度重演性差；小于 $1~\mu m$，会引起衍射线条宽化。同时，要求试样的最小厚度为 $3/\mu_i$（μ_i 是线吸收系数）。这样，可以不作吸收校正。μ_i 越大、粉末压得越密实，试样可薄些，可较好地满足聚焦条件。反之，试样要厚些。最小试样厚度与衍射角及样品的吸收系数有关，即与样品的种类、密度及 X 光波长有关。因此，对于镀膜、蒸发膜表面层结构的研究，可考虑用较小的衍射角和较长的波长。

平板状粉末试样中的择优取向会使衍射强度发生很大的变化。当采用框型试样架制成的粉末试样，可用毛玻璃作衬底压片，或掺入各向同性粉末物质（如 MgO），来降低择优取向的影响。若能使试样绕其表面法线转动或摆动，将会收到良好的效果。

一般用锉刀工具制备的金属粉末试样均需退火处理，以消除加工时产生的内应力。另外，衍射仪的试样为平板试样。当被测材料为固体时，可直接取其一部分制成片状，将被测表面磨光，并用橡皮泥固定于空心样品架上；当被测对象是粉体时，则要用黏结剂调和后填满带有网形凹坑的实心样品架中，再用玻璃片压平粉末表面。试样表面不平整，会引起衍射线宽化、峰位移动、衍射强度减弱等现象。

15.4.1.2　实验参数优化

能否选择合理的实验参数，关系到能否获得满意的测量结果。实验参数主要有狭缝宽度、扫描速度、时间常数等。

（1）狭缝宽度

狭缝宽度是指光栏的宽度，光栏包括两个狭缝光栏 K、L 和一个接受光栏 F。显然，增加狭缝宽度，可使衍射线的强度增加，但分辨率下降，在 2θ 较小时，还会使照射光束过宽溢出样品，反而降低了有效衍射强度，同时还会产生样品架的干扰峰，增加背底噪声，这不利于样品的衍射分析。狭缝宽度的选择是以测量范围内 2θ 角最小的衍射峰为依据的。通常狭缝光栏 K 和 L 选择同一参数（0.5°或 1°），而接受光栏 F 在保证衍射强度足够时尽量选较小值（0.2 mm 或 0.4 mm），以获得较高的分辨率。

（2）扫描速度

扫描速度是指探测器在测角仪上匀速转动的角速度，以°/min 表示。扫描速度愈快，衍射峰平滑，衍射线的强度和分辨率下降，衍射峰位向扫描方向漂移，引起衍射峰的不对称宽化。但也不能过慢，否则扫描时间过长，一般以 3°/min～4°/min 为宜。

（3）时间常数

时间常数是指 RC 的乘积，单位为时间。增加时间常数对衍射图谱的影响类似于提高扫描速度对衍射图谱的影响。时间常数不宜过小，否则会使背底噪声加剧，使弱峰难以识别，一般选择 1～4 s。

15.4.1.3　扫描方式

扫描方式有两种：连续扫描和步进扫描。

（1）连续扫描

计数器与计数率器相连,常用于物相分析。在选定的衍射角 2θ 范围内,计数器在测角仪上以两倍于样品台的速度从低角 2θ 向高角 2θ 联动扫描,记录各衍射角对应的衍射相对强度,获得该试样的 $I_{相对}-2\theta$ 的变化关系,可通过打印机输出该衍射图谱。连续扫描过程中,时间常数和扫描速度是直接影响测量精度的重要因素。

(2) 步进扫描

计数器与定标器相连,常用于精确测量衍射峰的强度、确定衍射峰位、线形分析等定量分析工作。计数器首先固定于起始的 2θ 位置,按设定的定时计数或定数计时、步进宽度(角度间隔)和步进时间(行进一个步进宽度所需时间),逐点测量各衍射角 2θ 所对应的衍射相对强度,其结果与计算机相连,可打印输出,见图 15-2。显然,步进宽度和步进时间是影响步进扫描的重要因素。

15.4.1.4　X 射线的安全防护

X 射线具有较强的穿透性,人体如果过量接受 X 射线的照射会引起细胞损伤、局部组织损伤、坏死或带来其他疾患。例如:毛发脱落、头晕、精神衰退、血液的组成及性能变化等。其病患的严重程度取决于 X 射线的强度、波长和人体的接受部位等。根据国际放射学会的规定,健康人的安全剂量为每工作周不超过 0.77×10^{-4} C/kg。为了保障从事 X 射线工作人员的健康和安全,我国制定了相关国家标准,要求对专业工作人员的照射剂量进行经常性的监测。尽管 X 射线对人体有害,但是只要操作者严格遵守操作规程,注意采取安全防护措施,意外事故完全是可以避免的。比如,在调整相机和仪器对光时注意不要将手或身体的任何部位直接暴露在 X 射线光速下,更要严防 X 射线直接照射到眼中。仪器正常工作后实验人员应立即离开 X 射线实验室。重金属铅可以强烈吸收 X 射线。可以在需要屏蔽的地方加上铅屏或铅玻璃屏,必要时还可以带上铅玻璃眼镜、铅胶手套和铅围裙,也可有效挡住 X 射线。

15.4.2　物相分析

物相是指材料中成分和性质一致、结构相同并与其他部分以界面分开的部分。当材料的组成元素为单质元素或多种元素但不发生相互作用时,物相即为该组成元素;当组成元素发生相互作用时,物相则为相互作用的产物。由于组成元素间的作用有物理作用和化学作用之分,故可分别产生固溶体和化合物两种基本相。因此,材料的物相包括纯元素、固溶体和化合物。物相分析是指确定所研究的材料由哪些物相组成(定性分析)和确定各种组成物相的相对含量(定量分析)。化学分析、光谱分析、X 射线的荧光光谱分析、电子探针分析等所分析的是材料的组成元素及其相对含量,属于元素分析,而对元素间作用的产物即物相(固溶体和化合物)无法直接鉴别,X 射线衍射可对材料的物相进行分析。例如一种 Fe-C 合金,元素分析仅能给出该合金的组成元素为 Fe 和 C 以及各自的相对含量,却不能直接给出 Fe 与 C 之间相互作用的产物种类如固溶体(如铁素体)和化合物(如渗碳体)及其相对含量,这就需要采用 X 射线衍射法来完成。

15.4.2.1　物相的定性分析

物相的定性分析是确定物质是由何种物相组成的分析过程。当物质为单质元素或多种元素的机械混合时,则定性分析给出的是该物质的组成元素;当物质的组成元素发生作用时,则定性分析所给出的是该物质的组成相为何种固溶体或化合物。

(1) 基本原理

X 射线的衍射分析是以晶体结构为基础的。X 射线衍射花样反映了晶体中的晶胞大小、点阵类型、原子种类、原子数目和原子排列等规律。每种物相均有自己特定的结构参数，因而表现出不同的衍射特征，即衍射线的数目、峰位和强度。即使该物相存在于混合物中，也不会改变其衍射花样。尽管物相种类繁多，却没有两种衍射花样完全相同的物相，这类似于人的指纹，没有两个人的指纹完全相同。因此，衍射花样可作为鉴别物相的标志。

如果将各种单相物质在一定的规范条件下所测得的标准衍射图谱制成数据库，则对某种物质进行物相分析时，只需将所测衍射图谱与标准图谱对照，就可确定所测材料的物相，这样物相分析就成了简单的对照工作。然而，由于物相千千万，简单查找非常困难，此外，大量物质是多种相的混合体，其衍射花样是各相衍射花样的简单叠加，这进一步增加了对照难度。因此，为了快捷地完成物相分析，有必要将各种标准相的衍射花样建成数据库或卡片，并定出统一的检索规则。该项工作首先由哈纳沃特(J. D. Hanawalt)于 1938 年进行，标准花样上衍射线的位置由衍射角 2θ 决定，而 2θ 取决于波长 λ 和晶面间距 d，其中 d 是决定于晶体结构的基本量，这样在卡片上列出的一系列晶面间距 d 和与其对应的衍射相对强度 $I_{相对}$ 就反映了衍射花样的基本特征，并可取代衍射花样。如果待测物相的 d 及 $I_{相对}$ 能与某卡片很好地对应，即可认为卡片所代表的物相即为待测的物相。这样，物相分析工作的关键就在于衍射花样的测定和卡片的检索对照了。为了方便地进行物相分析，我们有必要了解卡片的结构和检索规则。

(2) PDF(the powder diffraction file)卡片

PDF 卡片最早由 ASTM(the American society for testing materials)美国材料实验协会整理出版；1969 年改为粉末衍射标准联合委员会 JCPDS(the joint committee on powder diffraction standard)出版；1978 年则与国际衍射资料中心 ICDD(the international center of diffraction data)联合出版，1992 年后的卡片统一由 ICDD 出版，迄今已出版了 47 组，67 000 多张，并还将逐年增加。

不同时期出版的卡片结构有所不同，1983 年以前出版的卡片属老格式，1984 年后采用了新格式，如图 15-4 所示。

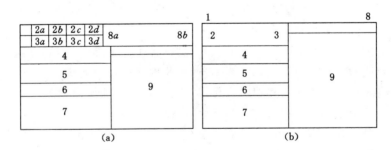

图 15-4　PDF 卡片的老格式和新格式

(a) 老格式；(b) 新格式

新格式中 1～9 栏的主要内容简述如下：

1 栏为卡片的组号及组内序号；

2 栏为试样名和化学式；

3 栏为矿物学名称，其上面有"点"式或结构式；

4 栏为所用的实验条件如辐射、波长、方法等；

5 栏为晶体学数据等；

6 栏为光学数据等；

7 栏为试样的进一步说明，如来源、化学成分等；

8 栏为衍射数据的质量记号；

9 栏是试样衍射线的 d 值、I/I_1 值及密勒指数。

上述 9 个栏目的详细内容，在每组卡片或每本检索手册和数据书的开头均有详尽说明，因篇幅所限而未能一一介绍。

由于 JCPDS 粉末衍射文件卡片每年以约 2 000 张的速度增长，数量越来越大，人工检索已变得费时和困难。从 20 世纪 60 年代后期开始，发展了电子计算机自动检索技术，为方便检索，相应地将全部 JCPDS 粉末衍射文件卡片上的 d、I 数据按不同检索方法要求，录入到磁带或磁盘内，建立总数据库，并已商品化。从 70 年代后期开始，在总数据库基础上，按计算机检索要求，又建立了常用物相、有机物相、无机物相、矿物、合金、NBS、法医 7 个子库，用户还可根据自己的需要，在磁盘上建立用户专业范围常用物相的数据库等。

（3）定性分析步骤

① 运用 X 射线仪获得待测样品前反射区（$2\theta < 90°$）的衍射化样。同时由计算机获得各衍射峰的相对强度、衍射晶面的面间距或面指数。

② 当已知被测样品的主要化学成分时，可利用字母索引查找卡片，在包含主元素各种可能的物相中，找出三强线符合的卡片，取出卡片，核对其余衍射峰，一旦符合，便能确定样品中含有该物相。依次类推，找出其余各相，一般的物相分析均是如此。

③ 当未知被测样品中的组成元素时，需利用数字索引进行定性分析。将衍射花样中相对强度最强的三强峰所对应的 d_1、d_2 和 d_3，由 d_1 在索引中找到其所在的大组，再按次强线的面间距 d_2 在大组中找到与 d_2 接近的几行，需注意的是在同一大组中，各行是按 d_2 值递减的顺序编排的。在 d_1、d_2 符合后，再对照第 3、第 4 直至第 8 强线，若八强峰均符合则可取出该卡片（相近的可能有多张），对照剩余的 d 值和 I/I_1，若 d 值在允许的误差范围内均符合，即可定相。

物相分析中应注意以下几点：

a. 如果被测试样的第 3 个 d 值在各行中均没有对应值，应根据编排规则重新确定三强峰，重复步骤③，直至八强峰均符合为止。

b. 当被测试样为多相组成时，一旦确定一个相，应将该相的线条从衍射花样中剔除，将剩余线条的相对强度重新归一化处理，重复③步骤。

c. 多相混合物的衍射花样中，不同相的衍射线可能会重叠，导致花样中的最强线不是某相的最强线，而是两相或多个相的弱线叠加，若以这样的线条作为最强线，将无法找到对应的卡片，此时，应重新假设和检索。

d. d 和 I/I_1 允许有一定的误差，d 的误差范围一般控制在 ±0.001 以内，而 I/I_1 的误差可稍大一些，这是因为强度的影响因素较多。

e. 物相定性分析的方法和原理较为简单，但实际检索时可能困难较大。比如，有的物相因在样品中的含量较少、X 射线衍射仪的功率较小等，这些可能导致无法产生完整的衍射花样，甚至根本没有产生衍射线；当样品中出现织构时，可能仅产生一两根极强的衍射线，此时确定物相也较为困难。因此，对于较为复杂的物相分析，需反复尝试和对照，并结合其他方法共同分析，方能取得圆满结果。

f. 人工进行卡片检索有时会较为烦琐,甚至非常困难。当已建立了标准相的衍射花样数据库时,可借助计算机进行检索,但是,计算机也有误检或漏检的现象,此时,还需人工进行审核分析。

15.4.2.2 物相的定量分析

物相定量分析的原则是,各相衍射线的强度,随该相含量的增加而提高。利用 X 射线衍射做物相定量分析有它独特的优越性,因为多相混合物中,不同的物相各具自己的图谱,并不互相干扰。一般来说,试样中某一物相的某条特征衍射线的强度,是随该物相在试样中的含量递增而增强的,但两者之间不一定呈理想线性(正比)关系。这是因为,试样中各相分物质不仅是产生相干散射的散射源,而且也是产生 X 射线衰减的吸收体。由于物质吸收系数不同,会影响试样中各相分的衍射线强度的对比。另外,多晶试样中织构、非晶格存在等给物相定量分析带来麻烦。为此,人们建立了很多的实验方法来克服它。

采用衍射仪测量时,设样品是由 n 个相组成的混合物,其线吸收系数为 μ,则其中某相(j 相)的衍射强度公式为:

$$I = I_0 \frac{\lambda^3}{32\pi R} \left(\frac{e^2}{mc^2}\right)^2 \frac{1}{2\mu} \left[\frac{V}{V_{\text{胞}}^2} P_{\text{hkl}} \mid F_{\text{HKL}} \mid^2 \varphi(\theta) e^{-2M}\right]_j \tag{15-2}$$

因为各项的线吸收系数 μ 均不相同,故当 j 相的含量改变时,μ 也随之改变。若 j 相的体积分数为 f_j,又如令试样被照射的体积 V 为单位体积,则 j 相被照射的体积 $V_j = V \cdot f_j$。当混合物中 j 相的含量改变时,强度公式中除 f_j 及 μ 外,其余各项均为常数,它们的乘积可用 C_j 来表示。这样,第 j 相某根线条的强度 I_j,即可表示为:

$$I_j = \frac{C_j f_j}{\mu} \tag{15-3}$$

根据第 j 相与其含量的函数关系,可分别通过外标法、内标法、K 值法、直接对比法来进行数值分析,最终确定各物相的含量。

15.4.3 应用实例

以壳聚糖(CS)为原料制备印迹改性磁性交联壳聚糖(Pb-TMCS),采用 XRD 对其进行了表面形态及结构的表征。采用丹东浩元仪器有限公司 XRD-2000 型 X 射线衍射仪(XRD)分析晶相结构,采用粉末法,Cu K_α 靶,管电压为 40 kV,管电流为 30 mA,用连续扫描方式,采样步宽 0.02°。

图 15-5 为纯 Fe_3O_4 和 CS、Pb-TMCS 的 XRD 谱图。Pb-TMCS 的 XRD 谱线上出现了 Fe_3O_4 的 6 个特征峰($2\theta = 30.4°$、$35.6°$、$43.5°$、$53.4°$、$57.4°$、$62.7°$),分别对应不同的晶面[(220)、(311)、(400)、(422)、(511)、(440)],表明磁性物质为纯 Fe_3O_4,而且 Pb-TMCS 包覆后不会改变 Fe_3O_4 晶相,但使谱峰略有变宽。

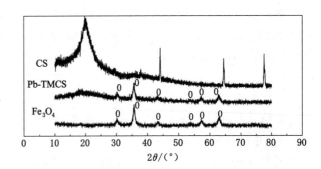

图 15-5 Fe_3O_4、CS 和 Pb-TMCS 的 XRD 谱图

第5篇　电化学分析技术

根据物质在溶液中的电化学性质及其变化来进行分析的方法称为电化学分析法(eletrochemical analysis)。具体来说,电化学分析法通常是通过检测电化学性质如电阻(或电导)、电位(电极电位或电动势)、电流、电量等,或者检测某种电参数在过程中的变化情况,或者检测某一组分在电极上析出的物质质量,根据检测的电参数与化学量之间的内在联系,对样品进行表征和测量。

电化学分析是环境测试分析的一个重要组成部分,不仅可以应用于各种试样分析,而且可以用于理论研究,为实验提供重要数据。该方法具有仪器设备简单、分析速度快、灵敏度高、选择性好等优点,所以得到了广泛应用。

电化学分析方法的种类很多,从不同角度出发有不同的分类方法。根据分析中所测电化学参数的不同,可将其分为5类:

(1) 电位分析法。用一指示电极(其电位与被测物质浓度有关)和一参比电极(其电位恒定)与试液组成电化学电池,在零电流条件下测量电池的电动势,依此进行分析的方法,称为电位分析法。电位分析法可分为直接电位法和电位滴定法。

(2) 电导分析法。基于溶液的电导性来进行分析的方法称为电导分析法。现分为直接电导法和电导滴定法。

(3) 库仑分析法。应用外加电源电解试液,根据电解过程中所消耗的电量来进行分析的方法,称为库仑分析法。库仑分析法可分为控制电位库仑分析法和恒电流库仑分析法。

(4) 电解分析法。应用外加电源电解试液,电解后称量在电极上析出的金属的质量,依此进行分析的方法,称为电解分析法,也称电重量法。

(5) 极谱法和伏安法。两者都是以电解过程中所得到的电流-电位曲线为基础来测定溶液中被测物质含量的方法。用滴汞电极或其他表面能周期性更新的液体电极作指示电极时,称为极谱法,用表面静止不变或固体电极作指示电极时,则称为伏安法。

在环境测试分析中,电位分析法、电导分析法、库仑分析法、电解分析法应用较多,以下逐一详细介绍。

第 16 章　电位分析法

电位分析法是电化学分析方法的重要分支,它的实质是通过在零电流条件下测定两电极间的电位差(即所构成原电池的电动势)进行分析测定。它包括直接电位法和电位滴定法。

16.1　直接电位法

直接电位法是选择合适的指示电极和参比电极,浸入待测溶液中组成原电池,通过测量原电池的电动势,根据能斯特方程,直接求出待测组分活(浓)度的方法。常用于溶液 pH 值的测定和其他离子浓度的测定。

16.1.1　直接电位法的原理

已知能斯特公式表示了电极电位 E 与溶液中对应离子活度之间存在的简单关系。例如对于氧化还原体系:

$$Ox + ne^- \rightleftharpoons Red$$

$$E = E^{\theta}_{Ox/Red} + \frac{RT}{nF} \ln \frac{\alpha_{Ox}}{\alpha_{Red}} \tag{16-1}$$

此电极的能斯特公式中,E^{θ} 是标准电极电位,R 是摩尔气体常数[8.314 41 J/(mol·K)],F 是法拉第常数(96 486.70 C/mol),T 是热力学温度,n 是电极反应中传递的电子数,α_{Ox} 及 α_{Red} 为氧化态 Ox 及还原态 Red 的活度。

对于金属电极,还原态是纯金属,其活度是常数,定为 1,则上式可写作:

$$E = E^{\theta}_{M^{n+}/M} + \frac{RT}{nF} \ln \alpha_{M^{n+}} \tag{16-2}$$

式中 $\alpha_{M^{n+}}$ 为金属离子 M^{n+} 的活度。

由上式可见,测定了电极电位,就可确定离子的活度(或在一定条件下确定其浓度)这就是直接电位法的测定依据。应用最早、最广泛的直接电位法是测定溶液的 pH。20 世纪 60 年代以来由于离子选择性电极迅速发展,直接电位法的应用及重要性有了新的突破。

16.1.2　直接电位法测溶液的 pH

用于测量溶液 pH 的典型电极体系如图 16-1 所示,其中玻璃电极(glass electrode)是作为测量溶液中氢离子活度的指示电极(indicator electrode),而饱和甘汞电极(saturated calomel electrode,SCE)则作为参比电极(reference electrode)

玻璃电极的构造如图 16-2 所示。它的主要部分是个玻璃泡,泡的下半部为特殊组成的玻璃薄膜(摩尔分数约为 $x_{Na_2O} = 22\%$,$x_{CaO} = 6\%$,$x_{SiO_2} = 72\%$),膜厚 $30 \sim 100\ \mu m$,在玻璃泡中装有 pH 一定的溶液(内参比电极或内部溶液,通常为 0.1 mol/L HCl 溶液),其中插入银-氯化银电极作为内参比电极。

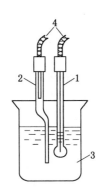

图 16-1　用作测量溶液 pH 的电极系统
1——玻璃电极;2——饱和甘汞电极;
3——试液;4——接至电压计(pH 计)

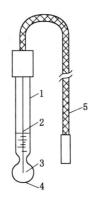

图 16-2　玻璃电极
1——玻璃管;2——参比电极(Ag/AgCl);
3——内参比溶液(0.1 mol/L HCl 溶液);
4——玻璃薄膜;5——接线

内参比电极的电位是恒定的,与被测溶液的 pH 无关;玻璃电极作为指示电极,其作用主要在玻璃膜上。当玻璃电极浸入被测溶液时,玻璃膜处于内部溶液(氢离子活度为 $\alpha_{H^+,内}$)和待测溶液(氢离子活度 $\alpha_{H^+,试}$)之间,这时跨越玻璃膜产生电位差 ΔE_M[这种电位差称为膜电位(membrane potential)],它与氢离子活度之间的关系符合能斯特公式。因 $\alpha_{H^+,内}$ 为一常数,故上式可写成:

$$\Delta E_M = \frac{2.303RT}{F} \lg \frac{\alpha_{H^+,试}}{\alpha_{H^+,内}} \tag{16-3}$$

$$\Delta E_M = K + \frac{2.303RT}{F} \lg \alpha_{H^+,试} = K - \frac{2.303RT}{F} pH_{试} \tag{16-4}$$

从式(16-3)可见,当 $\alpha_{H^+,试} = \alpha_{H^+,内}$ 时,$\Delta E_M = 0$。实际上,ΔE_M 并不等于零,跨越玻璃膜仍存在一定的电位差,这种电位差称为不对称电位($\Delta E_{不对称}$),它是由于玻璃膜内外表面的情况不完全相同而产生的。其值与玻璃的组成、膜的厚度、吹制条件和温度等有关。

当用玻璃电极作指示电极,饱和甘汞电极(SCE)为参比电极时,组成下列原电池:

$$\longleftarrow 玻璃电极 \xrightarrow{\Delta E_M} \xrightarrow{\Delta E_L} SCE \longrightarrow$$

在此原电池中,以玻璃电极为负极,饱和甘汞电极为正极。则所组成电池的电动势 E 为:

$$E = E_{SCE} - E_{玻璃} = E_{SCE} - (E_{AgCl/Ag} + \Delta E_M) \tag{16-5}$$

但上述关系中还应考虑玻璃电极的不对称电位的影响,除此之外,还存在有液接电位(液体接界面电位)ΔE_L。这种电位差是由于浓度或组成不同的两种电解质溶液接触时,在它们的相界面上正负离子扩散速度不同,破坏了界面附近原来溶液正负电荷分布的均匀性而产生的。这种电位也称为扩散电位。在电池中通常用盐桥连接两种电解质溶液而使 ΔE_L 减至最小,但在电位测定法中,严格说来仍不能忽略这种电位差,因此上述原电池的电动势应为:

$$E = E_{SCE} - (E_{AgCl/Ag} + \Delta E_M) + \Delta E_{不对称} + \Delta E_L$$

$$= E_{SCE} - E_{AgCl/Ag} + \Delta E_{不对称} + \Delta E_L - K + \frac{2.303RT}{F} pH_{试} \tag{16-6}$$

令 $E_{SCE} - E_{AgCl/Ag} + \Delta E_{不对称} + \Delta E_L - K = K'$，得：

$$E = K' + \frac{2.303RT}{F} pH_{试} \tag{16-7}$$

式(16-7)中 K' 在一定条件下为一常数，故原电池的电动势与溶液的 pH 之间呈直线关系，其斜率为 $2.303RT/F$，此值与温度有关，于 25 ℃时为 0.059 16 V，即溶液 pH 变化一个单位时，电池电动势将改变 59.16 mV(25 ℃)。这就是以电位法测定 pH 的依据。25 ℃时，由式(16-7)得：

$$pH_{标} = \frac{E_{标} - K'}{0.059}$$

$$pH_{试} = \frac{E_{试} - K'}{0.059}$$

以 $2.303RT/F$ 代替 0.059，得：

$$pH_{试} = pH_{标} + \frac{E - E_{标}}{2.303RT/F} \tag{16-8}$$

式(16-8)中 K' 无法测量与计算，因此在实际测定中，试样的 pH 是同已知 pH 的标准缓冲溶液相比求得的。在相同条件下，若标准缓冲溶液的 pH 为 $pH_{标}$，以该缓冲溶液组成原电池的电动势为 $E_{标}$，则上式即为按实际操作方式对水溶液 pH 的实用定义亦称为 pH 标度。因此用直接电位法以 pH 计测定时，先用标准缓冲溶液定位，然后可直接在 pH 计上读出 $pH_{试}$。

16.2　电位滴定法

电位滴定法是一种利用滴定过程中电极电位的变化来确定滴定终点的分析方法。即在滴定到终点附近时，电极的电位值要发生突跃，从而可指示终点的到达。其基本组成包括滴定管、滴定池、指示电极、参比电极、搅拌器、测量电动势的仪器几部分，电位滴定装置图见图 16-3。

16.2.1　电位滴定原理

在滴定分析中，滴定进行到化学计量点附近时，将发生浓度的突变(滴定突跃)。如果在滴定过程中在滴定容器内浸入一对适当的电极，则在化学计量点附近可以观察到电极电位的突变(电位突跃)，因而根据电极电位突跃可确定终点的到达，这就是电位滴定法的原理。

进行电位滴定时，是将一个指示电极和一个参比电极浸入待测溶液中构成一个工作电池(原电池)来进行的。其中，指示电极是对待测离子的浓度变化或对产物的浓度变化有响应的电极，参比电极是具有固定电位值的电极。在滴定过程中，随

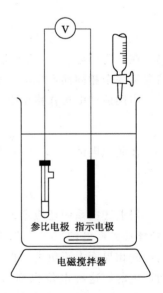

图 16-3　电位滴定装置图

着滴定剂的加入,待测离子或产物离子的浓度要不断地变化,特别是在计量点附近,待测离子或产物离子的浓度要发生突变,这样就使得指示电极的电位值也要随着滴定剂的加入而发生突变。这样我们就可以通过测量在滴定过程中电池电动势的变化(相当于电位的变化)来确定滴定终点。在电位滴定中,终点的确定并不需要知道终点电位的绝对值,而只需要电位的变化就可以了。

电位滴定法与直接电位法不同,它是以测量电位情况的变化为基础的方法,不是以某一确定的电位值为计量的依据。因此,在一定的测定条件下,许多因素对电位测量结果的影响可以相互抵消。

测量滴定过程中化学电池电动势(也就是指示电极的电位)的变化来确定滴定终点,关键是测得每加入一定量滴定剂后,当反应达到平衡时所对应的电池电动势的数值。由于目的是确定滴定终点,与一般滴定方法相似,在滴定开始时可加入 5.00 mL 的滴定剂记录一次数据,在滴定过程中,可逐渐减少加入滴定剂的量,使测定数据点逐渐增多。在计量点附近,每次加入滴定剂的量应减少至 0.10 mL 或 0.20 mL,使测定点比较密集,以便更准确地确定终点。

电位滴定中确定终点的方法比用指示剂指示终点的方法更客观,不存在终点的观测误差。同时,不受滴定液有色或浑浊的影响。当某些滴定反应没有合适的指示剂可选用时,都可以用电位滴定来完成,所以它的应用范围较广,可用于各种滴定分析。

16.2.2　滴定终点的确定

每加入一定体积的滴定剂 V,就测定一个电池的电动势 E,并对应地将它们记录下来。然后再利用所得的 E 和 V 来确定滴定终点。

电位滴定法中确定终点的方法主要有以下几种:

(1) 以测得的电动势和对应的体积作图,得到 E-V 曲线,由曲线上的拐点确定滴定终点。

(2) 作一次微商曲线,由曲线的最高点确定终点。具体由 $\Delta E/\Delta V$ 对 V 作图,得到 $\Delta E/\Delta V$ 对 V 曲线,然后由曲线的最高点确定终点。

(3) 计算二次微商 $\Delta^2 E/\Delta V^2$ 值,由 $\Delta^2 E/\Delta V^2 = 0$ 求得滴定终点。

例:用 0.100 0 mol/L AgNO₃ 标准溶液滴定 10 mL NaCl 溶液,所得电池电动势与溶液体积的关系如表 16-1 所列,再求 NaCl 的浓度?

表 16-1				电池电动势与 AgNO₃ 溶液体积的关系							
AgNO₃体积 V/mL	5.00	8.00	10.00	11.00	11.10	11.20	11.30	11.40	11.50	12.00	13.00	14.00
电动势 E/mV	130	145	168	202	210	224	250	303	328	364	389	401

解:以 E 为纵坐标,V 为横坐标作图,得到图 16-4 所示的 E-V 曲线。

曲线的拐点即为终点。拐点的确定方法为:作两条与曲线相切的 45°倾斜角的直线,两条直线的等分线与曲线交点就是滴定的终点。由此法得到的终点为 11.35 mL。

16.2.3　电位滴定法终点的类型及指示电极的选择

(1) 酸碱滴定:通常采用 pH 玻璃电极为指示电极、饱和甘汞电极为参比电极。

(2) 氧化还原滴定:滴定过程中,氧化态和还原态的浓度比值发生变化,可采用零类电

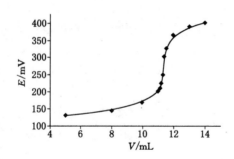

图 16-4　电池电动势与 $AgNO_3$ 溶液体积的关系曲线

极作为指示电极。

（3）沉淀滴定：根据不同的沉淀反应，选用不同的指示电极。常选用的是 Ag 电极。

（4）配位滴定：在用 EDTA 滴定金属离子时，可采用相应的金属离子选择性电极和第三类电极作为指示电极。

16.2.4　电位滴定法的特点

（1）测定准确度高。与化学滴定法一样，测定相对误差可低于 0.2%。

（2）可用于无法用指示剂判断终点的混浊体系或有色溶液的滴定。

（3）可用于非水溶液的滴定。

（4）可用于微量组分测定。

（5）可用于连续滴定和自动滴定。

第 17 章　电导分析法

通过测量电解质溶液的电导值来确定物质含量的分析方法,称为电导分析法(conductometry)。电荷向一定的方向运动就形成电流,携带电荷的微粒可以是金属导体中的电子,也可以是电解质溶液中的正负离子,或是胶体溶液中带电胶粒等。本章所讨论的电导是指电解质溶液中正、负离子在外电场作用下的迁移而产生的电流传导,是电解质导电能力的量度。溶液的导电能力与溶液中正负离子的数量、离子所带的电荷量、离子在溶液中迁移的速率等因素有关。我们可以利用溶液的电导与溶液中离子数目的相关性建立一种分析方法。这种建立在溶液电导与离子浓度关系基础上的分析方法就称为电导分析法。电导分析法可以分为两种:直接电导法(conductometry)和电导滴定法(conductometry titration)。

17.1　电导分析法的基本原理

17.1.1　电导和电导率

电解质溶液的导电能力用电导 G(单位为西门子 S,简称西)来表示,电导是电阻 $R(\Omega)$ 的倒数,服从欧姆定律:

$$G = \frac{1}{R} = \frac{1}{\rho} \frac{A}{L} = k \frac{A}{L} \tag{17-1}$$

式中　ρ——电阻率,$\Omega \cdot cm$;

　　　　A——导体截面积,cm^2;

　　　　L——导体长度,cm;

　　　　k——电导率,S/cm。

ρ 和 k 分别是长度为 $1\ cm$,截面积为 $1\ cm^2$ 的导体的电阻和电导率。对于电解质溶液的电导是将其放入电导池中测得的。电导池是用于测量溶液电导的专用装置,它由两个有固定表面积和距离的电极构成,结构如图 17-1 所示。对于电解质溶液,其电导率相当于 $1\ cm^2$ 的溶液在电极距离为 $1\ cm$ 的两电极间所具有的电导。对于一定的电导电极,电极面积(A)与电极间距 L 固定,因此 L/A 为定值,称为电导池常数,用符号 θ 表示:

$$\theta = \frac{L}{A} = kR = k\frac{1}{G} \tag{17-2}$$

由于两极间的距离及极板面积不易测准,所以电导率不能直接准确测得,一般是用已知电导率的标准溶液,测出其电导池常数 θ,再测出待测溶液的电导率。

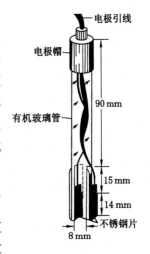

图 17-1　电导电极

由于电解质的导电是靠离子的迁移来实现的,因此电导率与电解质溶液的浓度及性质有关:

(1) 在一定范围内,离子的浓度愈大,单位体积内离子的数目就越多,导电能力越强,电导率就愈大。

(2) 离子的迁移速率愈大,电导率就愈大。电导率与离子种类有关,还与影响离子迁移速率的外部因素如温度、溶剂黏度等有关。

(3) 离子的价数愈高,携带的电荷越多,导电能力越强,溶液的电导率愈大。

当外部条件固定时,对于同一电解质,(2)、(3)两点是确定的,溶液的电导率就取决于溶液的浓度。由于电导率的概念中已规定了体积为 1 cm^3,因此实际上电导率与溶液中所含电解质的物质的量有关,所以引入摩尔电导率的概念以便于衡量和比较不同电解质的导电能力。

17.1.2 摩尔电导率及无限稀释摩尔电导率

摩尔电导率是在距离为 1 cm 的两电极间含有电解质的物质的量为 1 mol 时电解质溶液所具有的电导。摩尔电导率与电导率的关系为

$$\Lambda_m = \frac{k}{c} \tag{17-3}$$

式中 Λ_m——摩尔电导率,S $\cdot$ cm^2/mol;

c——电解质的物质的量浓度,mol/L。

例如,已知甲 0.020 0 mol/L KCl 溶液在 25 ℃时的电导率 $k=0.0.002\ 765$ S/cm。实验测得此溶液电阻为 240 Ω,测得 0.0100 mol/L 磺胺水溶液电阻为 60 160 Ω,试求电导池常数 θ 和磺胺水溶液的 k 及 Λ_m。

解:$\theta = kR = 0.002\ 765$ S/cm × 240 Ω = 0.664 cm^{-1}

$k = \dfrac{\theta}{R} = 0.664\ cm^{-1}/60\ 160\ \Omega = 1.104 \times 10^{-5} S/cm$

$\Lambda_m = \dfrac{k}{c} = 1.104 \times 10^{-5}\ S/cm/(0.010\ 0 \times 10^{-3} mol/cm^3) = 1.104\ S \cdot cm^2/mol$

由于规定了溶液中电解质的物质的量,摩尔电导率随溶液浓度的降低而增大。当无限稀释时,溶液中各离子之间的相互影响可以忽略,摩尔电导率达到极大值,此值称为无限稀释摩尔电导率,用 Λ_m^∞ 表示。因此,溶液的无限稀释摩尔电导率是各离子的无限稀释摩尔电导率之总和,即

$$\Lambda_m^\infty = \Lambda_{m,+}^\infty + \Lambda_{m,-}^\infty \tag{17-4}$$

式中,$\Lambda_{m,+}^\infty$,$\Lambda_{m,-}^\infty$ 分别表示正、负离子无限稀释摩尔电导率。在一定的温度和溶剂条件下,Λ_m^∞ 是一定值,该值在一定程度上反映了各离子导电能力的大小。各种常见离子在水溶液中的无限稀释摩尔电导率可查表获得。

17.1.3 电导与电解质溶液浓度的关系

将式(17-3)代入式(17-2),得:

$$G = \Lambda_m \cdot c/\theta \tag{17-5}$$

在电极一定、温度一定的电解质稀溶液中,θ 和 Λ_m 均为定值,此时,溶液的电导与其浓度成正比,即

$$G = Kc \tag{17-6}$$

式(17-6)仅适用于稀溶液。在浓溶液中,由于离子间的相互作用,使电解质溶液的电离度小于 100%,并影响离子的运动速率,从而使 A_m 不为常数,电导 G 与 c 就不是简单的线性关系。

17.2　电 导 仪

测定溶液的电导时,必须插入一对电极。如果用直流电进行测量,电流通过溶液时,两电极上将会发生电极反应形成一个电解池,从而改变电极附近溶液的组成,产生极化,引起电导测量的误差。因此必须用较高频率的交流电测量电导以降低极化效应。测量溶液电导的电极,一般用两片平行的铂片制成,为减少极化效应,可在铂电极上覆盖颗粒很细的"铂黑",由于铂黑电极有较大的表面积,因而降低了电流密度,减少了极化现象。

电导是电阻的倒数,因此测量溶液的电导实际上是通过测量其电阻来进行的。电导仪采用电阻分压法原理,其电路示意图如图 17-2 所示,由振荡器输出的交流高频电压 E,施加于电导池(R_x)及与之串联的电阻 R_m 的电流强度 $I = E/(R_x + R_m)$,设 E_m 为电阻 R_m 两端的电位差,则 $E_m = IR_m = R_m \cdot E/(R_x + R_m)$。由于 E 和 R_m 均为恒定值,所以 R_x 的变化必将引起 E_m 的变化,通过测量 E_m 即可得到电阻值 R_x。取倒数后即可得到电导值 G。

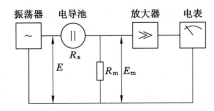

图 17-2　电阻分压法电路示意图

以上介绍的是电导的测量方法,如要求用电导率表示,则可用下式计算:

$$k = G\theta \tag{17-7}$$

在电导仪上有电导池常数的校正装置,电导仪可直接显示电导率的值。

17.3　电导分析法的应用

由于溶液的电导与溶液中的总离子浓度有关,因此电导法是一种选择性较差的方法,尽管如此,电导法在与离子有关的分析中还是有一定的应用。早期电导法作为滴定分析的终点检测方法,近年来根据电导原理设计的专用分析仪器不断出现,如水的纯度鉴定,某些物理化学常数的测定。

17.3.1　电导滴定

在滴定分析的过程中伴随着溶液中离子浓度和种类的变化,溶液的电导也发生变化。在滴定终点前后,溶液电导的变化也会呈现一定的突跃。根据这一原理,可以用电导仪来指示滴定终点,下面以强碱滴定强酸的过程来说明电导法在滴定分析中的应用。

NaOH 滴定 HCl 的离子变化可以表示为:

$$H^+ + Cl^- + Na^+ + OH^- = Na^+ + Cl^- + H_2O$$

滴定中 Na^+ 不断取代 H^+，由于 Na^+ 的导电能力小于 H^+ 的导电能力，因此溶液的电导不断下降，终点后随着 NaOH 的过量加入，OH^- 和 Na^+ 浓度增加，溶液电导开始增加，如以电导对 NaOH 滴定体积作图，可得电导滴定曲线。滴定曲线的最低点即为滴定终点。

对于滴定突跃很小或有几个滴定突跃的滴定反应，电导滴定可以发挥很大作用，如弱酸弱碱的滴定，混合酸碱的滴定，多元弱酸的滴定，以及非水介质的滴定等。除酸碱滴定反应之外，电导滴定还可以应用于沉淀滴定、配位滴定、氧化还原滴定。

17.3.2 自动连续监测

由于电导仪操作简单，信号传输方便，该仪器已广泛应用于自动、连续的监测设备中，主要应用如下：

（1）水质监测

工业上排放的废水及锅炉用水、河流湖泊的保护、实验室用水等都需要对水的质量指标作监测。水的电导率是反映水质的一个很重要的指标，它反映了水中电解质的总含量。实验室测量水的电导常常使用 DDS-1 和 LIDS-11A 型电导（率）仪。不同纯度水的电导率见图 17-3。通过电导法测定土壤中可溶性盐分的总量可以了解土壤中盐分的微域分布及其动态变化。

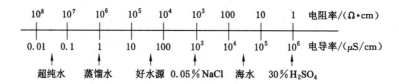

图 17-3　不同水质的电导率比较

（2）大气监测

由各种污染源排放的大气污染气体主要有 SO_2、CO_2、CO 及 N 的各种氧化物 N_xO_y 等，可以利用气体吸收装置，将这些气体通过一定的吸收液，测量反应前后溶液电导率的变化来间接反映气体的浓度。该法的优点是灵敏度高，操作简单，并能获得连续读数，因而在环境监测中被广泛应用。如 SO_2 气体被酸性 H_2O_2 吸收，反应方程如下：

$$SO_2 + H_2O_2 \Longrightarrow SO_4^{2-} + 2H^+$$

因此气体被吸收后，溶液电导明显增加。电导增加的量在一定范围内与大气中 SO_2 气体的浓度相关。为消除其他气体的干扰，可在气体进口处设净化装置，如用 Ag_2SO_4 固体除去 H_2S、$KHSO_4$ 溶液及 HCl 等。

电导法的其他应用还有很多，如色谱仪的检测器、弱电解质解离常数及难溶盐溶度积常数的测定等。

第 18 章　库仑分析法

库仑分析法（coulometry）是在电解分析的基础上发展起来的一种电化学分析法。它是一种通过测量被测物质在电解过程中所消耗的电量，然后由法拉第定律计算出被测物质含量的方法。库仑分析法可以分为控制电位库仑分析法和恒电流库仑分析法（库仑滴定法）两种。

18.1　库仑分析法的基本原理

18.1.1　法拉第定律

法拉第（Faraday）电解定律表明，通过电解池的电量与在电解池电极上发生电化学反应的物质的量成正比，即

$$m_B = \frac{QM_B}{F} = \frac{M_r}{nF}It \tag{18-1}$$

式中　m_B——电极上析出待测物质 B 的质量，g；

　　　F——法拉第常数，取 96 485 C/mol；

　　　M_B——待测物质 B 的摩尔质量，g/mol；

　　　I——电流，A；

　　　Q——电量，C；

　　　t——时间，s；

　　　M_r——物质的相对分子质量；

　　　n——电极反应中的电子转移数。

上式表明，待电解物质的质量可以由通过的电量来计算，也可以直接由电极质量的增减来计算，后一种方法称作电重量分析法（electrogravimetry），而前一种方法则称作库仑分析法。由于电量的测量和质量的测定均可以达到较高的准确度，所以这些方法通常具有高准确度和高精密度。

18.1.2　影响电流效率的因素

对于库仑分析来说，通过电解池的电量应该全部用于测量物质的电极反应，即待测物质的电流效率应 100%，这是库仑分析的先决条件。实际应用中由于副反应的存在，使 100% 电流效率很难实现，其主要原因有以下几点：

（1）溶剂的电解。电解一般在水溶液中进行，所以溶剂的电解就是水的电解，即阴极放氢、阳极放氧的反应。防止水电解的办法是控制合适的电解电位、控制合适的 pH 值及选择过电位高的电极。

（2）杂质的电解。电解溶液中的杂质可能是试剂的引入或样品中的共存物质，在控制

的电位下会电解而干扰,消除的办法是试剂提纯或空白扣除,试液中杂质的分离或掩蔽。

(3) 溶液中可溶性气体的电解。溶解气体主要是空气中的氧气,它会在阴极上被还原为 H_2O 或者 H_2O_2。消除溶解氧的方法是向电解溶液中通入高纯 N_2。

(4) 电极参与电极反应。有的惰性电极,如 Pt 电极,氧化电位很高,不易被氧化,但如有络合剂存在(如大量 Cl^-),使其电位降低而可能被氧化。防止办法是改变电解溶液的组成或更换电极。

(5) 电解产物的再反应。可能是一个电极上的产物与另一个电极上的产物反应或电极反应产物与溶液中某物质再反应。如阴极还原 Cr^{3+} 为 Cr^{2+} 时,Cr^{2+} 会被 H^+ 氧化又重新生成 Cr^{3+}。克服的办法是改变电解溶液。

以上的影响因素中溶剂和杂质的电解是主要的。

18.2 控制电位库仑分析法

在固定电位下,使待测物完全被电解,测量电解所需要的总电量,根据电解时消耗电量与物质的量的关系,利用法拉第电解定律即可求出待测物的量。在控制电位分析法中有两个问题必须加以考虑:第一,控制在什么电位下完成对待测物的电解;第二,在该电位下,电流效率必须为 100%,或者说电解时,电极上只发生主反应,不发生副反应,这两个问题是互相关联的,电位控制是否适当,直接关系其他干扰物是否会在电极表面发生电解反应。电位必须控制在待测物能完全电解,而非待测物在该电位下不发生电解。

一种电活性物质在电极表面上开始发生电解反应的实际分解电压 $U_{分}$ 与实际外加电解电压 $U_{外}$ 可用下式表示:

$$U_{外} = U_{分} + iR = (\varphi_a + \eta_a) - (\varphi_c - \eta_c) + iR \qquad (18-2)$$

式中　φ_a, φ_c ——阳极、阴极电势;

　　　η_a, η_c ——阳极、阴极的超电势;

　　　R ——电解池线路的内阻;

　　　i ——流过电解池的电流。

因此,外加电压必须大于 $U_{分}$ 才能使电解池发生电解。但是,在实际电解过程中,由于待电解离子浓度随着电解过程的进行而不断下降,阴极电位和阳极电位也不断发生变化,电解电流也逐渐减小,所以在电位控制中,一般不采用控制电解电压的方式。较好的方法是控制工作电极的电位。

恒电位库仑分析在电解过程中,控制工作电极的电位保持恒定,使待测物质以 100% 的电流效率进行电解。电解开始后,由于电解,浓差极化使电流逐渐减小,工作电极电位发生变化,为控制工作电极电位不变,就必须减小外加电压,而外加电压的减小必然导致电流的减小,因此整个电解过程不断降低外加电压,同时电流随之减小,直至电流趋于零时,指示该物质已被完全电解。由于在电解电路上串联了一个库仑计或电子积分仪,可以指示出消耗的电量,根据式(18-1)即可算出待测物的量,所以实验的关键是准确地测量电量,常用的方法有以下两种。

(1) 气体库仑计

如氢氧库仑计,装置如图 18-1 所示,电解管置于恒温水浴中,内装 0.5 mol/L K_2SO_4 或

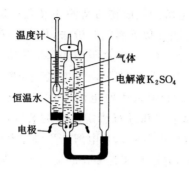

图 18-1　氢氧库仑计

Na_2SO_4 电解液，当电流通过时，阳极 Pt 上析出 O_2，阴极 Pt 上析出 H_2。电解前后刻度管中液面之差即为氢氧混合气体的总体积，在 273.15 K、101.325 kPa 下，每库仑电量相当于产生 0.174 1 L 的氢氧混合气体。若测得库仑计中氢氧混合气体的体积（已校正为 273.15 K、101.325 kPa 下）为 V(mL)。则电解消耗的电量为：$Q = V/0.174\ 1$ mL。

由法拉第定律求得待测物的质量为：

$$m = \frac{VM_r}{0.174\ 1 \times 96\ 485 \times n} \tag{18-3}$$

（2）电子积分仪

根据电解通过的电流 I_t 采用积分电路可求出总电量，其值可由显示装置读出。恒电位库仑分析有着较高的选择性和准确度，除用于无机物混合组分的分析测定外，还可用于测定电极反应中的电子转移等。

18.3　恒电流库仑分析法

恒电流库仑分析法是维持电解电流的恒定，测量电解完全时所用的时间，然后由法拉第电解定律求出分析结果的方法。这种分析方法可以大大缩短电解时间，测量电量也很方便，$Q = It$。但该法必须解决恒电流下维持 100% 的电流效率和设法指示终点的问题。我们知道，在恒电流条件下进行电解，由于待测物浓度越来越低，导致阴极电位越来越负，阳极电位越来越正，以致达到其他物质的析出电位，产生副反应而影响电流效率。例如电解 Fe^{2+} 溶液，使之在阳极上氧化为 Fe^{3+}，随着电解的进行，Fe^{3+} 增多，Fe^{2+} 减少，阳极电位越来越正，Fe^{2+} 还没完全氧化为 Fe^{3+}，阳极上就可能会有其他物质的氧化，使电流效率受到影响而产生误差。此时，如果往试液中加入大量的 Ce^{3+}，Fe^{2+} 就能以恒定电流进行电解。开始时 Fe^{2+} 在阳极上氧化，当阳极电位越来越正，达到一定数值时，Ce^{3+} 就会在该电极上氧化为 Ce^{4+}，产生的 Ce^{4+} 就会与未反应的 Fe^{2+} 发生反应：

$$Ce^{4+} + Fe^{2+} \Longleftrightarrow Ce^{3+} + Fe^{3+}$$

由于 Ce^{3+} 量较大，相对地稳定了阳极电位，避免了其他副反应的发生，阳极上尽管是氧化了 Ce^{3+}，但产生的 Ce^{4+} 又将氧化 Fe^{2+}，电解消耗的总电量与单纯 Fe^{2+} 完全被氧化所需的电量是完全相等的。因此，恒电流库仑分析法是一种间接法，它是在恒电流条件下，电解一种辅助剂，电解的生成物与待测物迅速发生定量反应，反应完全时，消耗的电量与电解的生成物符合法拉第电解定律,而电解的生成物与待测物又有一定的量的关系,因此,可以由电量来计算待测物的含量。该方法类似于滴定分析法,其滴定剂由电解产生,所以恒电流库仑分析法又称库仑滴定分析法。可用于大多数类型的滴定反应。

库仑滴定的装置如图 18-2(a)所示,主要由恒电流直流电源、电流测量器、计时器及电解池等部件组成。电解时,恒电流数值可由恒电流器直接读出。计时器可用秒表或电停表。库仑池(电解池)是电解产生滴定剂和进行滴定反应的装置,如图 18-2(b)所示。库仑池内有两个电极,一个是工作电极(发生电极),是电解产生滴定剂的电极,另一个是辅助电极,该电极浸在另一种电解质溶液中,并用下端为多孔的陶瓷套管与试液隔开,以防止此电极产物对工作电极的电极反应或滴定反应产生干扰,也可用"外部发生"装置,把电解产生滴定剂的装置与试液分开,将电解产生的滴定剂导入待测溶液,让其进行化学反应。

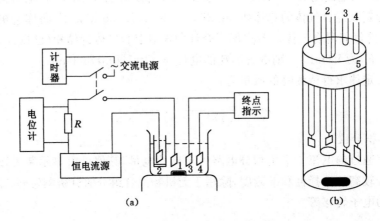

图 18-2　库仑滴定装置与库仑池

(a) 库仑滴定装置;(b) 库仑池

1——工作电极;2——辅助电极;3,4——指示电极;5——橡皮塞

由于恒电流库仑分析法所用的滴定剂是由电解产生的,边产生边滴定,对产生的滴定剂的稳定性要求不高,例如可用电解产生的 Cl_2、Br_2 等作滴定剂,从而扩大了滴定分析的范围。另外,因该法测定的物理量是电流及时间,均易测准,所以方法准确度较高,相对标准偏差约为 0.5%,如用计算机控制,准确度更高,检出限可达 0.01% 以下。因此广泛用于酸碱、沉淀、氧化还原及配位反应的滴定分析中。

第19章 电解分析法

电解分析法和库仑分析法都是以电解为基础而建立起来的分析方法。电解分析是将溶液电解,使待测成分以金属或氧化物的形式在阴极或阳极上析出、与共存组分分离,然后通过称量析出物的质量进行分析,故也称为电重量分析法(electrogravimetry)。库仑分析法与电解分析法相似,区别在于通过测量电解过程中所消耗的电量来计算待测物的含量。电重量分析法只用于常量分析,而库仑分析法还可用于微量甚至痕量分析。与其他大多数的仪器分析方法不同的是,这两种分析方法都不需要基准物质或标准溶液。根据电解方式的不同,电解法可分为控制外加电压电解法、控制电位电解法和恒电流电解法。本节只介绍常用的控制电位电解法。

在实际的电解过程中阳极电位也并不是完全恒定的。由于离子浓度随着电解的延续而逐渐下降,电池的电流也逐渐减少,应用控制外加电压法往往达不到很好的分离效果。因此,控制外加电压电解应用较少,更多的是利用控制阴极电位的方式进行,其电解装置如图19-1所示。

控制电位电解分析是在控制工作电极的电位为一定值的条件下进行电解的方法,在装置上采用三电极系统,由工作电极、对电极及外加电压电源组成电解回路,而工作电极和参比电极连接电子伏特计组成工作电极的电位监测回路。

分析时,根据被电解物质完全析出时所应控制的电位,选择合适的外加电压加到电极上。由于电解刚开始时,离子浓度很大,所以电解电流也很大,电解速度很快;随着电解的进行,离子浓度降低很快,电流急剧下降;当电流趋近于零时,表明电解基本完全。电解电流 I 随电解时间的变化曲线见图19-2。

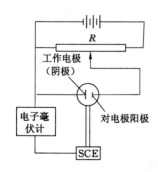

图19-1 控制阴极电位电解装置

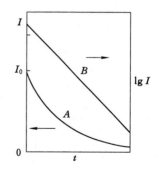

图19-2 电流与时间的关系

电解时,如仅有一种物质以100%的电流效率电解,则 I、t 的关系为:

$$I_t = I_0 \times 10^{-kt} \tag{19-1}$$

式中 I_t——电解时间为 t(min)的电流;

I_0——起始电流；

k——与电极及溶液性质有关的常数(min^{-1})，其表达式为：

$$k(\mathrm{min}^{-1}) = \frac{26.1DA}{V\delta} \tag{19-2}$$

式中　D——扩散系数，cm^2/s；

　　　A——电极表面积，cm^2；

　　　V——溶液体积，cm^3；

　　　δ——扩散层厚度，cm。

可见，若要缩短分析时间，应增大 k 值，就要求电极表面积要大，溶液体积要小，提高溶液的温度及良好的搅拌以增大扩散系数和降低扩散层厚度。

控制电位电解分析法能有效地防止共存离子的干扰，因此选择性较好。控制电位电解分析法常用于多种金属离子共存情况下某一种离子含量的测定。溶液中分离大量的易还原的金属离子，常用的工作电极有铂网电极和汞阴极，如图 19-3 和图 19-4 所示。利用 Pt 阴极电解，可以分离铜合金(含 Cu、Sn、Pb、Ni 和 Zn)溶液中 Cu^{2+}。汞阴极电解法也成功地用于各种分离，例如采用汞阴极，可将 Cu、Pb 和 Cd 等浓缩在汞中而与 U 分离来提纯铀。

图 19-3　铂网电极

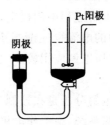

图 19-4　汞阴极

第 6 篇　热分析技术

　　热分析是研究物质在加热或冷却过程中其性质和状态的变化,并将这种变化作为温度或时间的函数。热分析法主要测定物质随温度变化而发生的物理变化和化学变化,来研究其规律的一种技术。

　　热分析的起源可以追溯到 19 世纪末。第一次使用的热分析测量方法是热电偶测量法,1887 年法国勒·撒特尔第一次使用热电偶测温的方法研究黏土矿物在升温过程中热性质的变化。此后,热分析开始逐渐在黏土研究、矿物以及合金方面得到应用。电子技术及传感器技术的发展推动了热分析技术的纵深发展,逐渐产生了差热分析(DTA,differential thermal analyzer)技术;根据物质在受热过程中质量的减少,产生了热重分析(TG,thermogravimetric analyzer)技术等。

　　下表所列为几种主要的热分析方法及其测定的物理化学参数。本篇主要介绍其中常用并具有代表性的三种方法:即差热分析法、差示扫描量热法和热重法。

几种主要的热分析法及其测定的物理化学参数

热分析法	定义	测量参数	温度范围/℃	应用范围
差热分析法(DTA)	程序控温条件下,测量在升温、降温或恒温过程中样品和参比物之间的温差	温度	20~1 600	熔化及结晶转变、二级转变、氧化还原反应、裂解反应等分析研究,主要用于定性分析
差示扫描量热法(DSC)	程序控温条件下,直接测量样品在升温、降温或恒温过程中所吸收或释放出能量	热量	−170~725	分析研究范围与 DTA 大致相同,但能定量测定多种热力学和动力学参数,如比热容、反应热、转变热、反应速率和高聚物结晶度等
热重法(TG)	程序控温条件下,测量在升温、降温或恒温过程中样品质量发生的变化	质量	20~1 000	熔点、沸点测定,热分解反应过程分析,脱水量测定;生成挥发性物质的固相反应分析,固体与气体反应分析等
动态热机械法(DMTA)	程序控温条件下,测量材料的力学性质随温度、时间、频率或应力等改变而发生的变化量	力学性质	−170~600	阻尼特性、固化、胶化、玻璃化等转变分析,模量、黏度测定等
热机械分析法(TMA)	程序控温条件下,测量在升温、降温或恒温工程中样品尺寸发生的变化	尺寸或体积	−150~600	膨胀系数、体积变化、相转变温度、应力应变关系测定,重结晶效应分析等

第 20 章　差热分析法

20.1　概　　述

差热分析(differential thermal analysis,DTA),是一种重要的热分析方法,是指在程序控温下,测量物质和参比物的温度差与温度或者时间的关系的一种测试技术。描述这种关系的曲线称为差热曲线或 DTA 曲线。它是在程序控制温度下,建立被测量物质和参比物的温度差与温度关系的技术。其测量原理是将被测样品与参考样品同时放在相同的环境中同时升温,其中参考样品往往选择热稳定性很好的物质,同时给两种样品升温过程中,由于被测样品受热发生特性改变,产生吸、放热反应,引起自身温度变化,使得被测样品和参考样品的温度发生差异。用计算机软件描图的方法记录升温过程和升温过程中温度差的变化曲线,最后获取温度差出现时刻对应的温度值(引起样品产生温度差的温度点),以及整个温度变化完成后的曲线面积,得到在本次温度控制过程中被测样品的物理特性变化过程及能量变化过程。

该法广泛应用于测定物质在热反应时的特征温度及吸收或放出的热量,包括物质相变、分解、化合、凝固、脱水、蒸发等物理或化学反应。广泛应用于无机、硅酸盐、陶瓷、矿物金属、航天耐温材料等领域,是无机、有机、特别是高分子聚合物、玻璃钢等方面热分析的重要仪器。

20.2　差热分析法的基本原理

物质在加热或冷却过程中会发生物理变化或化学变化,与此同时,往往还伴随吸热或放热现象。伴随热效应的变化,有晶型转变、沸腾、升华、蒸发、熔融等物理变化,以及氧化还原、分解、脱水和离解等化学变化。另有一些物理变化,虽无热效应发生但比热容等某些物理性质也会发生改变,这类变化如玻璃化转变等。物质发生焓变时质量不一定改变,但温度是必定会变化的。差热分析正是在物质这类性质基础上建立的一种技术。

若将在实验温区内呈热稳定的已知物质(参比物)和试样一起放入加热系统中(图 20-1),并以线性程序温度对它们加热。在试样没有发生吸热或放热变化且与程序温度间不存在温度滞后时,试样和参比物的温度与线性程序温度是一致的。若试样发生放热变化,由于热量不可能从试样瞬间导出,于是试样温度偏离线性升温线,且向高温方向移动。反之,在试样发生吸热变化时,由于试样不可能从环境瞬间吸取足够的热量,从而使试样温度低于程序温度。只有经历一个传热过程试样才能恢复到与程序温度相同的温度。

在试样和参比物的比热容、导热系数和质量等相同的理想情况,用图 20-1 装置测得的试样和参比物的温度及它们之间的温度差随时间的变化如图 20-2 所示。图中参比物的温度(T_R)始终与程序温度一致,试样温度(T_s)则随吸热和放热过程的发生而偏离程序温度线。当 $T_s - T_R = \Delta T$ 为零时,图中参比物与试样温度一致,两温度线重合,在 ΔT 曲线上则为一条水平基线。

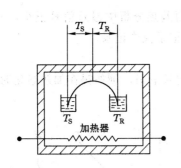

图 20-1 加热和测定试样与参比物温度的装置示意图

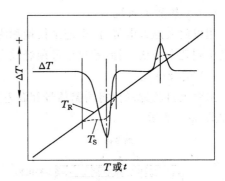

图 20-2 线性程序升温时试样和参比物的温度及温度差随时间的变化

试样吸热时 $\Delta T < 0$,在 ΔT 曲线上是一个向下的吸热峰。当试样放热时 $\Delta T > 0$,在 ΔT 曲线上是一个向上的放热峰。由于是线性升温,通过 $T\text{-}t$ 关系可将 $\Delta T\text{-}t$ 图转换成 $\Delta T\text{-}T$ 图。$\Delta T\text{-}t$(或 T)图即是差热曲线,表示试样和参比物之间的温度差随时间或温度变化的关系。

20.3 差热分析仪

一般的差热分析仪由加热系统、温度控制系统、信号放大系统、差热系统和记录系统等组成。有些型号的产品也包括气氛控制系统和压力控制系统(图 20-3)。现将各部分简述如下:

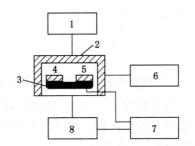

图 20-3 典型差热分析装置的框块示意图

1——气氛控制;2——炉子;3——温度敏感器;4——样品;
5——参比物;6——炉腔程序控温;7——记录仪;8——微伏放大器

(1)加热系统

加热炉是一块金属块(如钢),中间有两个与坩埚相匹配的空穴。两坩埚分别放置试样和参比物,置于两个空穴中。在盖板的中间孔洞插入测温热电偶,以测量加热炉的温度,盖板的左右两个孔洞插入两支热电偶并反向连接,以测定试样与参比物的温差。结构示意图如图 20-4 所示。

（2）温度程序控制系统

使炉温按给定的程序方式(升温、降温、恒温、循环)以一定速度上升、下降或恒定。

（3）差热放大系统

用以放大温差电势,由于记录仪量程为毫伏级,而差热分析中温差信号很小,一般只有几微伏到几十微伏,因此差热信号须经放大后再送入记录仪中记录。

（4）记录单元

由双笔自动记录仪将测温信号和温差信号同时记录下来。例如锡在加热熔化时的差热图如图 20-5 所示。

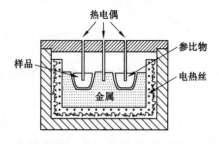

图 20-4　加热炉结构示意图

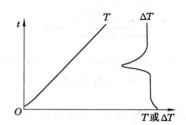

图 20-5　锡加热时的差热图

20.4　差热分析法的应用

20.4.1　差热分析的实验方法

（1）启动计算机,将控制器、加热炉和计算机用相应的接线连接起来。

（2）使用小药匙往小坩埚中装填参比样品和待测样品。

（3）在坩埚架上放置药品,降下炉体。

（4）设定升温速率,启动数据记录软件,开始加热。

（5）达到目标温度后停止加热,保存数据。

20.4.2　差热分析的条件优化

差热分析曲线的峰形、出峰位置和峰面积等受多种因素影响,大体可分为仪器因素和操作因素两个方面。仪器因素是指与差热分析仪有关的影响因素,主要包括炉子的结构与尺寸、坩埚材料与形状、热电偶性能等。操作因素是指操作者对样品与仪器操作条件选取不同而对分析结果产生的影响,主要有以下几个方面:

（1）升温速率

一般升温速率增大,热效应峰的起始,峰顶和终止温度都会不同程度偏高,峰形尖锐,峰面积可能略为增大。升温速率还会对峰的灵敏度,相邻峰的分辨率有所影响。一般升温速率为 $5\sim10$ ℃/min。

（2）气氛的影响

气氛对 DTA 有较大的影响。如在空气中加热镍催化剂时,由于它被氧化而产生较大的放热峰；而在氢气中加热时，它的 DTA 曲线就比较平坦。又如 $CaC_2O_4 \cdot H_2O$ 在 CO_2 和在空气中加热的 DTA 曲线也会有很大的差异，如图 20-6 所示。在 CO_2 气氛中，DTA 曲线呈现三个吸热峰，分别为失水、失 CO 和失 CO_2 的正常情况，而在空气气氛中，中间的峰呈现为很强的放热峰，这是因为 CaC_2O_4 释放出的 CO 在高温下被空气氧化燃烧所放出的热量所致。在 DTA 测定中，为了避免试样或反应产物被氧化，经常在惰性气氛或在真空中进行。当热效应涉及气体产生时，气氛的压力也会明显地影响 DTA 曲线，压力增大时，热效应的起始温度与顶峰温度都会增大。

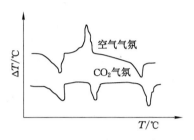

图 20-6　$CaC_2O_4 \cdot H_2O$ 在不同气氛中的 DTA 曲线

（3）试样特性的影响

DTA 曲线的峰面积正比于试样的反应热和质量，反比于试样的热传导系数。为了尽可能减少基线漂移时对测定结果的影响，必须使参比物的质量、热容和热传导系数与试样尽可能相似，以减少测定误差。为了使试样与参比物之间的热导性质更为接近，有时用一至三倍的参比物来稀释试样，从而减少基线的漂移，但会引起差热峰面积的减小。补偿的办法是适当增加试样量或提高仪器的灵敏度。为了使基线较为平稳，稀释时试样与参比物必须混合均匀。不同粒度的试样具有不同的热导效率，为了避免试样粒度对 DTA 的影响，通常采用小颗粒均匀的试样。

一般用量在 10 mg 以内，样品和参比的量越接近越好，差值不能超过 1 mg。常规测试推荐颗粒度为 200 目。

在进行差热分析过程中，如果升温时试样没有热效应，则温差电势应为常数，差热曲线为一直线，称为基线。但是由于两个热电偶的热电势和热容量以及坩埚形态、位置等不可能完全对称，在温度变化时仍有不对称电势产生。此电势随温度升高而变化，造成基线不直，这时可以用斜率调整线路加以调整。方法是：坩埚内不放参比物和样品，将差热放大量程置于 100 μV，升温速度置于 10 ℃/min，用移位旋钮使温差记录笔处于记录纸中部，这时记录笔应画出一条直线。在升温过程中如果基线偏离原来的位置，则主要是由于热电偶不对称电势引起基线漂移。待炉温升到 750 ℃时，通过斜率调整旋钮校正到原来位置即可。此外，基线漂移还与样品杆的位置、坩埚位置、坩埚的几何尺寸等因素有关。

20.4.3　差热曲线

比较接近实际的典型差热曲线见图 20-7 。

当试样和参比物在相同条件下一起等速升温时，在试样无热效应的初始阶段，它们间的温度差 ΔT 为近于零的一个基本稳定的值，得到的差热曲线是近于水平的基线。当试样吸热时，所需的热量由炉子传入和依靠试样降低自身的温度得到。由于有传热阻力，在吸热变

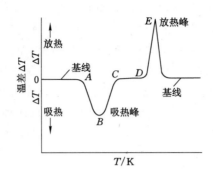

图 20-7 典型的差热曲线

化的初始阶段,传递的热量不能满足试样变化所需的热量,这时试样温度降低。当达到仪器已能测出的温度时,就出现吸热峰的起点(A)。在试样变化所需的热量等于炉子传递的热量时,曲线到达吸热峰的峰顶(B)。当炉子传递的热量大于试样变化所需的热量时,试样温度开始升高,曲线折回,即试样自身的温度。但在实际测量中,有的以参比物的温度表示,有的则以炉子温度表示。温度程序可以是升温、降温、恒温等。试样也是广义的。

20.4.4 定性与定量分析

一般差热分析能够应用于:单质和化合物以及混合物的定性和定量分析;反应动力学和反应机理研究;反应热和比热容的测定。但方法的应用受其检测热现象能力的限制。

差热峰反映试样加热过程中的热效应,峰位置所对应的温度尤其是起始温度是鉴别物质及其变化的定性依据,峰面积是代表反应的热效应总热量,是定量计算反应热的依据,而从峰的形状(峰高、峰宽、对称性等)则可求得热反应的动力学参数。表 20-1 列出了各种吸热和放热体系的类型,供判断差热峰产生机理时参考。

表 20-1 　　　　　　　　　差热分析中吸热和放热体系的主要类型

现象(物理的原因)	吸热	放热	现象(化学的原因)	吸热	放热
结晶转变	○	○	化学吸附		○
熔融	○		析出	○	
气化	○		脱水	○	
升华	○		分解	○	○
吸附		○	氧化度降低		○
脱附	○		氧化(气体中)		○
吸收	○		还原(气体中)	○	
			氧化还原反应	○	○
			固相反应	○	○

由差热曲线获得的重要信息之一是它的峰面积。根据经验,峰面积与变化过程的热效应有着直接联系,而热效应的大小又取决于活性物质的质量。斯贝尔(Speil)指出峰面积与相应过程的焓变成正比:

$$A = \int_{t_1}^{t_2} \Delta T \mathrm{d}t = \frac{m_a \Delta H}{g \lambda_s} = K(m_a \Delta H) = K Q_p \tag{20-1}$$

式中，A 是差热曲线上的峰面积，由实验测得的差热峰直接得到；K 是系数。在 A 和 K 值已知后，即能求得待测物质的热效应 Q_p 和焓变 ΔH。

系数 K 不是常数，它与样品支持器的几何形状、试样与参比物在仪器中的放置位置方式、导热系数和变化发生的温度范围，以及实验条件和操作因素有关。K 值通常由实验标定。

差热分析曲线的峰面积为反应前后基线所包围的面积，可用以下方法对其进行测量：

（1）使用积分仪，可以直接读数或自动记录下差热峰的面积。

（2）剪纸称重法，若记录纸厚薄均匀，可将差热峰剪下来，在分析天平上称其质量，其数值可以代表峰面积。

对于反应前后基线没有偏移的情况，只要联结基线就可求得峰面积，这是不言而喻的。对于基线有偏移的情况，下面两种方法是经常采用的：

（1）分别作反应开始前和反应终止后的基线延长线，它们离开基线的点分别是 T_a 和 T_f，联结 T_a、T_p、T_f 各点，便得峰面积，这就是 ICTA（国际热分析协会）所规定的方法，见图 20-8(a)。

（2）由基线延长线和通过峰顶 T_p 作垂线，与 DTA 曲线的两个半侧所构成的两个近似三角形面积 S_1 和 S_2［图 20-8(b)中以阴影表示］之和

$$S = S_1 + S_2 \tag{20-2}$$

表示峰面积，这种求面积的方法是认为在 S_1 中丢掉的部分与 S_2 中多余的部分可以得到一定程度的抵消。

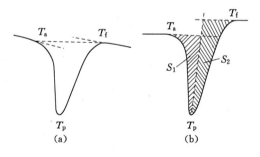

图 20-8　峰面积求法

20.4.5　应用举例

差热分析法测定 HZSM-5 分子筛表面酸位量的方法。分子筛表面的酸性是影响其催化性能的重要因素，对分子筛的酸性测量，包括酸种类、酸强度及表面酸量，成为表征催化剂性能的重要内容。通过使用 TG-DTA 对吸附吡啶的 HZSM-5 分子筛分析，可测定出分子筛的酸的类型、强度以及酸位量。其操作方法简单，定量准确，可排除吸附质的稳定性及内扩散的影响，且适用于同类热稳定性好的固体酸催化剂。

实验原理：由于 HZSM-5 分子筛的表面具有 Lewis 和 Bronsted 两种酸中心，可以吸附碱性的有机胺分子，随着程序升温，弱酸区和强酸区吸附的有机胺分子分别会在低温区和高温段脱附，产生两个 TG 失重段和 DTA 放热峰。当分子筛中一个酸位吸附一个有机胺分

子,通过失重段的起始位置和质量损失可以得出样品酸位的类型和数量,而 DTA 峰值温度可作为比较样品的酸强度的依据。

具体实施方式:采用德国耐驰公司 STA 449 型热分析仪,配有 TG-DTA 支架和氧化铝坩埚。HZSM-5 分子筛分子式为 $Na_{1.61}H_{5.61}Al_{7.06}Si_{88.9}O_{19.2} \cdot 25.1H_2O$,硅铝比为 25.2。将分子筛干燥抽真空加入吡啶后,保持真空状态加热至 150 ℃供差热分析。温度程序:初始温度 35 ℃,初始等待 30 min,10 ℃/min 升温至 650 ℃。取 8.6 g 样品,放入坩埚中,按仪器条件进行测定。结果见图 20-9 和表 20-2。

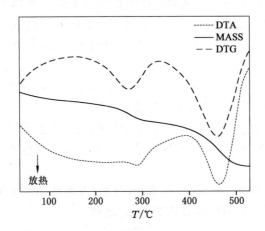

图 20-9　吸附吡啶的 HZSM-5 分子筛的 DTA 图

表 20-2　　　　　　　　　　差热分析结果,HZSM-5 分子筛表面酸位量

温度区间/℃	失重段	DTA 峰值/℃	失重量/%	酸位量/$\times 10^{-4}$ mol/g
154~320	弱酸区	271	2.04	2.6
320~530	强酸区	464	4.68	6.0

根据分子筛的化学式组成计算氢质子数即理论酸中心数为 8.97×10^{-4} mol/g。

强酸区的酸位量与理论酸中心比值为 67%,总酸量与理论酸中心数比为 95.9%。

第 21 章　差示扫描量热法

差示扫描量热法(diffential scanning calorimetry,DSC)是在程序控制温度下,测量输给试样和参比物的热流量差或功率差与温度或时间关系的一种技术(国际标准 ISO 11357-1)。在这种方法下,试样在加热过程中发生热效应,产生热量的变化,而通过输入电能及时加以补偿,而使试样和参比物的温度又恢复平衡。所以,只要记录所补偿的电功率大小,就可以知道试样热效应(吸收或放出)热量的多少。

21.1　差示扫描量热法的基本原理

差示扫描量热法是在程序控制温度下,测量输入到试样和参比物的功率差与温度的关系,研究温度作用下物质的相转变和化学反应时的热效应。参比物质是一种惰性物质,如 Al_2O_3 或空的铝盒。相同温度时输入样品和参比物的不同热流被作为温度的函数记录下来,即差示扫描量热曲线(DSC 曲线)。参比物和试样的温度都以恒定的速率升高。

DSC 与 DTA 的差别如下:DTA 是测量试样与参比物之间的温度差,DTA 是测量 ΔT-T 的关系,而 DSC 是保持 $\Delta T=0$,测定 ΔH-T 的关系。两者最大的差别是 DTA 只能定性或半定量,而 DSC 的结果可用于定量分析。DSC 是测量为保持试样与参比物之间的温度一致所需的能量(即试样与参比物之间的能量差)。DSC 是在控制温度变化情况下,以温度(或时间)为横坐标,以样品与参比物间温差为零所需供给的热量为纵坐标所得的扫描曲线。DSC 法所记录的是补偿能量所得到的曲线,称 DSC 曲线。

典型 DSC 曲线的纵坐标是试样与参比物的功率差 dH/dt,也称作热流率,单位为毫瓦(mW),横坐标为温度(T)或时间(t)。曲线的形状与差热分析法相似,如图 21-1 所示。曲线离开基线的位移,代表样品吸热或放热的速率,通常以 mJ/s 表示。而曲线峰与基线延长线所包围的面积,代表热量的变化,因此,DSC 可以直接测量试样在发生变化时的热效应。一般在 DSC 热谱图中,吸热(endothermic)效应用凸起的峰值来表征(热熔增加),放热(exo-

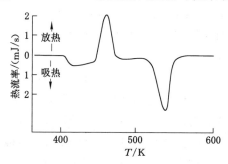

图 21-1　典型的 DSC 曲线

thermic)效应用反向的峰值表征（热焓减少）。

21.2　差示扫描量热仪

DSC 的仪器与 DTA 的仪器最主要的不同是多了一个差示量热补偿回路。温差检测系统从试样和参比物之间检测到的温差反馈到差示量热补偿回路,该回路产生的电流加热试样(试样发生吸热的热效应)或参比物(试样发生放热的热效应),使试样和参比物的温度恢复相等。图 21-2 为 DSC 的结构示意图。

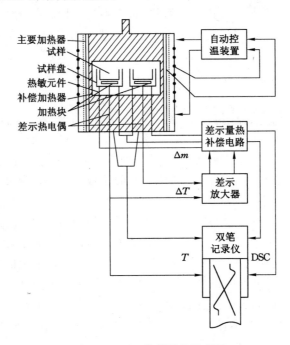

图 21-2　DSC 仪器结构示意图

21.3　差示扫描量热法的应用

DSC 由于能定量地测定多种热力学和动力学参数,且使用的温度范围比较宽($-175\sim$725 ℃),方法的分辨率较好,灵敏度较高,因此应用也较广。其主要用于测定比热、反应热、转变热等热效应以及试样的纯度、反应速度、结晶速率、高聚物结晶度等。

21.3.1　化合物熔变的测定

试样发生热效应而引起温度的变化时,这种变化一部分传导至温度传感装置(如热电偶、热敏电阻等)被检测,另一部分传导至温度传感装置以外的地方。记录仪所记录的热效应峰仅代表传导至温度传感装置的那部分热量变化情况,但是,当仪器条件一定时,记录仪所记录的热效应峰的面积与整体热效应的热量总变化成正比,即:

$$m \times \Delta H = KA \tag{21-1}$$

式中　m——物质的质量;

ΔH——单位质量的物质所对应的热效应的热量变化,即焓变;

K——仪器常数;

A——曲线峰的面积。

首先,用已知热焓变 ΔH_s 的物质 m_s 进行测定,测定与其相对应的峰面积 A_s,求得仪器常数 K。

$$K = \frac{m_s \Delta H_s}{A_s} \tag{21-2}$$

然后,在同样的方法和条件下测定未知物质 m_x 的曲线峰面积 A_x,则可求得 ΔH_x。

$$\Delta H_x = \frac{K \cdot A_x}{m_x} \tag{21-3}$$

21.3.2　比热容的测定

在 DSC 中,试样是处在线性的程序温度控制下,试样的热流率是连续测定的,且所测的热流率($\mathrm{d}H/\mathrm{d}t$)与试样的瞬间比热容成正比。在比热容的测定中,通常采用蓝宝石作为标准物质,其数据已精确测定,可从有关手册中查得不同温度下的比热容。测定试样比热容时,首先测定空白基线,即空试样盘的扫描曲线,然后在相同条件下使用同一个试样盘分别测定蓝宝石和试样的 DSC 曲线。所得结果如图 21-3 所示。在某温度 T 下,从 DSC 曲线中求得纵坐标的变化值 y_1 和 y_2(扣除空白值后的校正值),将 y_1 及 y_2 代入下列式中,即可求得未知试样的比热容。

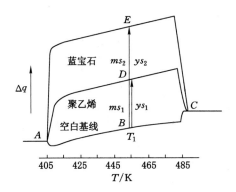

图 21-3　比热测定实例

(试样:熔融聚乙烯;温度:405~458 K)

$$\frac{y_1}{y_2} = \frac{m_1 c_{p_1}}{m_2 c_{p_2}} \tag{21-4}$$

式中　M_2, c_{p_2}——蓝宝石的质量和比热容;

M_1, c_{p_1}——试样的质量和比热容。

第22章 热 重 法

热重法(thermogravimetry,TG)是一种使用最广泛的热分析技术,主要适用于研究物质的相变、分解、化合、脱水、吸附、解析、熔化、凝固、升华、蒸发等现象,及对物质做鉴别分析、组分分析、热参数测定和动力学参数测定等。已广泛应用于化学、化工、材料、医药、矿物、环境等领域。热重法以定量性强,能准确地测量物质的质量变化及变化的速率,并且具有分析速度快、样品用量少,实验数据的测试精度高等特点,已成为研究各类材料不可缺少的手段。

热重法所用的基本仪器是热重分析仪,本章主要讲述热重分析仪的工作原理、仪器结构、操作方法、分析方法及其在环境测试中的应用。

22.1 概 述

热重法是一种在程序控制温度下,测量物质质量与温度关系的技术。为此,需要有一台热天平连续、自动地记录试样质量随温度变化的曲线。这种热天平也称为热重分析仪。它可以用来评价各种材料的热稳定性,如无机物、有机物和聚合物的热分解、氧化稳定性、聚合物和共聚物的热氧化裂解及热老化的研究等;同时还可用于定量分析,如材料中添加剂含量的测定,含湿量、挥发分和灰分测定、共混体系的定量分析、反应动力学的研究等;许多物质在加热或冷却过程中除了产生热效应外,往往有质量变化,其变化的大小及出现的温度与物质的化学组成和结构密切相关,因此利用在加热和冷却过程中物质质量变化的特点,还可以区别和鉴定不同的物质。

热重分析一般在静止或流动的活性或惰性气体环境下进行。所含因素如试样的质量、状态、加热速率、湿度、环境条件都是可变的,在热重分析中这些因素的变化对测得的质量、温度曲线将产生显著影响,并可用来估计热敏元件与试样间的热滞后关系,因此在表示测定结果时,所有以上条件都应被标明,以便他人进行重复实验。热重法通常有下列两种类型:① 等温热重法,也称静态法,在恒温下测定物质质量变化与时间的关系;② 非等温热重法,也称动态法,在程序控温下测定物质质量变化与温度的关系。

热重分析中最引人注目的进展是联用技术和高解析TGA,TGA与气相色谱联用(TGA-GC)属于间歇联用技术,该方法能够同步测量样品在热过程中质量热熔和析出气体组成的变化,有利于解析物质的组成和结构以及热分解、热降解以及热合成机理方面的研究。高分辨TGA是传统TGA技术的发展,其特征是计算机根据样品裂解速率的变化自动调节加热速率以提高解析度。具体操作方法有动态加热速率、步阶恒温、定反应速率三种,动态加热速率即在样品未裂解或裂解完毕后以较高的加热速率加热,而在裂解时降低加热速率从而避免升温过快影响解析度;步阶恒温即在样品达到预定的失重或失重速率时保持恒温,直到样品裂解完后恢复初始加热速率;定反应速率指通过控制加热炉的温度以维持预定的裂解速率。

目前,热重法已在下述诸方面得到具体应用:① 无机物、有机物及聚合物的热分解;② 金属在高温下受各种气体的腐蚀过程;③ 固态反应;④ 矿物的煅烧和冶炼;⑤ 液体的蒸馏和汽化;⑥ 煤、石油和木材的热解过程;⑦ 含湿量、挥发物及灰分含量的测定;⑧ 升华过程;⑨ 脱水和吸湿;⑩ 爆炸材料的研究;⑪ 反应动力学的研究;⑫ 发现新化合物;⑬ 吸附和解吸;⑭ 催化活度的测定;⑮ 表面积的测定;⑯ 氧化稳定性和还原稳定性的研究;⑰ 反应机制的研究。

22.2 热重分析仪的原理及结构

热重分析仪又叫热天平,它与常规天平的主要区别是它能自动、连续地进行动态称量与记录,并在称量过程中按一定的温度程序改变试样的温度,可以控制或调节试样周围的气氛。热重分析仪一般由天平、炉子、程序控温系统、记录系统等几个部分构成,其结构见图22-1。在加热过程中,如果试样无质量变化,热天平将保持初始的平衡状态,一旦试样中有质量变化时,天平就失去平衡。天平传感器检测并输出失衡信号,经测重系统放大后,用以自动改变平衡复位器中的线圈电流,使天平又回到初时的平衡状态,即天平恢复到零位。平衡复位器中的电流与试样质量的变化成正比,因此,记录电流的变化就能得到试样质量在加热过程中连续变化的信息,而试样温度由热电偶测量,这样就可得到热重曲线。热天平中阻尼器的作用是加速天平趋向稳定。

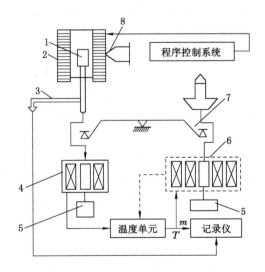

图 22-1 热重分析仪结构图

1——试样支持器;2——加热器;3——测温热电偶;4——传感器(差动变压器);
5——平衡锤;6——阻尼及天平复位器;7——天平;8——阻尼信号

热天平按试样皿位于称量机构位置不同可分成立式和卧式,立式又可分为上皿式和下皿式,如图 22-2 所示。上皿式为试样皿位于天平的上方。下皿式为试样皿位于天平的下方,美国 PE 公司生产的 Pyris Ⅰ TGA 热重分析仪属于下皿式。卧式热天平为试样皿与天平处于一水平面上,又叫平卧式热天平,如瑞士 Mettle 公司、美国 TA 公司生产的为水平双天平式。

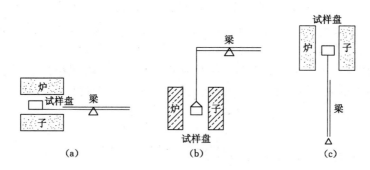

图 22-2 梁、试样盘和炉子的相对位置关系图
(a) 平卧式;(b) 下皿式;(c) 上皿式

（1）下皿式热天平

下皿式热天平如图 22-2(b)所示,由于这种热天平的坩埚是用铂丝或石英丝直接悬挂在天平横梁的一端上,因此,悬挂系统结构简单,质量轻,天平灵敏度高。缺点是加热炉在天平的下方,其热量会使气体上升,在试样坩埚附近产生较大的对流,会使横梁一臂受热,加大热重基线的漂移。此外,热分解产物也容易附着在试样坩埚和吊丝上,增大热重测量的误差。

如果惰性气体由上而下以一定流量流动的话,可以避免上述的缺点。更有甚者,在对称方面也加一个加热炉,大小尺寸与试样加热炉相同,并以相同的升温速度升温,以此抵消试样加热炉的气体对流等的影响。

（2）上皿式热天平

上皿式热天平如图 22-2(c)所示,炉子在天平的上方,如电炉热量、气体对流和热分解产物等因素对热重测量精度影响小,缺点是天平结构复杂,为使试样支架不倾倒,需用较大的重量平衡铊进行平衡,增加了悬挂系统的重量,妨碍了热重灵敏度的提高。

（3）平卧式热天平

平卧式热天平如图 22-2(a)所示,这种结构形式无须悬挂,试样支架直接挂在天平横梁的一端,水平伸入炉腔内,结构更为简单。这种结构的优点是通入气体流量的波动对热重测量影响很小。缺点是横梁一臂受热,热重基线漂移严重。为了减小加热过程中由于横梁的膨胀而产生的增重现象,美国 TA 仪器公司(原 Du-Pont 公司)的平卧式热天平采用差动双臂的结构。

热天平是根据天平梁的倾斜与质量变化的关系进行测定的,通常测定质量变化的方法有变位法和零位法两种。① 变位法:它主要利用质量变化与天平梁的倾斜成正比的关系,当天平处于零位时位移检测器输出的电信号为零;而当样品发生质量变化时,天平梁产生偏移,此时检测器相应地输出电信号,该信号可通过放大后输入记录仪进行记录。② 零位法:当质量变化引起天平梁的倾斜时,用电磁作用力使天平梁恢复到原来的平衡位置,所施加的力与质量变化成正比。当样品质量发生变化时,天平梁产生倾斜,此时位移检测器所输出的信号通过调节器向磁力补偿器中的线圈输入一个相应的电流,从而产生一个正比于质量变化的力,使天平梁复位到零位。输入线圈的电流可转换成电信号输入记录仪进行记录。

热重分析仪的天平具有很高的灵敏度(可达到 $0.1\ \mu g$)。天平灵敏度越高,所需试样用量越少,在 TG 曲线上质量变化的平台越清晰,分辨率越高。此外,加热速率的控制与质量变化有密切的关联,因此高灵敏度的热重分析仪更适用于较快的升温速率。

22.3　热重分析仪的应用

22.3.1　实验操作步骤

(1) 将测试仪器打开,并进行预热,进行基本参数的设置。

(2) 试样的预处理,称量及装填。

试样应预先干燥、磨细,过 $100\sim300$ 目筛。试样的称量是热重分析最基本的数据,应该精确,试样越少对精确称量的要求越高。准确称量后的试样,装入坩埚中,其装填方式可参考差热分析试样的情况。

(3) 气氛的选择,要了解试样及其分解产物的性质,没有特殊需要就在大气下进行。采用气氛的实验中,以采用动态气氛为多,但要严格控制气氛的纯度、流速等。

(4) 升温速率的选择,以保证基线平稳为原则。同时试样与某温度下的质量变化,在仪器灵敏度范围内,应以能得到质量变化明显的热重曲线为宜。

(5) 启动电源开关,接通电炉电源。

(6) 实验完毕后,数据处理、保存,再关闭气瓶、切断电源。

22.3.2　热重曲线与数据表示方法

由热重法记录的质量变化对温度(或时间)的关系曲线称为热重曲线,即 $W\text{-}T$(或 t)曲线,称为 TG 曲线,如图 22-3 所示。它表示过程的失重累积量,属积分型曲线。为了更好地分析热重数据,有时希望得到热失重速率曲线,可通过仪器的重量微商处理系统得到微商热重曲线,称为 DTG 曲线。DTG 曲线是 TG 曲线对温度(或时间)的一阶导数,可以用每分钟或每摄氏度产生的变化表示,如 mg/min,mg/℃ 或％/min,％/℃等。

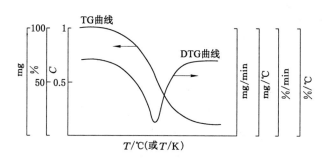

图 22-3　热重分析 TG 曲线及 DTG 曲线

在图 22-3 中 TG 曲线横坐标为温度(T)或时间(t),从左到右表示增加,温度单位使用摄氏度(℃)或热力学温度(K)。纵坐标为质量,从上向下表示减少,可以用余重(实际称重 mg 或剩余质量百分数％)或剩余份数 C(从 $1\leftarrow0$)表示。TG 曲线上样品质量基本不变的部分称为平台,两平台之间的部分称为台阶。从 TG 曲线可求得以下几个特征温度:T_i 叫起始失重温度,是 TG 曲线开始偏离基线点的温度,即累积质量变化达到能被天平检测出时的温度;TG 曲线到达最大失重的温度叫终止温度(即质量变化达到最大时的温度),用 T_f 表示;T_i 和 T_f 之间的温度区间称为反应区间,多步反应过程可看作是数个单步过程的连续进行或叠加。T_p 表示最大失重速率温度,它与 DTG 曲线的峰顶温度相对应。各温度区间的失重百分率为:

$$失重率 = \frac{W_0 - W_1}{W_0} \times 100\% \tag{22-1}$$

式中　　W_0——原始试样质量,mg;

　　　　W_1——TG 曲线上质量基本不变的平台部分相应的质量,mg。

由于试样质量变化的实际过程不是在某一温度下同时发生并瞬间完成的,因此热重曲线的形状不呈直角台阶状,而是形成带有过渡和倾斜区域的曲线。曲线的水平部分(即平台)表示质量是恒定的,曲线斜率发生变化的部分表示质量的变化。

22.3.3　影响热重分析的因素

热重分析的实验结果受到许多因素的影响,主要有仪器、样品和试验条件等。为了获得准确并能重复和再现的实验结果,研究并在实践中控制这些因素显得十分重要。

22.3.3.1　仪器因素

(1) 基线漂移的影响

热重基线漂移是许多热天平影响热重曲线的共同因素。基线漂移是指试样没有变化而记录曲线却指示出有质量变化的现象,它造成试样失重或增重的假象。这种漂移主要与加热炉内气体的浮力效应和对流影响,克努森(Knudsen)力及温度与静电对天平结构等的作用紧密相关。

气体的浮力效应与对流:气体密度随温度而变化。例如室温空气的密度是 1.18 kg/m^3,而 1 000 ℃时仅为 0.28 kg/m^3。所以,随着温度升高,试样周围的气体密度下降,气体对试样支持器及试样的浮力也在变小,于是出现表观增重现象。与浮力效应同时存在的还有对流影响,这是试样周围的气体受热变轻形成一股向上的热气流,这一气流作用在天平上便引起试样的表观失重。当炉顶有畅通的逸气道时,这种表观失重效应更为显著。但是,当气体外逸受限时,上升的气流将置换上部温度较低的气体,而下降的气流势必冲击试样支持器,引起的是表观增重。不同仪器、不同气氛和升温速率,气体的浮力与对流的总效应也不一样。

Knudsen 力:实践证明,降低气氛压力,浮力及对流效应固然减小了,但热重曲线的漂移并不随气体压力的降低而单一地减小。这是由于在一个相当宽的真空范围内,Knudsen 力在起作用。一般地说,Knudsen 力是由热分子流或热滑流形式的热气流造成的。温度梯度,炉子位置,试样,气体种类、温度和压力范围,对 Knudsen 力引起的表观质量变化都有影响。

温度:温度对天平性能的影响是最主要的仪器因素。数百摄氏度乃至上千摄氏度的高温炉直接对热天平部件加热,极易通过臂长的膨胀效应引起天平零点的漂移,并影响传感器和复位器的零点与电器系统的性能,造成基线的漂移。

静电力:当天平中采用石英之类的保护管时,加热时管壁吸附水急剧减少,表面导电性能变坏,致使电荷滞留于管筒,形成静电力,将严重干扰热天平的正常工作,并在热重曲线上也出现相应的异常现象。

为了减小热重曲线基线的漂移,理想的方法是采用对称加热的方式,即在加热过程中热天平两臂的支承(或悬挂)系统处于非常接近的温度,使得两侧的浮力、对流、克努森力及温度影响均可基本抵消。此外,采用水平式热天平不易引起对流及垂直克努森力,较小天平的支承杆、样品支承器及坩埚体积和迎风面积,在天平室和试样反应室之间增加热屏蔽装置,对天平室进行恒温等都可以减小基线的漂移。通过空白热重曲线的校正也可减小来自仪器方面的影响。

(2) 试样支持器(坩埚与支架)的影响

试样容器及支架组成试样支持器。盛放试样的容器常用坩埚,它对热重曲线有着不可忽视的影响。这种影响主要来自坩埚的大小、几何形状和结构材料三个方面。

实践表明,浅坩埚比深而大的坩埚容易得到准确可靠的实验结果。坩埚大小和形状对实验结果的影响与试样装填量有关。一般较多的试样使用深而大的坩埚,这时气体的扩散阻力增加,使气体产物扩散和逸出困难,也阻碍了气氛进入试样内部。于是易使热重曲线上的终止温度向高温侧偏移,这在气氛与试样或与气体产物间有化学反应时,将变得更为明显。若试样量较大也难以使试样均匀受热,因而易使试样内的温度梯度增大。这种不均匀的受热使反应温度范围扩展,反应时间延长。因此,在恒温条件下观察物质的挥发性时,使用小而浅的盘状坩埚能获得较好的结果。但是,需指出的是浅盘状坩埚不适合有爆裂或形成泡沫的试样,也不能用于流动气氛中的测试。

另外,热重法使用的坩埚对试样应是惰性的。然而,有些坩埚材料却能与试样发生反应或起催化作用。例如,在 500 ℃ 左右碳酸钠能与石英或陶瓷坩埚发生反应,生成硅酸钠及碳酸盐而使碳酸钠的分解温度比用坩埚时低,且热重曲线的形状也发生了改变,导致错误的实验结果。又如用铂坩埚时,在铂的催化作用下,硫化锌能氧化成硫酸锌,而氧化铝坩埚则没有这种作用。在分析聚合物的时候,坩埚材料的影响更加明显。例如,一定条件下聚四氟乙烯和一些其他聚合物会同瓷、玻璃或石英坩埚起反应,生成挥发性的硅酸盐;含磷或硫的聚合物对铂坩埚还有腐蚀作用,坩埚的影响有时还可能与坩埚的多孔性或者坩埚原来的使用历史有关。

实验前,坩埚与支架或多或少吸附着水汽,而在实验过程中又逸出,这会使 TG 曲线失真。坩埚材料的导热能力也会对实验结果带来影响,一般宜用导热系数大的材料,以利于热量传递。

(3) 测温热电偶的影响

测温热电偶的位置有时会对热重测量结果产生相当大的影响,特别是在温度轴不校正时,不同位置测出的温度有时相差数十摄氏度。在热重分析仪中,由于试样不与热电偶直接接触,试样的真实温度与测量温度之间存在一定差别;而且,升温和反应时所产生的热效应常使试样周围的温度分布不均,因而引起较大的温度测量误差。为了消除或减小由此引起的误差,需要对热重分析仪定期进行温度校正。

(4) 挥发物冷凝的影响

热重分析仪所用样品在受热分解成升华时,逸出的挥发分通常在热分析仪的低温区冷凝,这不仅污染仪器,还会使试验结果产生偏差。当继续升温时,这些冷凝物可能会再次挥发,产生假失重,以致 TG 曲线混乱,使测定结果失去意义。要减少冷凝影响,一方面可在热重分析仪的试样盘周围安装一个耐热的屏蔽套管,或者采用水平式的热天平;另一方面,要尽量减少样品用量,选择合适的净化气体流量。同时在热分析时,对试样的热分解或升华等情况应有个初步估计,以免造成仪器污染。

22.3.3.2　试样因素

在影响热重曲线的试样因素中,最重要的是试样量、试样粒度和热性质以及试样装填方式。实际影响结果是它们的综合效应。

试样量大会导致热传导性差而影响分析结果。对于受热产生气体的试样,试样量越大,气体越不易扩散。再则,试样量大时,试样内温度梯度也大,将影响 TG 曲线位置。总之,实验时应根据热天平的灵敏度,尽量减小试样量。

试样粒度不同,对气体产物扩散的影响也不同,从而导致反应速度和 TG 曲线形状的改变。粒度大,往往得不到较好的 TG 曲线;粒度越小,比表面就越大,则反应速度越快,同时不仅使热分解温度降低,而且也可使分解反应进行得越完全。例如,升温速率为 150 ℃/h 测得的粉末方解石的分解温度为 802 ℃,而立方体方解石的分解温度上升到 891 ℃。为了得到较好的试验结果,要求试样粒度均匀。

试样的反应热、导热性和比热容都对热重曲线有影响,而且彼此还是互相联系的。放热反应总是使试样温度升高,而吸热反应总是使试样温度降低。于是前者使试样温度高于炉温,后者使试样温度低于炉温。试样温度和炉温间的差别,取决于热效应的类型和大小、导热能力和比热容。由于未反应试样只有在达到一定的临界反应温度后才能进行反应,因此,温度无疑将影响试样反应。例如,吸热反应易使反应温区扩展,且表观反应温度(当热电偶测的是炉温时)总比理论反应温度高。

试样装填方式对热重曲线也有影响,一般来说,装填越紧密,试样颗粒间接触就越好,也就越利于热传导,也不利于气氛气体向试样内的扩散或分解的气体产物的扩散和逸出。通常试样装填得薄而均匀,可以得到重复性好的实验结果。

另外,试样的预处理也会影响热重曲线。比如,试样经过研磨,有时会改变无机材料的晶体结构,还会使聚合物材料带有静电。试样带有静电后,不仅使装样困难,还会对天平诱发电荷,产生干扰。

22.3.3.3　试验条件

(1) 升温速率是对热重法影响最大的因素。这是因为升温速率直接影响炉壁与试样、外层试样与内部试样间的传热和温度梯度。升温速率越大,所产生的热滞后现象越严重,往往导致 TG 和 DTG 曲线上的起始温度和终止温度偏高,使测量结果产生误差,甚至不利于中间产物的检出,因而选择适当的升温速率对于检测中间产物极为重要。图 22-4 为聚苯乙烯在不同升温速率下的 TG 曲线,从图中可看出,随着升温速率增大,反应的起始温度和终止温度增高,TG 曲线向高温侧移动,产生滞后现象。图 22-5 为硫化胶膜在不同升温速率下的 DTG 曲线,有类似结果。

(2) 炉内气氛是对热重分析影响很大的一个因素,但它不是一个孤立的因素,因为它的影响还取决于试样的反应类型、分解产物的性质和装填方式等许多因素。热重法通常可在静态或动态气氛下进行测试。在静态气氛下,虽然随着温度的升高,反应速度加快,但由于试样周围的气体浓度增大,将阻止反应的继续,使反应速度反而减慢。在静态气氛中,试样在加热过程中有挥发性产物时,这些产物必然要在内部扩散,但又不能立即排除,所以常会

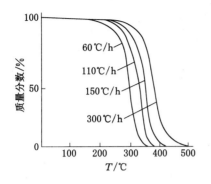

图 22-4 不同升温速率对聚苯乙烯
TG 曲线的影响

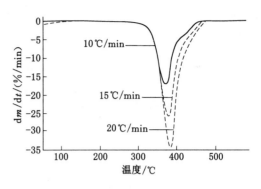

图 22-5 不同升温速率对硫化
胶膜 DTG 曲线的影响

出现减重时间滞后。

在动态气氛中,惰性气氛能把气体分解产物带走而使分解反应进行得较快,并使反应产物增加。当通入含有与产物气体相同的气氛时,这将使起始分解温度升高并改变反应速率和产物的量。所含产物气体的浓度越高,起始分解温度就越高,逆反应的速率也越大。随着逆反应速率的增加,试样完成分解的时间将延长。动态气氛的流速、气温是否稳定,对热重曲线也有影响。一般来说,大流速利于传热和气体的逸出与扩散,会使分解温度降低。

为了获得重复性较好的试验结果,多数情况下都是做动态气氛下的热分析,它可以将反应生成的气体及时带走,有利于反应的顺利进行。

此外,称量量程和仪器工作状态的品质,测试过程中有无试样飞溅、外溢、升华、冷凝等,也都会影响热重曲线。

22.3.4 应用实例

环境分析中,常用热重法在土壤分析中鉴别土质原料中各类矿物及其含量,如测定菱镁矿、白云石中碳酸镁、碳酸钙及其分解产物二氧化碳的含量等。也常用热重法对环境材料进行分析。

例:热重-差示扫描量热法研究金属铝盐与载体的相互作用。

以纯硅介孔分子筛 HMS 为载体,利用浸渍法将氯化铝、异丙醇铝、硝酸铝等不同的金属铝盐负载在 HMS 内外表面,采用 TG-DSC 法研究了金属盐与载体的相互作用。

因为负载盐热性质的改变可证明金属盐与载体相互作用的存在,而这种相互作用可从负载盐与非负载盐起始分解温度的差异来说明。图 22-6 为无水三氯化铝和负载在 HMS 上的三氯化铝于氮气气氛下分解的 TG-DSC 曲线。从图 22-6(a)可看出,无水三氯化铝的起始分解温度为 120 ℃。从图 22-6(b)可知,负载三氯化铝的分解温度为 150 ℃。这是由于三氯化铝与载体 HMS 存在相互作用(这种相互作用可认为是盐在载体表面产生物理吸附和化学吸附所引起)的结果。图 22-7 为异丙醇铝及其负载样品的 TG-DSC 图。比较图 22-7 (a)和(b)可知,异丙醇铝的分解起始温度由非负载型的 120 ℃提高为负载型的 350 ℃,起始分解温度相差 230 ℃,同时负载异丙醇铝的热分解 DSC 曲线上只出现了两个比较紧凑的吸热峰,而没有晶型转变所对应的放热峰。实验也给出了硝酸铝及其负载样品的 TG-DSC 曲线(图 22-8)。可以看出,负载硝酸铝比硝酸铝的起始分解温度高 100 ℃。

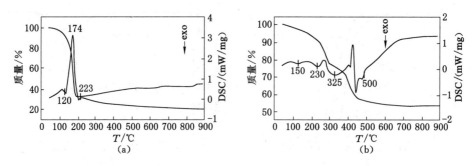

图 22-6 样品 AlCl₃ 和 L-AlCl₃/HMS 的 TG-DSC 图

(a) 无水三氯化铝;(b) 负载 HMS 上的三氯化铝

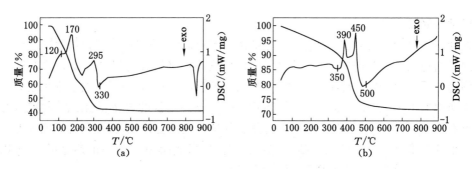

图 22-7 样品 Al(OC₃H₇)₃ 和 Y-Al(OC₃H₇)₃/HMS 的 TG-DSC 图

(a) Al(OC₃H₇)₃;(b) Y-Al(OC₃H₇)₃/HMS

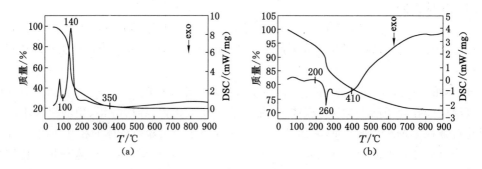

图 22-8 样品 Al(NO₃)₃ 和 X-Al(NO₃)₃/HMS 的 TG-DSC 图

(a) Al(NO₃)₃;(b) X-Al(NO₃)₃/HMS

通过以上分析可知,金属盐起始分解温度差越大说明金属盐与载体之间的相互作用越强,异丙醇铝与载体 HMS 的相互作用最强,三氯化铝与载体 HMS 的相互作用最弱。除此之外,载体的引入延缓了热处理(负载样品的干燥、焙烧)过程中金属盐的分解和氧化,同时载体能有效地分散金属盐。正是因为三氯化铝与载体 HMS 的相互作用较弱,三氯化铝容易在载体表面得到很好的分散,有较好的分散度,干燥、焙烧后活性组分 Al₂O₃不易发生团聚,起催化反应的活性位较多,催化活性较高,所以样品 L-Al₂O₃/HMS 上 2-叔丁基对苯二酚(2-TBHQ)的产率较高。

参 考 文 献

[1] 陈培榕,李景虹,邓勃.现代仪器分析实验与技术[M].北京:清华大学出版社,2006.

[2] 杜希文,原续波.材料分析方法[M].天津:天津大学出版社,2006.

[3] 范雄.X射线金属学[M].北京:机械工业出版社,1981.

[4] 高小霞.电分析化学导论[M].北京:科学出版社,1986.

[5] 郭立伟,朱艳,戴鸿滨.现代材料分析测试方法[M].北京:北京大学出版社,2014.

[6] 郭明,胡润淮,吴荣晖,等.实用仪器分析教程[M].杭州:浙江大学出版社,2013.

[7] 郭旭明,韩建国.仪器分析[M].北京:化学工业出版社,2014.

[8] 韩立,段迎超.仪器分析[M].长春:吉林大学出版社,2014.

[9] 宦双燕.波谱分析[M].北京:中国纺织出版社,2008.

[10] 冀婷,徐闰,朱燕艳,等.稀土高K栅介质材料[M].北京:国防工业出版社,2014.

[11] 柯以侃,周心如,王崇臣.化验员基本操作与实验技术[M].北京:化学工业出版社,2008.

[12] 李余增.热分析[M].北京:清华大学出版社,1987.

[13] 廖晓玲,周安若,蔡苇.材料现代测试技术[M].北京:冶金工业出版社,2010.

[14] 林新花.仪器分析[M].广州:华南理工大学出版社,2002.

[15] 林灨,吴平平,周文敏,等.实用傅里叶变换红外光谱学[M].北京:中国环境科学出版社,1991.

[16] 刘金龙.分析化学[M].北京:化学工业出版社,2012.

[17] 刘振海,徐国华,张洪林.热分析仪器[M].北京:化学工业出版社,2006.

[18] 刘振海,徐国华.热分析与量热仪及其应用[M].第2版.北京:化学工业出版社,2010.

[19] 陆婉珍,袁洪福,徐广通,等.现代近红外光谱分析技术[M].北京:中国石化出版社,2000.

[20] 齐海群.材料分析测试技术[M].北京:北京大学出版社,2010.

[21] 滕凤恩.X射线结构分析与材料性能表征[M].北京:科学出版社,1997.

[22] 王晓春,张希艳.材料现代分析与测试技术[M].北京:国防工业出版社,2010.

[23] 吴谋成.仪器分析[M].北京:科学出版社,2003.

[24] 谢晶曦.红外光谱在有机化学和药物化学中的应用[M].北京:科学出版社,1987.

[25] 严辉宇.库仑分析[M].北京:新时代出版社,1985.

[26] 阎军,胡文祥.分析样品制备[M].北京:解放军出版社,2003.

[27] 杨根元.实用仪器分析[M].北京:北京大学出版社,2010.

[28] 余煜.材料结构分析基础[M].北京:科学出版社,2010.

[29] 曾泳淮.分析化学(仪器分析部分)[M].北京:高等教育出版社,2010.

[30] 翟秀静,周亚光.现代物质结构研究方法[M].合肥:中国科学技术大学出版社,2014.

[31] 张宝贵,韩长秀,毕成良,等.环境仪器分析[M].北京:化学工业出版社,2008.

[32] 张霞.新材料表征技术[M].上海:华东理工大学出版社,2012.

[33] 张晓敏.仪器分析[M].杭州:浙江大学出版社,2012.

[34] 张宗培.仪器分析实验[M].郑州:郑州大学出版社,2009.

[35] 朱耕宇,陈雪萍.化工现代测试技术[M].杭州:浙江大学出版社,2009.

[36] 朱和国,王恒志.材料科学研究与测试方法[M].南京:东南大学出版社,2010.

[37] 朱和国,王新龙.材料科学研究与测试方法[M].第 2 版.南京:东南大学出版社,2013.

[38] 朱明华,胡坪.仪器分析[M].北京:高等教育出版社,2008.

[39] 朱明华.仪器分析[M].北京:高等教育出版社,2000.